Visual Basic程序设计基础

孟学多　主编
孟学多　谢红霞　吴红梅　编著
冯博琴　主审

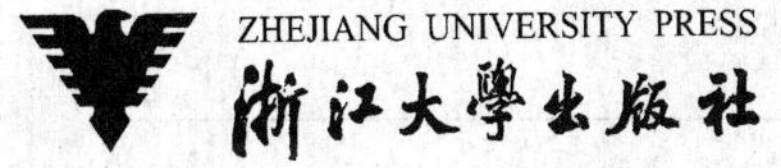

内容简介

本书根据教育部非计算机专业计算机基础课程教学指导分委员会《关于进一步加强高等学校计算机基础教学的意见》，结合作者多年的教学经验，通过大量实例，深入浅出地介绍了 Visual Basic 6.0 中文版的基础知识、程序设计的基本控制结构、数组、函数与过程、基本控件设计、图形控件和图形方法、对话框和菜单设计及文件处理等，力求从程序设计基础着手，培养和提高学生的程序设计能力。

本书可作为高等院校非计算机专业的 Visual Basic 语言程序设计教材，也可作为其他各类、各级学校的 Visual Basic 语言程序设计的参考用书。

图书在版编目(CIP)数据

Visual Basic 程序设计基础/ 孟学多，谢红霞，吴红梅编著. —杭州：浙江大学出版社，2008.1(2010.1 重印)
(高等院校计算机技术与应用系列规划教材)
ISBN 978-7-308-05730-1

Ⅰ. V… Ⅱ. ①孟… ②谢… ③吴… Ⅲ. BASIC 语言—程序设计—高等学校—教材 Ⅳ. TP312

中国版本图书馆 CIP 数据核字(2007)第 198648 号

Visual Basic 程序设计基础

孟学多　主编

孟学多　谢红霞　吴红梅　编著

策　　划　希　言
责任编辑　许佳颖　黄娟琴
封面设计　刘依群
出版发行　浙江大学出版社
(杭州市天目山路 148 号　邮政编码 310028)
(网址：http://www.zjupress.com)
排　　版　杭州求是图文制作有限公司
印　　刷　杭州余杭人民印刷有限公司
开　　本　787mm×1092mm　1/16
印　　张　17.75
字　　数　410 千字
版 印 次　2008 年 1 月第 1 版　2010 年 1 月第 3 次印刷
印　　数　6001－9000
书　　号　ISBN 978-7-308-05730-1
定　　价　23.00 元

浙江大学出版社发行部邮购电话　(0571)88925591

高等院校计算机技术与应用系列

规划教材编委会

序　言

在人类进入信息社会的21世纪,信息作为重要的开发性资源,与材料、能源共同构成了社会物质生活的三大资源。信息产业的发展水平已成为衡量一个国家现代化水平与综合国力的重要标志。随着各行各业信息化进程的不断加速,计算机应用技术作为信息产业基石的地位和作用得到普遍重视。一方面,高等教育中,以计算机技术为核心的信息技术已成为很多专业课教学内容的有机组成部分,计算机应用能力成为衡量大学生业务素质与能力的标志之一;另一方面,初等教育中信息技术课程的普及,使高校新生的计算机基本知识起点有所提高。因此,高校中的计算机基础教学课程如何有别于计算机专业课程,体现分层、分类的特点,突出不同专业对计算机应用需求的多样性,已成为高校计算机基础教学改革的重要内容。

浙江大学出版社及时把握时机,根据教育部"非计算机专业计算机基础课程指导分委员会"发布的"关于进一步加强高等学校计算机基础教学的几点意见"以及"高等学校非计算机专业计算机基础课程教学基本要求",针对"大学计算机基础"、"计算机程序设计基础"、"计算机硬件技术基础"、"数据库技术及应用"、"多媒体技术及应用"、"网络技术与应用"六门核心课程,组织编写了大学计算机基础教学的系列教材。

该系列教材编委会由国内计算机领域的院士与知名专家、教授组成,并且邀请了部分全国知名的计算机教育领域专家担任主审。浙江大学计算机学院各专业课程负责人、知名教授与博导牵头,组织有丰富教学经验和教材编写经验的教师参与了对教材大纲以及教材的编写工作。

该系列教材注重基本概念的介绍,在教材的整体框架设计上强调针对不同专业群体,体现不同专业类别的需求,突出计算机基础教学的应用性。同时,充分考虑了不同层次学校在人才培养目标上的差异,针对各门课程设计了面向不同对象的教材。除主教材外,还配有必要的配套实验教材、问题解答。教材内容丰富,体例新颖,通俗易懂,反映了作者们对大学计算机基础教学的最新探索与研究成果。

希望该系列教材的出版能有力地推动高校计算机基础教学课程内容的改革与发展,推动大学计算机基础教学的探索和创新,为计算机基础教学带来新的活力。

中国工程院院士
中国科学院计算技术研究所所长
浙江大学计算机学院院长

前　　言

Visual Basic 语言是 Windows 的编程语言之一，专业编程人员可以方便、高效地用其编写 Windows 应用程序。由于 VB 语言功能强大，可以在 Microsoft Office 中嵌入 VB 程序，用 VB 语言直接编写网页，实现数据库调用等，且简单易学，因此很多高校开设了 Visual Basic程序设计课程。

本书在参考国家计算机 Visual Basic 程序设计课程等级考试要求的基础上，根据教育部非计算机专业计算机基础课程教学指导分委员会《关于进一步加强高等学校计算机基础教学的意见》（即"计算机基础教育白皮书"）中有关 Visual Basic 程序设计课程教学大纲的要求编写。

使用本书的前继课程为《大学计算机基础》。

作为初学者学习计算机程序设计的入门教材，本书不追求内容的大而全，以案例为导向，按照如何从问题到算法、从算法到程序，进而上机调试并得到正确的程序这样的思路，先选择合适的案例，再从问题入手，通过解决问题来引出相关语法，最终解决问题。为了能够由浅入深地掌握这些知识，我们以使读者学习如何进行程序设计为目标，而不是以学习 VB 语法为主，精选了丰富的例题，并在例题的解析方面，采用了以下四个步骤。

分　　析：主要是分析题目的要求、难点及解题思路。

程　　序：本书例题给出了相对完整的程序，具有一定的示范意义。

运行结果：列出示范程序运行后的结果，使读者对编程的目标有直观的理解。

说　　明：讨论程序中的难点、关键点、借用本题能解决的问题，以及进一步的思考。

本书共分 10 章，第 1 章是 VB 程序设计的总体介绍，第 2 章是 VB 语言基本元素介绍，第 3 章至第 5 章安排 VB 程序设计的基础内容，第 6 章至第 9 章介绍 VB 面向对象程序设计，最后一章是数据文件的学习。第 1，2 章和附录由孟学多编写，第 3，4，9，10 章由谢红霞编写，第 5，6，7，8 章由吴红梅编写，全书由孟学多统稿。

在本书的编写过程中，我们得到了教育部高等学校计算机基础课程教学指导委员会副主任冯博琴教授以及王泽兵教授、颜晖教授的悉心指导，在此一并表示感谢。

由于作者水平有限，书中的错误在所难免，我们恳切希望得到使用本书的师生和其他读者的指正。

编者邮件地址：mengxd@ zucc. edu. cn，欢迎交流。

孟学多

2007 年 8 月 26 日

目　录

第 1 章

走进 Visual Basic 6.0

1.1 什么是程序设计

对于广大非计算机专业的学生,为什么要学习程序设计和如何学习程序设计是两个最基本的问题。

程序设计基础是每一名大学生都要学习的基础课程。通过学习 Visual Basic 程序设计基础课程,可以了解程序设计的基本过程,了解计算机是如何运行程序的,进而更好地理解并掌握目前计算机上广泛且大量使用的程序。

程序是什么? 抽象地说,程序就是数据加上算法。首先,把待处理的数据正确地存放到计算机的内存里,这就是计算机专业中所讲的数据结构。可以想象,每个程序都有待处理的数据、中间得到的数据和最终结果。其次,把要处理的问题分解到计算机都能执行的每一步,并且安排好第一步做什么,下一步做什么。这些处理问题的步骤就是算法。

一个原始问题(如判断 13 是否为素数)不可能直接交给计算机求解,必须首先设计算法。事实上,计算机也根本不知道怎么做。如要判断 13 是否为素数,可设计如下算法:

S1:把 13 送入内存里的变量 m 中;

S2:使变量 k 依次取 2,3,…,12,12 后 k = 13 转 S4;

S3:如果 k 能整除 m,转 S4,否则转 S2;

S4:如果 k = 13,则 m 是素数,否则不是;

S5:程序结束。

所谓程序设计就是设计程序的过程。当然,上面的步骤也不能直接交给计算机去执行,还要借助计算机语言把它描述出来,最后输入到计算机中并运行。

计算机语言分机器语言、汇编语言和高级语言。机器语言是计算机能直接运行的语言,它由二进制数形式的指令构成。汇编语言比机器语言进了一步,它的指令不再是二进制数,而是特定的字符。当然,汇编语言不能在计算机上直接运行。使用汇编语言写的程序,要先用汇编程序把它翻译成机器语言程序(称为目标程序),然后才能在计算机上运行,这个过程称作翻译。以上两种语言可归类为计算机的低级语言。计算机高级语言有很多种,如常用于应用程序开发的 C 语言、常用于网页设计的 Java 语言……功能较完善又容易学习的 Visual Basic 也是其中之一。用计算机高级语言编写的程序也不能直接在计算机上运行,使用前也要经过翻译。高级语言的翻译过程有两类,一类是使用较广的、把整个源程序都翻译成目标程序的编译方法,另一类是运行一行翻译一行的解释方法。两种方法各有千秋,不分孰好孰劣。Visual Basic 语言可以使用这两种方法,这也是它的特色之一。

接下来,程序设计要完成的任务是用计算机语言来描述算法。上面判断 13 是否为素数的 Visual Basic 程序如下:

```
Private Sub Form_Click()
  Dim m As Integer, k As Integer
  m = 13
  For k = 2 To 12
    If m Mod k = 0 Then Exit For
  Next k
  If k = 13 Then
     Print m; "Is a Prime."
  Else
     Print m; "Is not a Prime."
  End If
End Sub
```

最后,把用高级语言编写的程序输入计算机,上机调试、修改,再调试、再修改,直到程序没有错误并得到正确结果为止。此时,程序设计任务就完成了,程序也最终编写完成。

本书从第 3 章开始详细介绍各种常用的程序设计和上机调试程序的方法。

1.2 Visual Basic 6.0 简介

Visual Basic 6.0 是 Microsoft 公司推出的一种 Windows 应用程序的集成开发环境。它具有使用方便、易学易用和功能强大等特点,这使它迅速成为最流行的开发工具之一。

Visual 的意思是"可视的",即直观的编程方法。它具体体现在 Visual Basic 中的控件,如按钮、标签、文本框和复选框等。Visual Basic 把这些控件封装好了,用户可以非常方便地用它们编写程序。

Basic 是指 BASIC(Beginners All-Purpose Symbolic Instruction Code)语言,是一种在计算机技术发展过程中应用最广泛的语言。

Visual Basic 在原 BASIC 语言的基础上进一步发展,既继承了 BASIC 语言编程的简便性,又具有 Windows 的图形窗口工作环境;既是一种可供非计算机专业的设计人员学习和掌握 Windows 编程的最简单易学的程序设计语言,又是一种可供专业程序开发人员开发 Windows 应用程序的程序设计语言。

Visual Basic 是 Microsoft 公司在 1991 年推出的基于 Windows 环境的软件开发产品。从 1.0 版到现在的 6.0 版和. NET 版,Visual Basic 在广泛的使用中不断发展和完善。目前,Visual Basic 6.0 版本仍被很多学校选为 VB 程序设计的教学语言。

1.2.1　面向对象程序设计

在可视化开发工具中,几乎都具有面向对象程序设计(Object-Oriented Programming,简称 OOP)的特色。可视化开发工具已成为当今最流行的 Windows 软件开发工具。

那么,什么是面向对象程序设计呢?简而言之,就是一种以对象为基础,由事件驱动对象执行的编程技术。其中,对象是面向对象程序设计的核心,它在面向对象程序设计中到处存在,如程序本身是对象,程序中使用的按钮是对象,程序中使用的窗口也是对象。在现实生活中,房子、车、桌子、计算机等都是对象。在面向对象程序设计中,对象是一个由代码和数据组成的概念。

Visual Basic 是一种面向对象程序设计语言,用户只要建立能完成各种功能的多个对象,并把这些对象组合起来,然后建立与这些对象相关联的事件过程,就可创建出具体的应用程序。在此过程中,用户只需考虑如何组织对象并编写完成相应功能的代码,无需了解对象内部如何完成具体功能。

传统的结构化程序设计语言,把解决问题的过程看成是设计算法和编写程序的过程,强调功能的模块化。也即,一个模块作为一个功能处理单位,有自己的输入和输出。但由于所有的编程细节都要求编程者逐一处理,工作量大,程序极易出错且难以调试;而面向对象程序设计则将解决问题的过程看做对象的分类过程和它状态变换的过程,强调将数据和功能的抽象和统一,在对象中包含模块概念。这种方法把大量的细节和低级操作封装在对象中,大大简化了编程过程。这种全新的程序设计方法给程序设计带来了新的生命力和许多良好的特性。

与其他可视化开发环境相比,Visual Basic 6.0 较大众化。它拥有广泛的爱好者和学习者,具有易学易用的优势,大大推动了计算机的普及和应用。

1.2.2　Visual Basic 6.0 的特色

Visual Basic 6.0 的主要特点如下。

1. 面向对象程序设计

在一般的面向对象程序设计语言中,对象由代码和数据组成,是一个非常抽象的概念。而 Visual Basic 6.0 所使用的对象是把程序代码和数据封装起来的具体概念,它包含了自身的特性和控制方法。如按钮、窗体、标签等都是具体的可感受的对象。编程人员在设计用户界面时,不需要为每个对象创建和描述程序代码,只需利用工具箱中的图形工具(以下简称对象)在窗体上画出图形,Visual Basic 6.0 会自动把每个对象的程序代码和数据生成并封装好。编程人员只需编写每个对象所完成的功能代码就可以了。

Visual Basic 6.0 支持对象的重复使用和共享,用户也可通过自定义的控制平台创建自己的对象,并通过文件的方式添加到 Visual Basic 6.0 的工具箱中,为代码共享提供了一种有效的方法,因而可避免重复的代码编写和界面设计,大大缩短程序开发周期。所以,面向对象程序设计技术提高了编程效率,这是它最本质的特征。

2. 可视化的编程工具

Visual Basic 6.0 具有 Windows 图形界面的工作环境,向编程人员提供各种可视化的图形工具。以往的 Windows 开发工具对图形用户界面和功能都要设计算法,通过编程完成。一个大型的应用程序中大部分程序代码是用来处理图形用户界面的,只有一小部分程序代码是用来处理程序要实现的具体功能,而且界面只有运行时才能看到,在设计时观察不到实际的界面效果。这样,在运行过程中发现界面效果不佳时只能退回到程序中去修改。而在 Visual Basic 6.0 中,只要利用可视化的图形工具就能够轻而易举地创建丰富多彩的图形用户界面。

Visual Basic 6.0 有工具箱,提供各种图形工具。编程者在设计应用程序界面时,只需从工具箱中取出所需对象,按编程者所需布局,用鼠标拖放到窗体适当的位置,并为各对象设置相应属性即可,而不需要为此编写大量代码去描述各对象的外观和位置。Visual Basic 6.0 会自动将代码和数据封装到每个对象中,而且所构成的界面可随时调整,直到用户满意为止。这样,设计图形用户界面的工作没有编写任何代码就可完成,编程者仅需为应用程序实现功能的部分编写程序代码即可。因而大大节省了程序开发的时间,提高了开发效率。

3. 事件驱动的编程方式

在 Visual Basic 6.0 中,对象与对象之间、程序与对象之间由对象的事件相联系。即对每一个具体的对象系统已设定了该对象可能要发生的若干事件,而每个事件都将驱动相对应的一段程序运行,完成由对象响应事件、事件驱动程序运行的工作。在编写程序时,编程者只需为对象中使用到的事件填入相应的功能代码,而对程序用不到的事件则不填入事件代码,并把要实现的功能放在该事件的子程序中即可。例如,窗体是一个对象,用户用鼠标在窗体上单击一下,则产生一个“单击”事件,发生此事件就驱动相应的“单击”事件子程序运行,即驱动“单击”事件子程序 Form_Click 运行。

用 Visual Basic 6.0 语言开发应用程序,改变了传统的编程机制,开发人员不需要编写传统意义上的主程序,也不需要有明显的程序开始和结束部分;而仅需针对每个对象的相应事件编写程序代码,或编写一些通用的子程序再由事件子程序来调用它们,即由事件控制整个应用程序的执行流程。这样大大提高了编程的效率。

4. 结构化的程序设计方法

Visual Basic 6.0 继承了 BASIC 语言的结构化特点,其指令具有高级程序设计语言的语句结构,语法简单,比较接近人类的语言和逻辑思维方式。

综上所述,Visual Basic 6.0 是面向对象的、由事件驱动的结构化程序设计语言。编程人员的工作是设计由若干对象所组成的图形用户界面和编写对象的事件过程。

1.3 第一个 Visual Basic 6.0 应用程序

【例 1-1】 在窗体上显示“欢迎使用 VISUAL BASIC!”。

这是一个非常容易完成的题目。首先打开 Visual Basic 6.0 程序,选择新建“标准 EXE”工程,进入 Visual Basic 6.0 集成开发环境,如图 1.1 所示。

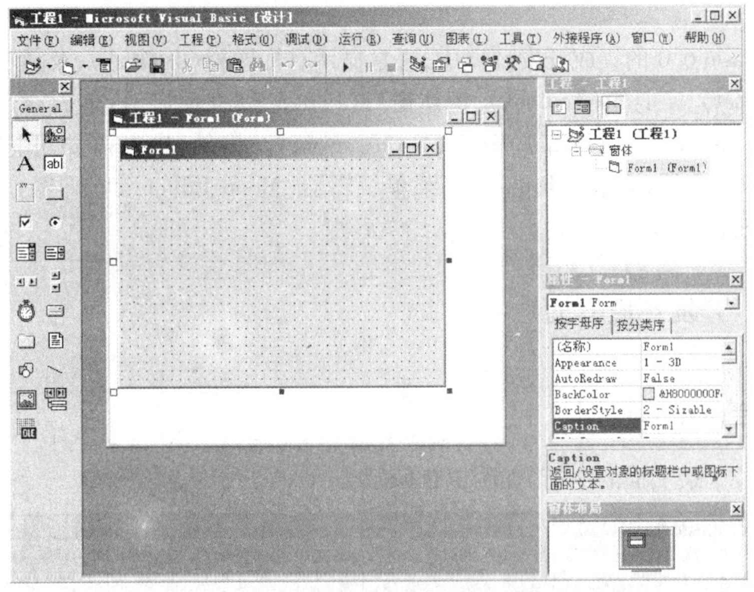

图 1.1 Visual Basic 6.0 集成开发环境

双击 Form1 进入工程 1 的 Form1 代码窗口,选择“对象”为 Form、“事件”为 Click,并在 Form_Click( )过程中输入代码。完成后的代码窗口如图 1.2 所示。

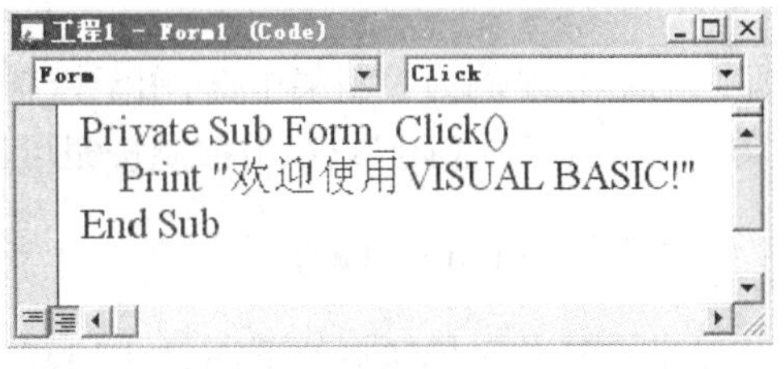

图 1.2 代码窗口

这样就完成了 Visual Basic 6.0 的第一个应用程序。用“运行”菜单的“启动”命令运行,此时并没有显示“欢迎使用 VISUAL BASIC!”。当用鼠标单击窗体时,“欢迎使用 VISUAL BASIC!”就显示在窗体上了。这是为什么?这就是 Visual Basic 6.0 事件驱动的特点。当程序启动,系统运行窗体并执行相关的初始化过程(本例没有设置),但没有执行 Form_Click( )过程,所以就不能显示“欢迎使用VISUAL BASIC!”。当用鼠标单击窗体时,系统就执行 Form 对象的 Click 事件。

接下来,把这个程序保存到硬盘上。第一个程序很简单,要保存的只是窗体文件和工程文件。选择 Visual Basic 6.0 主菜单的“文件”,再选择其中的“工程另存为”,系统弹出“文件另存为”对话框。首先保存窗体文件(扩展名为. frm),本例取窗体文件名为 First,

选择磁盘和文件夹并确定;再保存工程文件(扩展名为.vbp),本例取工程文件名为First,按“确定”。最后退出Visual Basic 6.0集成环境。

到此,第一个程序就完成了,相应磁盘的文件夹中保存了First.vbp和First.frm两个文件。

1.4 Visual Basic 6.0 集成开发环境

Visual Basic 6.0的集成开发环境中,通常显示有标题栏(Titlebar)、菜单栏(Menubar)、工具栏(Toolbar)、工具箱(Toolbox)、窗体窗口(Form)、属性窗口(Properties)、工程管理器窗口(Project Group)和窗体布局窗口(Form Layout)。另外,根据需要可打开代码窗口(Code)、对象浏览器(Object Browser)、菜单编辑器(Menu Editor)、立即窗口(Debug)、本地窗口和监视窗口等。

1.4.1 开发环境界面

1. 标题栏(Titlebar)

标题栏位于最上面的一行,如图1.3所示。

图1.3 主窗口

标题栏左侧为控制菜单框,用于控制窗口的还原、移动、大小、最小化、最大化和关闭等工作。单击“关闭”或双击控制按钮可退出Visual Basic环境。

2. 菜单栏(Menubar)

菜单栏位于标题栏的下面,如图1.3所示。菜单栏中包含“文件”、“编辑”、“视图”、“工程”、“格式”、“调试”、“运行”、“查询”、“图表”、“工具”、“外接程序”、“窗口”和“帮助”13组管理命令。用户通过鼠标、快捷键或键盘等都可操作执行所需的命令。菜单命令后有省略号的表示执行该命令时将弹出一个对话框,提供更多的选择。下面分别介绍各菜单项。

(1)“文件”菜单主要用于对文件的操作。主要命令有:

- “新建工程”命令:关闭当前工程,提示保存修改过的工程,从出现的“新建工程”对话框选定工程类型,创建所选类型的新工程。
- “打开工程”命令:打开一个已存在的工程。因为Visual Basic 6.0一次只能打开一个工程文件,所以当用户分别执行“打开工程”和“新建工程”这两项操作时,若已打开了一个工程并修改过则系统会提示用户保存当前工程,同时关闭与该工程有关的所有文件,再打开工程。

- “添加工程”命令:向当前已打开的工程中添加另一个工程形成一个工程组。这时工程管理器窗口的标题变成“工程组”,而所有打开的工程中的文件都会显示其中。
- “移除工程”命令:从当前已打开的工程组中删除指定的工程。
- “保存工程”和“工程另存为”命令:保存所建工程以及该工程所包含的所有文件。
- “保存 Form1”命令:保存当前工程中的所选文件,如窗体文件和模块文件等。
- “Form1 另存为”命令:将所选文件以输入的文件名保存。
- “生成工程 1. exe”命令:创建在 Windows 环境下可直接执行的. exe 文件。
- “退出”命令:退出 Visual Basic 6.0 环境。

(2)“编辑”菜单的项目与别的应用程序基本相似,不再罗列。

(3)“视图”菜单提供对集成开发环境的窗口操作。主要命令有:

- “代码窗口”命令:打开当前窗体(或标准模块等)的代码窗口。
- “对象窗口”命令:激活当前所选中的窗体窗口。
- “定义”命令:显示所选对象的定义。
- “最后位置”命令:在代码窗口中使插入点移到刚离开的编辑位置。
- “对象浏览器”命令:切换到对象浏览器窗口。
- “立即窗口”命令:显示用于程序调试的立即窗口。
- “本地窗口”命令: 显示用于程序调试的本地窗口。
- “监视窗口”命令: 显示用于程序调试的监视窗口。
- “调用堆栈”命令.在中断模式下,显示已经开始执行但没有完成的调用过程。
- “工程资源管理器”命令:显示并切换到工程管理器窗口。
- “属性窗口”命令: 显示并切换到属性窗口。
- “窗体布局窗口”命令: 显示并切换到窗体布局窗口。
- “属性页”命令:显示一个具有属性页的控件的属性页,以便对控件较复杂属性的浏览和设置。
- “工具箱”命令: 显示并切换到工具箱。
- “数据视图窗口”命令:显示“数据视图”窗口。用于访问并操作数据库的结构等操作。
- “调色板”命令:显示调色板。
- “工具栏”命令:显示或隐藏工具栏。
- “Visual Component Manager”命令:显示可视化部件管理器。

(4)“工程”菜单用于有关工程的操作。主要命令有:

- “添加窗体”命令:向当前工程中添加新的窗体或现存的窗体文件。
- “添加MDI 窗体”命令:向当前工程中添加新建或现存的多文档窗体文件。
- “添加模块”命令:向当前工程中添加新的标准模块或现存的标准模块文件。
- “添加类模块”命令:向当前工程中添加新建类模块或现存的类模块文件。

●“添加用户控件”命令:向当前工程中添加新的或现存的用户控件。

●“添加属性页”命令:向当前工程中添加新的或现存的属性页。

●“添加用户文档”命令:向当前工程中添加新的或现存的用户文档。本命令只有在当前工程是 ActiveX EXE 或 ActiveX DLL 工程时有效。

●“添加 WebClass”命令:向当前工程中添加 WebClass 设计器,设计工程中的 Web 类。

●“添加 Data Report”命令:向当前工程中添加 Data Report 设计器,设计工程中的数据报表,以报表的形式显示数据库中的数据信息。

●“添加DHTML Page”命令:向当前工程中添加 DHTML Page 设计器,设计工程中的动态 HTML 网页。

●“添加Data Environment”命令:向当前工程中添加 Data Environment 设计器,设计当前工程的数据环境。

●“更多 ActiveX 设计器...”命令:显示一个子菜单,列出当前工程中还可添加的设计器。

●“添加文件”命令:向当前工程添加一个已有的文件。

●“移除 Form1”命令:从当前工程中移除当前窗体或当前标准模块等文件。若用户所选中的窗体或模块文件已修改过,则系统会在删除它之前提示用户是否先保存该文件。从工程中移除的文件,仍保存于磁盘。

●“引用”命令:设置向当前工程中添加的对象库、类型库或对工程的引用。

●“部件”命令:向工程中添加部件。例如,在部件对话框的控件选项卡中包含 Visual Basic 6.0 提供的许多控件,用户可通过选中对应的文件将相应的控件添加到工程的工具箱中。

●“工程 1 属性”命令:查看和设置当前工程的属性。

(5)“格式”菜单提供对控件大小和排列规范化的操作。主要命令有:

●“对齐”命令:显示一个子菜单,提供对所选多个对象的对齐操作。

●“统一尺寸”命令:显示一个子菜单,提供对所选多个对象的统一大小操作。

●“按网格调整大小”命令:使所选对象的大小是网格的整数倍操作。

●“水平间距”命令:调整所选多个对象的水平间距的方式。

●“垂直间距”命令:调整所选多个对象的垂直间距的方式。

●“在窗体中居中对齐”命令:设置所选对象在窗体中的水平对齐和垂直对齐。

●“顺序”命令:将所选对象“置前”或“置后”。

●“锁定控件”命令:将所选对象的大小和位置进行锁定。

(6)“调试”菜单提供程序的调试操作。主要命令有:

●“逐语句”命令:它表示以单步跟踪方式执行程序,如果执行到的语句是过程调用语句,则下一步将进入过程模块内部并继续逐条执行过程内的各条语句。

●“逐过程”命令:与“逐语句”命令功能类似,但当程序执行到的语句是过程调用语句时,直接执行该语句,并跳转到该语句后面的语句处,而不进入过程模块内部,即程序按一个一个的过程执行。

- “跳出”命令:执行完并跳出当前过程。
- “运行到光标处”命令:在调试模式下,将光标移到所需位置并选择该命令,则程序执行到光标所在语句后停止。
- “添加监视”命令:出现“添加监视”对话框,输入一个 VB 表达式,在中断模式下将在监视窗口显示该表达式的值。
- “编辑监视”命令:出现“编辑监视”对话框,可对监视表达式进行编辑或删除。
- “快速监视”命令:用来快速查看变量或其他监视表达式的值。
- “切换断点”命令:用于设置或取消当前语句上的断点。
- “清除所有断点”命令:清除当前工程中设置的所有断点。
- “设置下一条语句”命令:可选择一行位于当前选择语句之前或之后的语句,使位于其中的语句不被执行。
- “显示下一条语句”命令:能加亮显示被执行的下一条语句。

(7)“运行”菜单用于程序的运行控制操作。主要命令有:

- “启动”命令:启动当前应用程序的运行。
- “全编译执行”命令:使当前应用程序进行完全编译后运行。
- “中断”命令:使应用程序暂停运行并切换到调试模式下。
- “结束”命令:结束正在运行的应用程序并返回到设计模式。
- “重新启动”命令:重新启动当前应用程序的运行。

(8)“查询”菜单用于数据库表的查询及相关的操作。主要命令有:

- “运行”命令:执行当前的查询、存储过程或其他的 SQL 语句。
- “清除结果”命令:清除查询设计器的“结果”窗口中的结果。
- “验证 SQL 语法”命令:对查询设计器的“SQL”窗口中的 SQL 语句,验证其语法的正确性。
- “分组”命令:设置或取消当前查询为一个分组合计查询。
- “更改类型”命令:设置当前查询的类型。
- “添加到输出”命令:把“图表”窗口的输入源窗口中选定的一行或多行,添加到查询的结果列表中。
- “升序排序”和“降序排序”命令:分别将要排序的列指定为升序和降序。
- “删除过滤器”命令:在“图表”窗口的输入源窗口中对选定的列删除查找条件。
- “从 <表 A> 选取所有行”和“从 <表 B> 选取所有行”命令:分别指定一个包含第一个表和第二个表中的行的外部联接。

(9)“图表”菜单用于数据库图表的创建、修改和布局等操作。主要命令有:

- “新建文本批注”命令:在图表中加入批注。
- “设置文本字体”命令:设置批注文本的字体。
- “添加关联表”命令:在图表中添加一个关联表。
- “显示关联标签”命令:显示图表中关联表的关联关系标签。
- “修改自定义视图”命令:修改数据库图表中的自定义视图。
- “显示分页标记”命令:显示数据库图表中的分页标记,以便安排打印布局。

●“重新计算分页”命令:添加或重排对象以后,重新计算数据库图表的分页。

●“选项对齐”命令:使用数据库图表中的选项对齐。

●“表对齐”命令:使用数据库图表中的表对齐排列。

●“调整选定表”命令:对选定的表进行调整。

(10)“工具”菜单用于为设计应用程序提供各种常用工具。主要命令有:

●“添加过程”命令:将子过程(如 Sub、Function、Event 等)插入到当前的活动模块中。

●“过程属性”命令:为项目规定的每个属性和方法进行属性设置。

●“菜单编辑器”命令:为应用程序添加菜单或对原有菜单进行编辑修改。

●“选项”命令:设置 Visual Basic 6.0 的工作环境,包括窗体中是否显示栅格、栅格的距离、控件是否自动对齐栅格等环境参数。

●“发布”命令:不同类型部件的发布。

(11)“外接程序”菜单提供给用户各种非常有用的辅助工具,它可为 Visual Basic 6.0 添加新的功能。主要命令有:

●“可视化数据管理器”命令:启动可视化数据管理器,以便能访问和管理数据。

●“外接程序管理器”命令:用来加载或卸下外接程序,以扩展 VB 开发环境。

(12)“窗口”菜单提供对集成开发环境中的窗口操作。主要命令有:

●“拆分”命令:把代码窗口拆分为两个窗口。

●“水平平铺”命令:各窗口以水平方向平铺排列。

●“垂直平铺”命令:各窗口以垂直方向平铺排列。

●“层叠”命令:各窗口以层叠形式排列。

●“排列图标”命令:重新排列窗体图标。

(13)“帮助”菜单向用户提供各种帮助信息。主要命令有:

●“内容”命令:打开 MSDN Library Visual Studio 6.0 帮助文件,并显示目录选项。

●“索引”命令:打开 MSDN Library Visual Studio 6.0 帮助文件,并显示索引选项。

●“搜索”命令:打开 MSDN Library Visual Studio 6.0 帮助文件,并显示搜索选项。

●“技术支持”命令:打开 MSDN Library Visual Studio 6.0 帮助文件,并显示微软产品的技术支持。

●“Web 上的 Microsoft”命令:提供微软公司相关站点的链接。

●“关于 Microsoft Visual Basic”命令:显示 Visual Basic 的版本信息。

另外,在 Visual Basic 6.0 集成开发环境中,除了上述菜单项外,右击任何对象几乎都能出现快捷菜单,包含当前对象常用的操作命令。

3. 工具栏(Toolbar)

工具栏一般位于菜单栏的下面,如图 1.3 所示(缺省情况下仅显示标准工具栏)。它提供了一些常用的命令按钮。Visual Basic 6.0 集成开发环境提供编辑、标准和调试等多种类型工具栏,这些工具栏可通过“视图”菜单的“工具栏”命令显示或隐藏。用户只需把鼠标移到某按钮,按钮下方就会出现提示信息,用鼠标单击某按钮即可执行相应命令。例如,表示添加标准工程,表示在当前工程中添加窗体,表示启动菜单编辑器,表示打开文件或工程，表示保存文件或工程，表示启动应用程序，表示暂停运行应用程序并切换到调试模式下，表示结束正在运行的程序并返回设计模式，表示显示工程资源管理器等。

4. 工具箱(Toolbox)

工具箱默认位于 Visual Basic 6.0 集成开发环境的最左侧，如图 1.4 所示。在缺省情况下，工具箱显示 General 选项卡，提供最常用的标准控件，它包含用户设计应用程序界面的主要工具。

除了缺省的 General 选项卡之外，还可通过打开“工程”菜单的“部件”命令，向工具箱中添加所需的控件。

图 1.4　工具箱

5. 窗体(Form)

窗体窗口(简称窗体)位于屏幕中间，如图 1.5 所示，它是一个标准的窗体窗口。窗体用于设计应用程序界面。新建工程时系统会自动将窗体标题设置为“Form1”，在设计模式下可通过修改窗体的 Caption 属性来改变窗体的标题，还可调整窗体的大小和位置等。在运行应用程序时，该窗体即为用户界面。

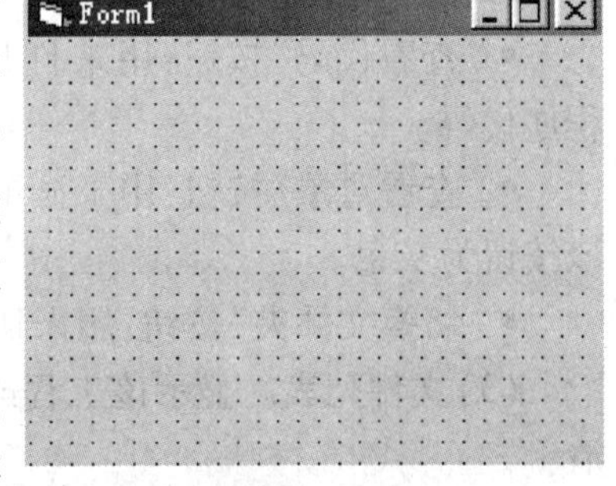

图 1.5　窗体

一个工程文件可包含多个窗体(至少一个窗体)。窗体中可画出组成应用程序的各个控件，一个窗体最多可容纳 255 个控件。

在窗体的用户设计区可看到由点组成的网格，这些网格是用户能定义的格子，应用程序运行时会自动消失。这些网格能帮助用户在调整窗体中的控件时做自动对齐操作(默认）。用户可通过“工具”菜单的“选项”命令调整网格间距，也可关闭自动调整功能。

6. 属性窗口（Properties）

属性窗口位于窗体窗口的右下侧，如图 1.6 所示。在 Visual Basic 中，属性窗口用于存放各种对象的属性。在设计模式下，可直接在属性窗口中对各属性的属性值进行重新设置和修改，一个窗体一般对应一个属性窗口。

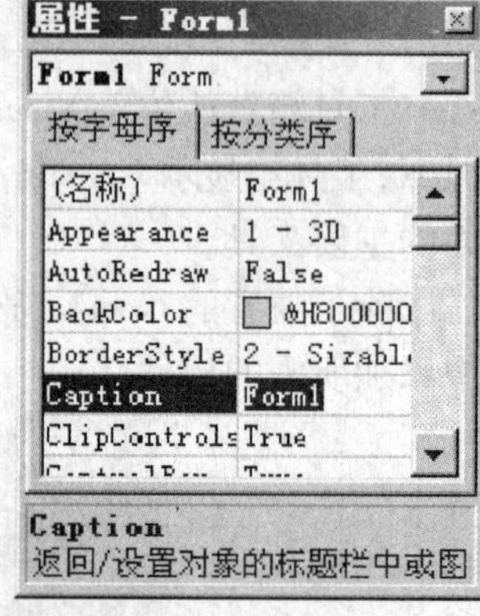

图 1.6 属性窗口

属性窗口的顶部有一个下拉式的对象列表框（简称列表框）。该框中显示的项表示当前可对该对象的属性进行操作，单击右侧箭头显示出当前窗体及其窗体内各控件的名称和控件类型。用户可在其中选择要操作的对象。

属性窗口的中间是属性列表框，列出了当前所选对象的所有属性。列表框中的属性可按字母顺序排列，也可按分类顺序排列。对每一种分类，列表框分左右两部分，左边是属性名称，右边是属性值。用户可通过移动光标或移动滚动条来选中属性。每选中一个属性，在属性窗口底部的属性状态栏都会对该属性进行说明。

对于不同的数据类型，单击该值区域时，将分别出现文本输入框，下拉列表框或对话框等，以便进行属性设置。

7. 工程管理器窗口（Project Group）

工程管理器窗口如图 1.7 所示。工程管理器窗口用于管理一个完整的应用程序所包含的所有文件。一个应用程序可由一个工程（.vbp）构成，也可由多个工程构成一个工程组。而每个工程又包含窗体（.frm）、模块（.bas）和对象类（.cls）等多种类型文件。

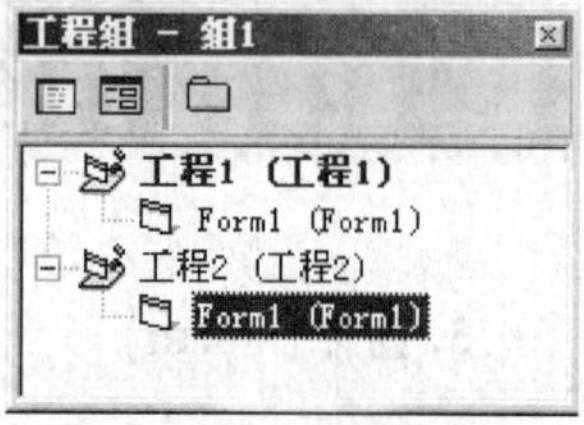

工程管理器窗口主要由以下几个部分组成：

（1）标题条。显示工程名或组名，缺省名为工程 1 或组 1。

（2）三个按钮。

图 1.7 工程管理器窗口

●“查看代码”按钮：用来打开代码窗口并显示所选文件的程序代码。

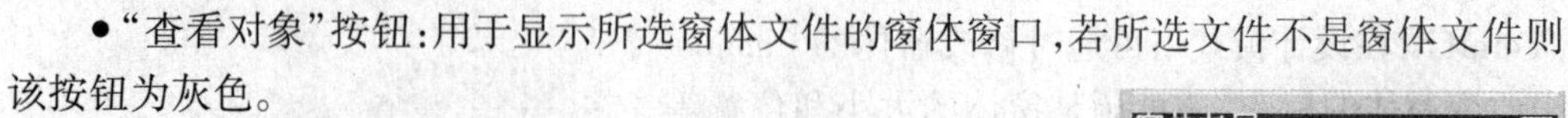

●“查看对象”按钮：用于显示所选窗体文件的窗体窗口，若所选文件不是窗体文件则该按钮为灰色。

●“切换文件夹”按钮：用来切换文件和文件夹。

（3）文件列表。显示该工程或工程组下所包含的所有文件清单。

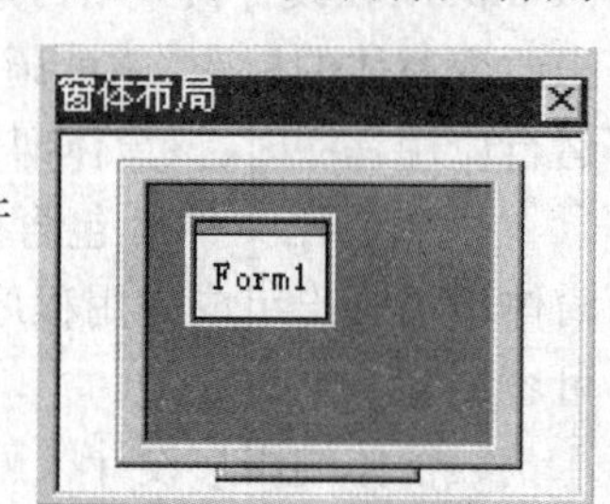

图 1.8 窗体布局窗口

8. 窗体布局窗口（Form Layout）

窗体布局窗口如图 1.8 所示。该窗口允许用户使用一个表示屏幕的小图像来布置应用程序中各个窗口在屏幕上的位置。

9. 代码窗口(Code)

代码窗口是应用程序代码的编辑器,用来显示和编辑窗体或模块的程序代码(如图1.2)。应用程序的每一个窗体或代码模块都有一个独立的代码窗口,可通过下面的操作方法之一打开代码窗口:

(1) 执行“视图”菜单中的“代码窗口”命令。

(2) 在工程管理器窗口中选定窗体或模块的名称,再单击按钮。

(3) 双击要编写程序代码的窗体或窗体上的控件。

代码窗口的标题栏下面有“对象”和“过程”两个下拉列表。“对象”下拉列表用来选择与本模块相关联的对象,即单击该框右侧箭头,显示与该模块有关的所有对象名称,单击选择对象。“过程”下拉列表用来选择该对象可响应的事件,即单击该框右侧箭头显示该对象的全部事件,单击选取不同的事件进行编辑。

代码窗口左下角有和两个按钮。单击按钮,代码窗口只显示单个过程的程序代码。单击按钮,代码窗口显示该模块的全部程序代码。

1.4.2 窗体、控件和对象

在 Visual Basic 6.0 中,窗体是为用户设计应用程序界面而提供的窗口。它是多数 Visual Basic 应用程序设计界面的基础。它相当于一块画布,应用程序界面全部在此画出,而无需编写任何有关界面的程序代码。设计时使用工具箱在窗体上画出各种图形对象,如标签、命令按钮、影像框、文件列表框等,这些图形对象称为控件(Control)。

窗体和控件均称为对象。

用户不需用大量对象命令来定义对象的代码、属性和数据块,就可生成用户自定义的 Visual Basic 对象。因此,对象不仅包括窗体和控件,而且还包括许多可访问的实物也称为对象。

1.4.3 事 件

所谓事件是由 Visual Basic 预先定义的、能够被对象识别的动作。在 Visual Basic 6.0 中,对象与应用程序的往来是通过事件进行的。对象的事件是固定的,不能定义新的事件。所以,Visual Basic 6.0 为每个对象提供了丰富的事件,这些事件足以满足 Windows 中大多数操作的需要。

对每个对象,可能会有多个事件产生,当一个对象识别到某一事件发生时,就去响应事件中的程序代码段,该代码段称为事件过程。

事件过程是用来完成事件发生后所要做的工作。如应用程序中有一命令按钮,用于完成结束应用程序的任务,编程者只需在按钮的单击事件中写入结束语句即可。当应用程序运行时,单击命令按钮,该按钮就接收到 Click 单击事件(此事件响应事件过程的结束语句),程序运行结束。

不同的对象能够识别的事件是不同的,如窗体能识别单击和双击事件,而定时器只能识别 Timer()事件。

一个对象可以识别多个事件,但在设计应用程序时不一定对每个事件都编写事件过程。在程序设计中,编程者只需根据程序的实际需要,对必须响应的事件编写相应的事件过程,而不必理会的事件则不需要编写事件过程。

事件过程的一般格式如下:

```
Private Sub 对象名_事件名称()
    …
    程序代码
    …
End Sub
```

1.4.4 属性和方法

所谓属性是指对象的名称、大小、位置和颜色等特性。在 Visual Basic 中,属性用来描述对象的状态。每个对象都有若干属性,不同的对象具有不同的属性,如命令按钮有 Caption 属性而无 Text 属性,文本框无 Caption 属性而有 Text 属性。在设计应用程序时,通过改变对象的属性值来改变对象的外观和行为。

属性值的设置或修改有两种方法:一种是通过属性窗口设置,另一种是通过编程的方法在程序运行时改变对象的属性。

在程序代码中设置属性的格式如下:

```
[对象名.]属性名 = 属性值
```

若对象名缺省,则隐含指当前窗体。例如,将文本框 Text1 的 Text 设置为"这是我的第一个 Visual Basic 程序"的代码是:

```
Text1.Text = "这是我的第一个 Visual Basic 程序"
```

方法是指 Visual Basic 6.0 提供的用来完成特定操作的特殊子程序。与事件过程不同,方法不能响应某一事件,只是完成与对象相关联的特殊操作。如显示、隐藏及移动对象等操作在 Visual Basic 6.0 中分别对应 Show、Hide 及 Move 等可执行的子程序,即方法。用户只需通过调用它们来实现这些功能。

方法不是一个独立的实体,它的功能要由对象来体现。不同的对象具有不同的内部方法,所以调用方法应指明是针对哪个对象的。调用的一般格式为:

```
[对象名.]方法 [参数]
```

若对象名缺省,则隐含指当前窗体。例如,清除窗体 Form1 的内容的方法是:

```
Form1.Cls
```

1.4.5 工程、模块和程序

工程文件(简称工程)是用来管理构成应用程序对象的所有文件和对象的清单。工程文件的扩展名是.vbp。一个工程一般包括窗体模块和标准模块等类型文件，其中，窗体模块文件的扩展名是.frm，标准模块文件的扩展名是.bas。最简单的Visual Basic程序只有一个工程，且工程中只包含一个窗体。

所谓模块是由若干子程序（过程）组成，可以独立编译的程序代码。在Visual Basic中，程序是模块结构的。

窗体模块文件描述了窗体的各种信息。其中包括窗体和窗体内各控件的大小和位置等界面信息和在窗体内编写的过程、函数等程序代码以及在窗体内定义的变量和注释等。工程文件中的每个窗体都对应一个窗体模块文件。

标准模块文件是存放与特定窗体或控件无关的变量、通用过程和函数等程序代码的。

1.5　第二个 Visual Basic 6.0 应用程序

【例 1-2】　修改例1-1，用控件实现在窗体上显示或不显示“欢迎使用VISUAL BASIC!”。

分析

本例运行后的界面如图1.9所示。

从图1.9中可以看出，本例除了窗体（Form）对象外，一共用了3个控件：1个标签控件和2个命令按钮。对于标签控件（名字为Label1），设置了它的Caption（标题）、AutoSize（根据字体大小和字符多少自动调整标签控件的大小）、FontSize（设置字体大小）和ForeColor（设置字体颜色）属性；对于命令按钮（名字分别为Command1和Command2），设置了它们的Caption属性。本书已介绍过设置控件的两种方法，即在属性窗口设置或在程序中设置，本例选用后者进行属性设置，把相关控件的属性设置放在窗体对象的Load()事件过程中。窗体对象的Load()事件过程是在启动窗体时执行的，它的运行要早于窗体上其他控件的事件过程，所以当启动窗体后相应控件的属性值就设置好了。读者也可根据它们的属性值在属性窗口中设置，其作用是完全相同的。根据例1-1的说明，把设置属性的代码放入Form_Load()事件中，参见图1.10。

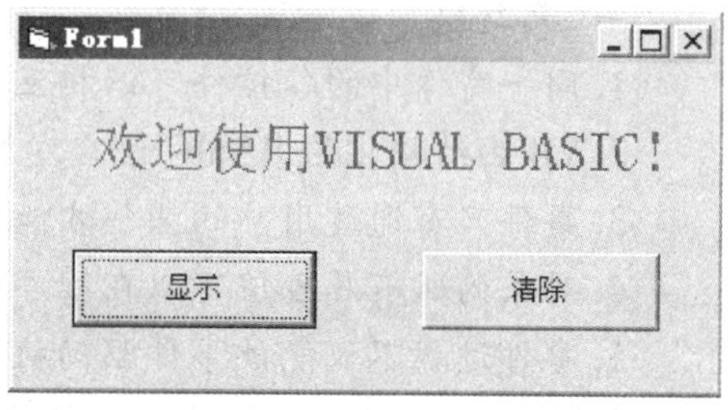

图1.9　例1-2的运行界面

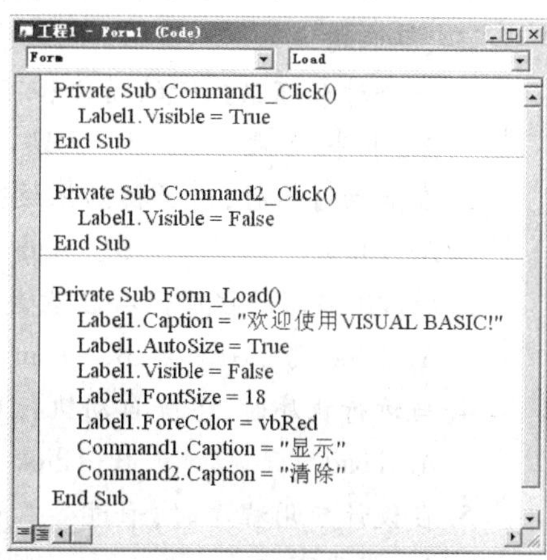

图1.10　例1-2的程序代码界面

事实上，在窗体对象加载和卸载过程时系统会自动发生一系列的窗体事件。加载时主要的事件过程和发生的顺序如下：Initialize ( ), Load ( ),

Resize( ),Activate( ),GotFocus( )和 Paint( )。

卸载时主要的事件过程和发生的顺序如下:LostFocus( ),DeActivate( ),QueryUnload( ),Unload( )和 Terminate( )。

对于初学者,加载时用 Load( )事件,卸载时用 Unload( )事件就可以了。

例 1-2 的程序代码界面如图 1.10 所示。

说明

当启动程序后,按 Command1 按钮显示"欢迎使用 VISUAL BASIC!"(标签 Label1 的 Caption 属性设置为"欢迎使用 VISUAL BASIC!");按 Command2 按钮则不显示标签。Command1_Click( )和 Command2_Click( )的事件过程都非常简单,语句:

```
Label1.Visible = True
```

使标签 Label1 显示,语句:

```
Label1.Visible = False
```

使标签 Label1 不显示。

最后保存工程和窗体文件。

习 题

一、判断题

1. 同一窗体中的各控件可以相互重叠,其显示的上下层次的次序不可以调整。

2. VB 由结构化的 BASIC 语言发展而来,采用了面向对象的程序设计方法。

3. 事件只有通过用户的操作才能触发。

4. 对象的所有属性值可以在程序运行时动态地修改。

5. 事件过程不仅能被事件驱动执行,还能在程序代码中像子程序一样地被调用执行。

6. Visual Basic 是以结构化的 BASIC 语言为基础、以事件驱动作为运行机制的可视化程序设计语言。

7. "方法"是用来完成特定操作的特殊子程序。

二、单选题

1. 一个对象可以执行的动作和可被对象识别的动作分别称为________。

A. 事件、方法　　B. 方法、事件　　C. 属性、方法　　D. 过程、事件

2. 在启动窗体时,为了初始化该窗体中的各控件,可选用窗体的________事件。

A. Click　　B. Load　　C. DblClick　　D. Unload

3. 将 VB 编写的程序保存在磁盘上,至少会产生________文件。

A. .doc 与 .txt　　B. .com 与 .exe　　C. .bat 与 .frm　　D. .vbp 与 .frm

4. 当运行程序时,系统自动执行启动窗体的某个事件过程。这个事件过程是______。

A. Load　　B. Click　　C. Unload　　D. GotFocus

5. 在设计应用程序时,通过________可以查看到应用程序工程中的所有组成部分。

A. 代码窗口　　B. 窗体设计窗口

C. 属性窗口　　D. 工程资源管理器窗口

6. Visual Basic 是一种面向对象的程序设计语言，构成对象的 3 要素是______。

A. 属性、控件和方法　　B. 属性、事件和方法

C. 窗体、控件和过程　　D. 控件、过程和模块

7. 改变控件在窗体中的水平位置应修改该控件的________属性。

A. Top　　B. Left　　C. Width　　D. Right

8. 工程文件的扩展名为________。

A. .frx　　B. .bas　　C. .vbp　　D. .frm

9. 窗体模块的扩展名为________。

A. .exe　　B. .bas　　C. .frx　　D. .frm

三、问答题和程序设计题

1. 简述设计 Visual Basic 应用程序的步骤。

2. 如何建立可执行文件？

3. 什么是对象的属性、方法和事件？

4. 列出窗体对象的 3 个属性、2 个事件和 1 个方法。

5. 设计一个程序，设计界面如图 1.11 所示。单击"宋体"功能按钮，窗体上显示"中文字体宋体"，单击"楷体"功能按钮，窗体上显示"中文字体楷体"，单击"仿宋"功能按钮，窗体上显示"中文字体仿宋"。

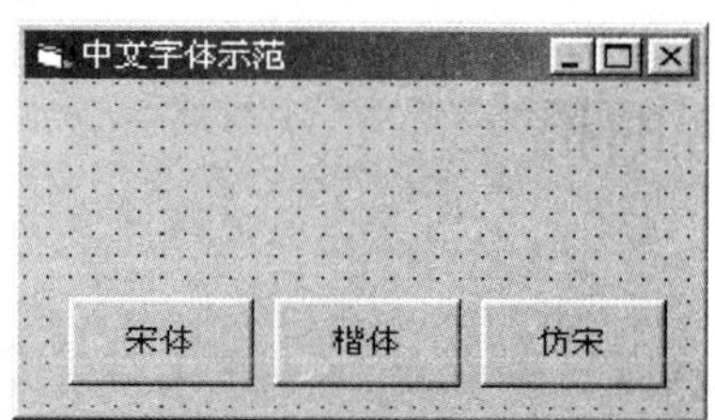

图 1.11　"中文字体示范"设计界面

第 2 章

程序设计基础

通过第 1 章的学习,读者对 Visual Basic 6.0 有了初步的了解。用 Visual Basic 6.0 设计程序,主要就是对控件的不同事件进行程序设计,这些程序代码组成了整个 Visual Basic程序。但是,程序如何编写? Visual Basic 的语言又如何使用? 本章的主要目的是向读者介绍 Visual Basic 语言基础,其中包括常量和变量的数据类型、常用的内部函数、表达式的书写和三条基本语句的语法,同时穿插介绍用这些基本语句编写的程序。

2.1 求一元二次方程的根

【例 2-1】 对于一元二次方程式 $ax^2+bx+c=0$,计算它的两个实数根。假设给定方程系数的判别式大于或等于零。

分析

一元二次方程的根可根据以下的求根公式得到:

$$x_{1,2}=\frac{-b\pm\sqrt{b^2-4ac}}{2a}$$

要用程序求解该一元二次方程的根,它的求解过程(即算法)描述如下:

S1:输入系数 a、b 和 c;

S2:计算 $\Delta=\sqrt{b^2-4ac}$;

S3:计算 $x_1=\frac{-b+\Delta}{2a}$,$x_2=\frac{-b-\Delta}{2a}$;

S4:输出 x_1 和 x_2。

程序

```
Private Sub Form_Click()
    Dim a As Integer, b As Integer, c As Integer
    Dim x1 As Single, x2 As Single, delta As Single
```

```
    a = 2
    b = 5
    c = 2
    delta = Sqr(b * b - 4 * a * c)
    x1 = ( -b + delta) /(2 * a)
    x2 = ( -b - delta) /(2 * a)
    Print "x1 = "; x1, "x2 = "; x2
End Sub
```

运行结果

```
x1 = -.5      x2 = -2
```

说明

本例中,定义了整型(Integer)变量 a,b,c,它们表示方程的系数;还定义了实型(Single)变量 x1,x2,delta,它们分别表示两个根和方程系数的判别式 Δ。对比求解这个问题的算法和程序,可以看出程序是按照算法来写的,但是程序的写法也有自己的要求,如程序的一开始就有两行 Dim 语句。本书将在下面的章节中介绍如何编写程序。

在程序中,$4ac$ 写成"4 * a * c",中间的"*"不能省略,这是程序中表达式写法所规定的。所以,数学上一些写法在程序里略有不同,读者需注意这些细节。

程序中有一个非常基本的问题,那就是数据的存储方式。语句"a = 2"的意思是把方程的系数常数 2 送到程序里。送到程序的哪里?送到程序的整型变量 a 中,此后整型变量 a 就保存了这个数据。在计算机里,无论整型变量还是实型变量或者其他类型的变量都存放在计算机的内存中。计算机语言要区别变量的类型是因为不同的数据类型在计算机内存中存放数据的格式不同,所占用的空间大小也不同。

2.2 常量与变量

在学习计算机语言时,很多初学者对常量和变量有不同的数据类型常常感到困惑,确实是这样,在日常生活中,一般是把人名作为符号,把电话号码作为数字。而在计算机中,这两者都用符号即字符串来表示,这是因为电话号码多数是作为符号来使用的,它不同于那些真正参与运算的数字,而且很多电话号码中含有"-"符号,因此,把它作为数字形式的字符串来处理更合理些。另外,根据计算机存储、处理信息的特点,不同的量需采取不同的方式来处理,这就是所谓的数据类型。所以,在学习语言之前,首先需要了解并掌握计算机语言中的常用数据类型。

像数学中讨论的常量与变量一样,本节讨论的常量是指不随时间改变的量,此处"时间"对计算机程序而言自然是指程序执行的先后顺序,所以常量的定义就是不随程序运行而改变的量,有时也称作"常数"。变量是指其内容会随程序运行而改变的量,这里说的"其内容"的含义是指变量中存放的数据,本书不用数值而用数据两字是想着重说明数值的含义是数,而数据可以是任何类型的量。

2.2.1　常　量

Visual Basic 中的常量有数值常量、字符串常量、货币数据常量、日期/时间常量、逻辑常量和符号常量共6种。

1. 数值常量

数值常量分类与示例如下:

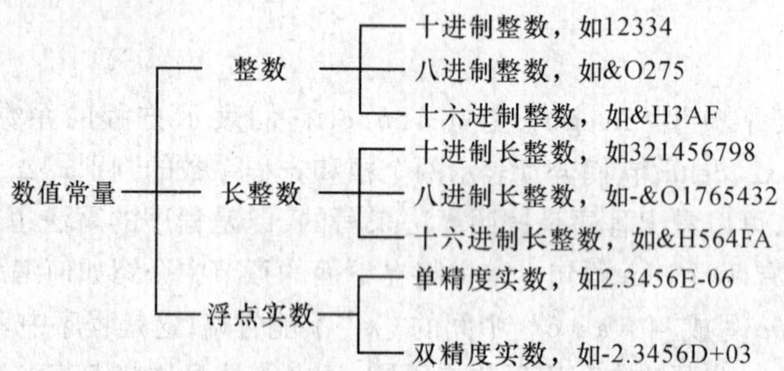

在 Visual Basic 6.0 语言环境下,不同类型的数值常量在计算机内部占用的字节数和取值范围各不相同。数值常量可分为整数、长整数和浮点实数,其中整数和长整数又可分为八进制、十进制和十六进制的整数和长整数,浮点实数又可分为单精度和双精度浮点数。具体分类如下:

(1)整数(十进制整数、八进制整数和十六进制整数):占用2个字节即十六位二进制位,取值范围分别为 -32768 ~ 32767、-&O77777 ~ &O77777 和 -&H7FFF ~ &H7FFF。

(2)长整数(十进制长整数、八进制长整数和十六进制长整数):占用4个字节,取值范围分别为 $-2^{31} \sim 2^{31}-1$(即 -2147483648 ~ 2147483647)、-&O17777777777 ~ &O17777777777 和 -&H7FFFFFFF ~ &H7FFFFFFF。

(3)浮点实数:小数点不确定的实数。它有两种表示方法,普通表示法和指数形式表示法。在程序中可以用普通表示法来直接写出一个实数,如3.14159。

指数形式表示法又称“科学记数法”。浮点实数用尾数和阶码两部分来表示,如 -3256765 = -3.256765E +6,其中 -3.256765 称为尾数,E +6 称为阶码。单精度浮点实数 x 占用4个字节,取值范围 $1.401298 \times 10^{-45} \leqslant |x| \leqslant 3.402823 \times 10^{38}$,阶码由字母 E 引导。双精度浮点实数 x 占用8个字节,取值范围为 $4.94065645841247 \times 10^{-324} \leqslant |x| \leqslant 1.79769313486232 \times 10^{308}$,阶码由字母 D 引导。在表示单精度或双精度实数时,也可以不用指数形式,但此时必须在数值后加符号“!”表示单精度实数(“!”可以省略,但“#”不能省略)或加符号“#”表示双精度实数,如8.3456789#表示一个双精度实数。

2. 字符串常量

字符串常量是由一串 ASCII 码字符或汉字国标码符号或两者相结合而组成的量。它可以是字母、数字、汉字、空格和特殊符号。字符串常量的最大长度是 64512 个字节(注意,一个 ASCII 码字符占用 1 个字节,一个汉字国标码符号占用 2 个字节)。字符串常量必须用双引号括起来。例如,"Visual Basic"、"3 +5"和"浙江省杭州市"都是正确的字符串常量。

3. 货币数据常量

货币数据常量主要用来计算货币数据,该类型数据占用 8 个字节,执行运算时小数点左边有 15 位,小数点右边有 4 位,以便获得精确的计算结果。货币数据常量的取值范围是 -922337203685477.5808 ~ 922337203685477.5807。为了辨别,通常在数字尾端加“@”来表示货币数据常量,如 123.456@。

4. 日期/时间常量

日期/时间常量在计算机内部占用 8 个字节,日期范围是公元 100 年 1 月 1 日 ~ 公元 9999 年 12 月 31 日,形式为月/日/年,使用时必须用“#”括起来。例如,1999 年 5 月 22 日表示为:#5/22/1999#。

5. 逻辑常量

逻辑常量只有两个值:True 和 False。当把数值常量转换为逻辑常量时(转换是计算机自动进行的),0 为 False,非 0 为 True;当把逻辑常量转换为数值常量时,True 转换成 -1,False 转换成 0。

6. 符号常量

程序中用一符号来代表一个常量可以增加程序的可阅读性,同时也方便程序的编写和移植,这样的符号称为符号常量。符号常量在使用前需用 Const 语句声明,其语法为:

```
Const <符号常量名> = <常量>
```

例如,在窗体的通用对象的声明中输入 Const Mypi = 3.14159 语句,则在窗体模块的任何地方都能用 Mypi 符号常量来表示常量 3.14159。

【例 2-2】 求半径为 10 的圆面积。

分析

本例的问题相对简单一些,但程序中不能直接用 π,因为 Visual Basic 语言不能识别 π 这个符号,更不知道它代表 3.14159。程序中用符号常量 Pi 来表示 3.14159。

程序

```
Private Sub Form_Click()
    Dim r As Integer, s As Single
    Const Pi =3.14159
    r = 10
    s = Pi * r * r
    Print "Area ="; s
End Sub
```

运行结果

```
Area = 314.159
```

符号常量不但可定义数值常量,而且也能定义其他类型的常量。若需要,读者可查阅 Visual Basic 6.0 的联机帮助手册。

2.2.2 变　量

Visual Basic 6.0 中的常用变量有整数变量、长整数变量、单精度浮点数变量、双精度浮点数变量、字符串变量、货币型变量、日期型变量、逻辑型变量和变体变量。

在程序设计中,使用变量的目的是用它在计算机内存中保存程序运行过程中数据处理的结果(或中间结果)。为了在程序中存取它们(注意:无论是最终结果还是中间结果,其实都是数据),就要有一个标识符来指明某个数据存放在内存空间中的具体位置从而能对它进行存数据或取数据,这种标识符就是变量名。如语句 y = x + 5,变量名 x 指明了此时存放在变量 x 中数据的明确位置,式子 x + 5 首先取出存放在变量 x 中的数据,最后计算式子 x +5 的值,此处"存放在变量 x 中的数据"称为变量 x 的值或者变量 x 的内容。就这条语句而言,变量 x 的值应在执行该语句之前处理好,即要事先计算出 x 的值并把它保存在变量 x 中,这样在执行语句 y = x + 5 时才能求得 y 的值。

由此看出,变量是用来存储数据的,变量用变量名标识,变量在某一时刻中存放的数据称作变量的内容。程序设计中通过变量名来读取变量的内容,即动态地使用变量的内容或修改变量的内容。

变量名的取法要见名知义,第一个字符必须是字母,其后可以跟字母、数字或下划线。一个变量名最长可达 255 个字符。此外,变量是用来保存被处理数据的结果的,而数据有不同的类型,因此变量也有类型之分。为了保证程序代码阅读、修改的方便,使用变量命名标准很有用。当看到变量名时就能确定它的类型及作用域(在本章后面的内容中会讨论)。变量名命名规则如下:

```
[g|m][a]tName
```

变量名前面的标识前缀[g|m][a]都为小写字母,此处不深入叙述。t 是变量的数据类型代码标识符,含义如下:

- n 为整型。
- c 为货币型。
- d 为双精度型。
- b 为布尔型。
- y 为字节型。
- l 为长整型。
- g 为单精度型。
- t 为日期型。
- o 为对象型。
- s 为字符串型。

- v 为变体型。
- e 为枚举型。
- u 为用户定义型。

Name 为变量标识符，它由用户根据使用情况自己设定。例如，从变量名 nLoopcount 中可知它是整型变量（数据类型代码标识符为 n），变量标识符 Loopcount 的含义是循环计数，据此可以判定该变量在程序中很可能作为循环计数变量使用。当然，变量名的取法也不一定非要这样正规，对初学者而言，变量名 x、y 都可以，只是程序的阅读性差一些。

以下是一些正确的变量名：

a，x123，loop_x，myabc001

以下是不正确的变量名：

1abc（首字母不能为数字），y 123（不能有空格），for（保留字不能用作变量名）

在程序设计中，每一个变量在使用前都要对其类型进行说明。说明变量类型有两种方法，一是使用强制类型说明语句显式说明变量（初学者推荐使用的方式，具体内容参见第 2.3 节），二是用变量尾部的类型隐含说明字符隐式说明变量。这里需要指出的是，不是所有变量类型都能用隐含说明方式定义变量类型的，只有整型变量、长整型变量、单精度浮点数变量、双精度浮点数变量和变体变量能用隐含说明定义变量类型。即使这样，一般也很少用隐含说明方式。

变量类型与相应的类型隐含说明字符如下文所述。

1. 数值变量

（1）字节变量（Byte 类型）：占用 1 个字节，取值范围为 0 ~ 255，字节变量尾部无变量类型隐含说明字符（不能用隐含说明字符说明变量类型），如 x。

（2）整型变量（Integer 类型）：占用 2 个字节，取值范围为 -32768 ~ 32767，尾部变量类型隐含说明字符为"%"，如 x%。

（3）长整型变量（Long 类型）：占用 4 个字节，取值范围分别为 $-2^{31} \sim 2^{31}-1$（即 -2147483648 ~ 2147483647），字符"&"作为该类型隐含说明字符，如 x&。

（4）单精度浮点数变量（Single 类型）：占用 4 个字节，取值范围与同类型常量相同，有效位 7 位，字符"!"作为该类型隐含说明字符，如 x!。

（5）双精度浮点数变量（Double 类型）：占用 8 个字节，取值范围与同类型常量相同，有效位 16 位，用"#"作为该类型隐含说明字符，如 x#。

2. 字符串变量（String 类型）

字符串变量的长度由字符串变量中的字符数决定，每个字符占用 1 个字节。字符串变量尾部变量类型隐含说明字符为"$"，如 x$。

3. 货币型变量（Currency 类型）

货币型变量尾部变量类型隐含说明字符为"@"，该类型数据占用 8 个字节，其他参见常量说明。不能用隐含说明字符说明变量类型。

4. 日期型变量(Date 类型)

日期型变量没有尾部变量类型隐含说明字符,需要时用强制变量类型声明语句说明,该类型数据占用 8 个字节。

5. 逻辑型变量(Boolean 类型)

同日期型变量一样,逻辑型变量也没有尾部变量类型隐含说明字符,需要时用强制变量类型声明语句说明,该类型数据占用 2 个字节。

6. 对象变量(Object 类型)

对象变量用于存储指向 OLE 对象的地址,没有隐含说明字符。读者需要时可参考 Visual Basic 6.0 联机手册或有关书籍。

7. 变体变量(Variant 类型)

变体变量是一种特殊的数据类型,可以包含数值、字符串或日期数据。Variant 数据类型有 16 字节的数值存储大小。在 Visual Basic 中规定,对所有变量如果没有明确说明它们是其他数据类型,又没有在变量末端使用类型隐含说明字符,则它们都将被视为变体变量,此时变量中可存放任意类型的数据。尽管变体变量使用很方便,但一般程序设计人员还是较少用此数据类型,这是因为计算机在处理它时要进行转换,花费不必要的时间。此外,从程序设计的规范性上考虑,也尽可能不要使用变体变量。

总之,一个变量要有一个名字,一个变量在程序中通常只有一种数据类型(变体数据变量除外),一个变量的数据类型不是用隐含说明符声明就得用强制类型说明语句声明。一旦在程序中声明了变量的数据类型,Visual Basic 就自动地将数值变量的默认值(默认值为变量还未使用时的值)设为 0。一个变量在被声明之后、被首次赋值之前的这段时间中具有默认值。下面给出不同类型变量的默认值。

- 数值型变量的默认值为 0(或 0.0)。
- 变长字符串变量的默认值为空字符串(即不含任何符号的字符串"")。
- 定长字符串变量的默认值为全部由空格组成的字符串,空格个数等于定长字符串的字符个数。
- 逻辑型变量的默认值为 False。
- 日期型变量的默认值为#0/00/0000#。
- 对象变量的默认值为 Nothing。
- 变体数据变量的默认值为 Empty。

2.3 Dim 语句

程序中的变量在使用前应对它的数据类型进行说明。强制类型说明是用 Dim 语句完成的，语句语法如下：

```
Dim <变量名> [As <数据类型>] [, <变量名> [As <数据类型>] …]
```

如果省略[As <数据类型>]，则表明被说明的变量为变体类型。数据类型可以是下列类型中的一种：

- Byte：字节类型。
- Boolean：逻辑类型。
- Integer：整数类型。
- Long：长整数类型。
- Currency：货币数据类型。
- Single：单精度浮点数类型。
- Double：双精度浮点数类型。
- Date：日期类型。
- Boolean：逻辑类型。
- String：变长字符串类型，而 String ＊Length 是定长字符串类型。
- Object：对象类型。
- Variant：变体类型。
- 用户定义类型：用 Type 语句设置（又称结构类型）。

如果要定义一个最长为 10 个字符组成的定长字符串变量 x，可用语句：

```
Dim x As String*10
```

此时，变量 x 能存放 10 个字符的字符串，当字符串多于 10 个字符时，取自左向右的前 10 个字符，不足 10 个字符时补足空格。如果要定义一个变体变量 a，可用语句：

```
Dim a 或 Dim a As Variant
```

如果要在程序中说明多个变量，则可如下书写：

```
Dim a As Integer, b As Integer, c As Single
```

也可以将这条语句写成多行，如：

```
Dim a As Integer
Dim b As Integer
Dim c As Single
```

但是，如果把这条语句写成：

```
Dim a , b As Integer, c
```

则计算机理解为 a 和 c 是变体变量，b 是整型变量。

此外，读者要注意一点，在程序的不同地方使用 Dim 语句声明变量时，被声明的变量往往有不同的使用范围和使用时间,这就是所谓的变量作用域和变量的生存周期问题,有关此问题的深入讨论请参见本书第 5 章的内容,本章中的例 2-4 对变量作用域问题进行了初步的讨论。

除了用 Dim 语句声明变量外,还可以用 Static、Public 语句声明变量,具体内容参见第 5 章。

Type 语句用来定义用户自己的数据类型,一般用来定义与数据库相关联的记录结构,但它只能在模块级中使用。例如有这样一个记录结构:

学号(ID,用整数类型)	学生姓名(Name,用 20 位定长字符型)	性别(Sex,用 1 位定长字符型)	出生年月(BirthDate,用日期类型)

下面的程序说明了它的用法。

```
Type uStudent                    '创建用户自定义的类型
    ID As Integer                '定义元素的数据类型
    Name As String * 20
    Sex As String * 1
    BirthDate As Date
End Type
```

一旦在模块中定义了用户自己的数据类型 uStudent,就可以在程序中使用这种数据类型了。数据类型 uStudent 就像 Visual Basic 语言所提供的标准数据类型一样,用户可把某个变量说明为 uStudent 类型,例如:

```
Sub CreateRecord()
    Dim MyRecord As uStudent        '声明变量
                                    '对 uStudent 变量的赋值必须在过程内进行
    MyRecord.ID = 12003             '给 uStudent 结构变量中一个元素 ID 赋值的示例
End Sub
```

2.4 本书语法描述的符号约定

在介绍计算机语言时,为简单明了地表示语言的语法,大多数教材和计算机专业书籍中常常用到一些特殊的符号,这种符号称为语法描述符号,其作用是描述计算机语言的语法,本书也将使用这些符号。为使读者正确理解这些符号的意义和用法,本节先回顾 Dim 语句。

Dim 语句的语法

```
Dim <变量名> [AS <数据类型>] [,<变量名> [AS <数据类型>] …]
```

中使用了两个这样的符号“[ ]”和“< >”。符号“[ ]”和“< >”就是语法描述符号。本书中语法描述符号和它表示的含义如下:

(1)“[ ]”:表示它括起来的部分是可选项,也就是说这些内容可以出现在语法要求中,也可以不出现。使用时用户可根据实际问题决定是否用符号“[ ]”中的内容。例如,利用上面的 Dim 语句来说明一个变体变量 vAbc，只要书写如下代码就可以了：

```
Dim vAbc
```

该语句中没有使用符号“[ ]”中 AS <数据类型>，又因为本例只定义了一个变量，所以没有必要使用[，<变量名> [AS <数据类型>] …]这部分可选项。

(2)“< >”：表示语言中的一个基本单位，如上面这条 Dim 语句中的变量名就是 Visual Basic语言中的一个不能再分的基本单位。vAbc 是一个变量名，若再把它分成 v 和 Abc 时就不再表示变量 vAbc 了。

(3)“{ }”和“|”：表示它括起来的用符号“|”间隔开的多个部分只能选择其中一个。如第 6 章要学习的标签控件中，有一个 AutoSize 属性，该属性只能有一个值，True 或 False，可以用如下的语句来描述它的语法：

```
Label1.AutoSize = {True | False}
```

(4)“…”：表示它前面的内容可重复使用。例如，利用上面的 Dim 语句，程序中要定义 3 个变量 a、b 和 c 时，则可以这样书写：

```
Dim a As Integer
Dim b As Integer
Dim c As Integer
```

也可以这样书写：

```
Dim a As Integer
Dim b As Integer, c As Integer
```

当然，也可按 Dim 语句的语法描述，用下面这种方法书写：

```
Dim a As Integer, b As Integer, c As Integer
```

以上 3 种用法在实际使用时效果是一样的。

以上这些符号仅用于描述语法，它们本身不属于语言范畴，所以在使用这些符号描述的语句时就不需要再输入它们了。

使用语法描述符号描述计算机语言的语法是非常方便的，本书也将用这些符号来描述 Visual Basic 语言的语法。

2.5 Print 语句和赋值语句

2.5.1 Print 语句

Print 语句(有些书中称作 Print 方法)是 Visual Basic 用于在窗体上输出结果的语句，用它可以输出一个或多个结果，这些结果可以是数值型的，也可以是字符型的，或者其他数据类型的。

【例 2-3】 Print 语句应用举例。

程序

```
Private Sub Form_Click()
    Print 6 * 3                  '语句①
    Print 3, 6, 18               '语句②
    Print 3; 6; 18               '语句③
    Print "AA", "BB"; "CC"       '语句④
    a% = 3                       '语句⑤
    b% = 6                       '语句⑥
    Print a, b, "a*b="; a * b    '语句⑦
End Sub
```

运行结果

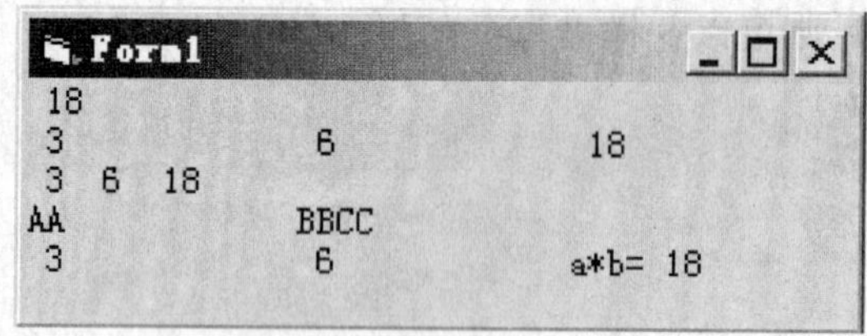

图 2.1　Print 语句应用举例

说明

语句①的作用是输出表达式 6 * 3 的结果。

语句②的作用是在一行中输出 3 个数值常量，注意这一行的 Print 语句的最后没有“,”或“;”，所以这行输出占用一行。由于 3 个数值常量间用了“,”，它们是按 Print 语句的标准格式输出的。多个值在语句中用“,”分隔，结果拉得较开（每项占 14 列），这种输出格式称为 Print 语句的标准格式。

语句③的作用也是在一行中输出 3 个数值常量，但它们的间隔符用了“;”，所以它们是按 Print 语句的紧凑格式输出的。输出多个值时用“;”分隔，结果间距很少（只空一格），这种输出格式称为 Print 语句的紧凑格式。

语句④的作用是在一行中输出 3 个字符串常量，第一个和第二个之间用标准格式输出，第二个和第三个之间用紧凑格式输出。

语句⑤、⑥的作用是用隐含方式说明两个整型变量 a 和 b，它们的值被定为 3 和 6。

语句⑦的作用是在一行中用不同的输出格式输出变量和表达式的结果。

此外，读者要注意到本例的数值都是正数，所以它前面的符号位上不输出“+”，而是空一格。

通过上面的例子可以看出，Print 语句的用法是很灵活的。其语句的语法描述如下：

```
Print [<输出项>[[{,|;}][<输出项>]]…]
```

当选用“,”作为输出项的分隔符（即标准输出格式）时，每一输出项从左至右在输出时占用一个标准区域（14 列宽度）。如果选用“;”作为输出项的分隔符（即紧凑输出格式）时，每一输出项从左至右在输出时对数值型输出项空一格（注意数值型输出项在输出时其前面有一位符号位),对字符型和其他类型输出项则不空格。另外,在一条 Print 语句中输出多个值时,可同时使用“,”和“;”。此时,当两个输出项用“,”分隔符时为标准格式输出,当两个输出项用“;”分隔符时为紧凑格式输出。

Print 语句中没有输出项时仅用来换行。

Print 语句最后也可以加“,”或“;”,其意义是本行输出完后不换行,下一行 Print 从该位置继续输出。对下面两条语句:

```
Print 3;6;
Print 3 * 6
```

它的运行结果是:

```
3  6  18
```

再在它们中间增加一条空的 Print 的语句:

```
Print 3;6;
Print
Print 3 * 6
```

它的运行结果就是:

```
3  6
18
```

Print 语句最后加“,”,也代表本行 Print 语句执行完后不换行,只不过输出项要按标准格式输出。

Print 语句使用频率很高,读者要仔细揣摩。

2.5.2　赋值语句

赋值语句在程序设计中是使用最频繁的语句,该语句的作用是把某个“值”送到变量中,在例2-3 的第⑤、⑥行,把常数 3 和 6 分别存入整型变量 a 和 b 中。通过赋值语句或其他语句对一个变量赋“值”后,这个“值”就是所谓的变量内容。在程序设计中,通过变量名对变量的内容进行使用或修改。使用变量就是引用变量的内容,一般通过把变量名放在实际应用的表达式中来实现。例如,在 y = x + 5 中,x + 5 就是表达式,其中使用了变量 x。修改变量就是定义(或重新定义)变量的内容。例如,在 y = x + 5 中,就是用 x + 5 的值送到变量 y 中,那么变量 y 以前的内容就不复存在了。如果以后要使用变量 y,也就是引用它新定义的内容。

赋值语句的语句格式非常简单,语法如下:

<变量名> = <表达式>

变量名的取法已在第 2.2.2 节中介绍过,表达式的用法在本章后面还会做更详细的说明。需要指出的是,此处符号“ = ”称为赋值符号,它不同于数学中的等号,如 a = a + 1 在数学中是不成立的,但在 Visual Basic 中是将“ = ”右边的 a 在原来的基础上加 1 并赋给左边的 a。赋值符号“ = ”左边变量的类型与右边表达式的类型要一致,读者可通过上机来观察下面两条赋值语句的结果来理解赋值语句要求类型的“一致性”。

```
x% = 7.53
```

```
y! = 7.53
```

此处整型变量 x 的值为 8(四舍五入),实型变量 y 的值为 7.53。

表达式在实际使用中形式非常多,对初学者来说是不易把握的,所以读者在学习中要特别留意。事实上,常量、变量和函数都是特殊的表达式。

另外,对于面向对象程序设计的 Visual Basic 语言,赋值语句也可用来对控件的属性进行赋值。例如,可用赋值语句在程序中对标签(控件名暂设为 Label1)控件的标题进行修改,即

```
Label1.Caption = "我们要学好 Visual Basic! "
```

这里用 Label1 指明对一个控件操作,Caption 指明要修改的控件属性。对控件属性的赋值语句语法如下:

```
[<控件名>].<属性名> = <表达式>
```

只有在当前窗体并对当前窗体的属性进行赋值时,才可以省略控件名。

下面,结合 Dim 语句和赋值语句,探讨变量的作用域问题。

【例 2-4】 变量作用域应用举例。

程序

```
Option Explicit                    '语句①
Dim x As Integer                   '语句②
Private Sub Form_Load()
    x = 5
End Sub
Private Sub Form_Click()
    x = x + 3                      '语句③
    Print x
End Sub
```

运行结果

```
8
```

说明

语句①的作用是说明本程序中的所有变量在使用前都必须用 Dim 语句进行说明。

语句②是变量声明语句,其位置不在某一个过程里,而是在窗体模块的通用声明部分。这样说明的变量就是模块级变量。模块级变量的使用范围是声明这个变量所在的模块,模块可以是窗体模块和 Visual Basic 的其他类型模块(初学者主要使用标准模块,即 Visual Basic 工程中的"模块")。模块级变量能在该模块的任一过程中使用。

语句③是赋值语句,作用是把表达式 x + 3 的运算结果送到变量 x 中。由于变量 x 是模块级变量,它在 Form_Load()过程中已被定义过值,所以在 Form_Click()过程中表达式 x + 3 的值就是 8。

如果把语句②放到 Form_Load()过程中,情况又会是什么样?

```
Option Explicit                    '语句①
Private Sub Form_Load()
```

```
    Dim x As Integer          '语句②
    x = 5
End Sub
Private Sub Form_Click()
    Dim x As Integer
    x = x + 3                 '语句③
    Print x
End Sub
```

此时,变量 x 是在 Form_Load( )过程中被声明的,所以它就是过程级变量。过程级变量又称作局部变量,它的使用范围只能在这个过程中。那么语句③又怎么解释?在 Form_Click( )过程中声明了变量 x,同样它也是过程级变量。即使同名,它与 Form_Load( )过程中变量 x 也不是一个变量,它们是分属于每个过程的不同变量。语句③是赋值语句,作用是把表达式 x+3 的运算结果送到变量 x 中。由于在语句③前没有对变量 x 赋过值,表达式 x+3 中用到的变量 x,其值就是 0。所以修改过的程序的运行结果是 3。

第 5 章还将深入讨论变量作用域问题。

2.6 运算符、表达式和常用内部函数

2.6.1 运算符和表达式

所谓表达式是由若干个运算符和运算项组成的有意义的式子。运算项可以是常量、变量或函数,有时把加了括号(注意,在 Visual Basic 中,只有"("和")"一种,不能用"["和"]"或"{"和"}")的表达式也看成运算项,如(3+5)*8。依据表达式计算结果分类,有算术表达式、字符串表达式、关系表达式和逻辑表达式,相应地有算术运算符、字符串运算符、关系运算符和逻辑运算符。

1. 算术表达式和运算符

算术运算符有加(+)、减(-)、乘(*)、除(/)、指数(^)、整除(\)和求余(Mod),此外还有正数(+)和负数(-)运算符。

算术表达式计算的优先级为括号、指数运算、求正负数、乘除运算、整除运算、求余运算和加减运算。例如,表达式 -2^2 的值是 -4,而(-2)^2 的值为 4。

对整除和求余运算,若运算项为非整数,则进行整除和求余运算前,计算机会自动四舍五入把它们转化为整数,如 7.5 Mod 3 = 2。注意:求余运算结果的正和负由被除数决定如 -7.5 Mod 3 = -2 和 7.5 Mod -3 = 2。对整除运算,计算结果若有小数则自动舍去小数部分,如 7\2 = 3,12.58\3.45 = 4。

另外,Visual Basic 算术表达式必须在一行中书写,且所有运算符都不能省略。例如,式子$\frac{-b+\sqrt{b^2-4ac}}{2a}$,在 Visual Basic 中应把它写成如下的算术表达式:

```
(-b+Sqr(b*b-4*a*c))/(2*a)
```

或者

```
(-b+Sqr(b*b-4*a*c))/2/a
```

其中,Sqr( )是 Visual Basic 提供的内部函数,即平方根函数。

再看下面几个例子。

式子$\frac{a+b}{a-b}$的 Visual Basic 表达式:

```
(a+b)/(a-b)
```

式子$5^3+\sin 32°$的 Visual Basic 表达式:

```
5^3+Sin(3.14159*32/180)
```

整除和求余运算在实际编程中很有用。假设变量 x 的数据类型为整型(x=123),x Mod 10就是它的个位数(3),x\10 就是去掉个位数后剩下的数(12)。

2. 字符串表达式和运算符

字符串表达式和运算符比较简单,如"Visual"&"Basic"就是一个字符串表达式,表达式中“&”(也可用“+”)为字符串运算符,其作用是把两个字符串连接起来。例如,语句:

```
Print "Visual "&"Basic"
```

将显示 Visual Basic。又如:Mystring$="浙江省",则字符串表达式 Mystring$+"杭州市"的结果为"浙江省杭州市"。

字符串运算符“&”具有自动将数值型数据转换成字符串后再进行连接的功能,而“+”运算符则不能。例如:"abc" &123 表达式的结果是"abc123","abc"+123 会出现类型不匹配错误。

3. 关系表达式和运算符

关系表达式是用来比较两个数据的大小关系的,结果为一逻辑值。若关系成立,则得结果 True(或非零),否则得结果 False(或0)。关系运算符有等于(=)、不等于(<>)、小于(<)、大于(>)、小于等于(<=)和大于等于(>=),共6种。关系表达式的语法为:

<表达式><关系运算符><表达式>

这里的表达式只能是算术表达式或者字符串表达式。

如 x>5 就是关系表达式,如果变量 x 的值是8,则结果为 True。式子 x$>"1"用来判断 x$中首字符是否大于数字字符 1。需要注意的是,两个字符串在比较时是自左向右逐个字符进行比较的,所以式子"bad">"bed"的结果是 False。另外,关系表达式仅能比较两个值的大小,式子 1<x<8 从意义上讲是错误的,但从语法上说又是对的。式子 1<x<8 先从左到右比较 1<x,此时无论 x 的值是多少,1<x 要么取 True(逻辑值转换成数值就是 -1),要么取 False(逻辑值转换成数值就是 0),0 或 -1 都是小于 8 的,所以关系表

达式 1 < x < 8 的值始终是 True,这显然达不到判断 x 是否在 1 到 8 之间的目的。为了正确表示该式,需要使用逻辑表达式和逻辑运算符,即:

```
1 < x And x < 8
```

关系表达式和下面将要学习的逻辑表达式一般用来控制程序的执行顺序,如在条件语句和循环语句中使用。

4. 逻辑表达式和运算符

逻辑表达式是用逻辑运算符连接逻辑运算项组成有意义的式子。例如,逻辑表达式 x$ >= "1" And x$ <= "9" 用来判断 x$中首字符在字符 1 ~ 9 之中,式中 And 为逻辑运算符。逻辑运算符依运算优先顺序为:非(Not)、与(And)、或(Or)、异或(Xor)、等价(Eqv)和隐含(Imp),其中 Not 运算符只能有一个运算项如 Not(x > 5),其他运算都需两个运算项。

设 X 和 Y 代表两个逻辑运算项,T 表示取值 True,F 表示取值 False,逻辑运算含义如表 2-1 所示。

表 2-1　逻辑运算含义

X	Y	Not X	X And Y	X Or Y	X Xor Y	X Eqv Y	X Imp Y
F	F	T	F	F	F	T	T
F	T	T	F	T	T	F	T
T	F	F	F	T	T	F	F
T	T	F	T	T	F	T	T

说明:Not 运算为取否运算;And 运算为取两个逻辑值的与运算,当且仅当两个逻辑值都为 True 时结果才是 True;Or 运算为取两个逻辑值的或运算,只要两者中有一个为 True 结果就是 True;Xor 运算为取两个逻辑值的异或运算,当两者不同时结果为 True;Eqv 运算为取两个逻辑值的等价运算,当两者相同时结果为 True;Imp 为隐含运算,只有两个运算项前者为 True 后者为 False 时结果才是 False,其他都为 True。对于初学者来说,非(Not)、与(And)、或(Or)这三种最基本的逻辑运算符一定要掌握。

下面的逻辑表达式的值是什么?

```
3 >4 +5 Or 5 +3 >4 And Not(4 +2 >5 Eqv 3 +5 >2)
```

上式结果为 False(即数字 0)。验算时要注意,算术运算符优先于关系运算符,关系运算符优先于逻辑运算符,同类运算符按规定执行。如果想在程序中控制输入的数据在数字字符 1 ~ 9 范围内,可书写如下逻辑表达式:

```
X$ >= "1 "And Y$ <= "9 "
```

2.6.2　Visual Basic 常用内部函数

Visual Basic 中有许多内部函数,所谓内部函数是指语言中带有的并可供用户使用的函数,除此之外,用户也可自己定义函数(参见第 5 章)。本节按函数功能分类介绍一些常用的内部函数。

在本节中,为叙述方便,用 x 代表一个算术表达式,用 x$代表一个字符表达式,而用 n 代表一个结果为整数的算术表达式。

1. 数学函数

(1)Log(x):功能是返回 x 的自然对数,x>0。

(2)Exp(x):功能是返回自然数 e 为底的指数函数。

(3)Sqr(x):功能是返回 x 的平方根,x>0。

(4)Abs(x):功能是返回 x 的绝对值。

(5)Sgn(x):功能是以数值返回 x 的符号,函数值 1、0、-1 分别代表 x>0、x=0、x<0。例如,函数 Sgn(-5.8)的值为 -1。

(6)Rnd[(x)]:功能是返回一个 0~1 的单精度随机数,自变量 x 连同括号通常省略。

(7)Sin(x):功能是返回 x 的正弦值,x 的单位用弧度。

(8)Cos(x):功能是返回 x 的余弦值,x 的单位用弧度。

(9)Tan(x):功能是返回 x 的正切值,x 的单位用弧度。

(10)Atn(x):功能是返回 x 的反正切值,结果为弧度值。

(11)Fix(x)与 Int(x):Fix()函数返回 x 截去小数部分的整数,Int()函数返回不大于 x 的最大整数。例如,函数 Fix(2.8)的值为 2,Int(2.8)的值为 2,Fix(-2.8)的值为 -2,Int(-2.8)的值为 -3。

Visual Basic 语言只提供了 4 个三角函数,当要用到其他三角函数时必须通过三角公式计算,再用这 4 个三角函数表示。例如:写 $\cot x$ 时,要写成 1/Atn(x);表示 $\arcsin x$ 时,要写成 Atn(x/Sqr(1-x*x))。

Int 函数是常用的函数之一。设 x 是一个实数,求它保留两位小数的表达式是 Int(x*100)/100;求它保留两位小数并对小数点后第三位四舍五入的表达式是 Int(x*100+0.5)/100。设 n 是一个整数,判断它是否为偶数的关系表达式是 Int(n/2)=n/2,也可以用求余运算符表示成 n Mod 2=0。

Rnd 函数用来产生 0~1 的单精度随机数,与之相关的语句是 Randomize 随机化语句,它的作用是初始化随机函数发生器,相当于玩扑克牌时的重新洗牌。表达式 Int(Rnd*10)的目的是随机产生 0~9 之间的整数,表达式 Int(Rnd*10)+1 的目的是随机产生 1~10 之间的整数。要得到[a, b]之间(注意:是闭区间)的随机整数,可用 Int(Rnd*(b-a+1))+a 表达式求得。

$\sqrt{s(s-a)(s-b)(s-c)}$的 VB 表达式是 Sqr(s*(s-a)*(s-b)*(s-c))。

$\dfrac{k}{1+e^{a-bt}}$的 VB 表达式是 k/(1+exp(a-b*t))。

2. 字符串函数

(1)Trim(x$):功能是去除字符串 x$中的前导和后随空格。例如:

```
Mystring = " <ABCDE> "
```

则函数 Trim(Mystring$)的值为"<ABCDE>"。

说明:在 Visual Basic 中还有 LTrim(x$)和 RTrim(x$)函数,其中 LTrim 用于去除字符串的前导空格,RTrim 用于去除字符串的后随空格。

(2)Left(x$,n):功能是截取字符串 x$左起的 n 个字符。例如,Mystring$ = "Visual Basic",则函数Left(Mystring$,6)的值为"Visual"。

(3)Right(x$,n):功能是截取字符串 x$右起的 n 个字符。例如,函数 Right("Visual Basic",5)的值为"Basic"。

(4)Mid(x$,i,n):功能是截取字符串 x$从第 i 个字符起的 n 个字符。例如,函数 Mid("You are a good student.", 5, 3)的值为"are"。

(5)Len(x$):功能是求字符串 x$的串长或某一变量所占字节数。例如,Len("You are a good student.")为23;若 nAbc% = 15,则 Len(nAbc%)为 2。

(6)Ucase(x$):功能是将字符串 x$中所有小写字母转换成大写字母,其他字符不变。例如,函数 Ucase("You are a good student.")的值为"YOU ARE A GOOD STUDENT."。

(7)Lcase(x$):功能是将字符串 x$中所有大写字母转换成小写字母,其他字符不变。

(8)Space(n):功能是产生 n 个空格。

(9)String(n, <ASCII 码> | x$):功能是产生 n 个 ASCII 码所对应的字符或字符串 x$的首字符。例如,函数 String(5,65)和 String(5,"ABCDE")的作用相同,都产生"AAAAA"字符串。

(10)InStr(x$, y$):功能是返回字符串 y$在字符串 x$中首次出现的位置,如果 y$不在 x$中出现,即 y$不是 x$的子串,则返回值为 0。例如:函数 InStr("abcdefg","de")的值为 4,InStr("abcdefg","dd")的值是 0;函数 InStr("abcdabcd", "bc")的值为 2。

3. 日期和时间函数

(1)Date:功能是获得系统的当前日期,形式为"yyyy-mm-dd"。

(2)Time:功能是获得系统的当前时间,形式为"hh:mm:ss"。

(3)Timer:功能是返回从午夜 12 点至当前时间的秒数。

日期和时间函数在 Visual Basic 中还有很多,在此不再赘述。需要时读者可查阅联机手册,但有一点需注意,使用日期和时间函数要弄清函数自变量与函数的类型。

4. 转换函数

转换函数用于对不同类型变量的转换,具体如下:

(1)Chr(n)与 Asc(x$):Chr()函数用于把 n(ASCII 码)转换成对应的字符,Asc 函数用于把 x$中首字符转换成 ASCII 码。例如,Chr(Asc("Abcde")) = "A"。

(2)Str(x)与 Val(x$):Str()函数把算术表达式的值转换为该数值十进制表示的对应字符串形式,Val()函数用于把字符串表达式 x$中第一个数字形式的字符串转换成对应的数值。例如,函数 Str(123)的值为"123",Val("123.55ab456")的值为"123.55"。

(3)类型转换函数:用于将数据从一个类型转换成另一类型。这些函数有:CBool(<表达式>)、CByte(<表达式>)、CCur(<表达式>)、CDate(<表达式>)、CDbl(<表达

式>)、CDec(<表达式>)、CInt(<表达式>)、CLng(<表达式>)、CSng(<表达式>)、CVar(<表达式>)、CStr(<表达式>)。这些函数的作用是把表达式的值转换成函数名确定的类型,如 CVar 表示转为变体类型。

以上三组函数初学者一般用不到。

(4) Format(<表达式>,<格式>):以用户指定的格式返回表达式的值。例如:函数 Format(5459.4, "##,##0.00")的值为"5,459.40",函数 Format(334.9, "###0.00")的值为"334.90",函数 Format(5,"0.00%")的值为"500.00%",函数 Format("HELLO","<")的值为"hello",函数 Format("This is it",">")的值为"THIS IS IT"。

5. 颜色函数

(1) RGB(Red,Green,Blue):功能是产生一种颜色。其中,参数 Red、Green、Blue 分别代表红、绿、蓝的比例,每个参数的取值范围是 0~255。例如 RGB(255,0,255)表示有 255 的红色和 255 的蓝色成分,由此函数产生的颜色是紫色。表 2-2 列出了一些常用颜色的组合。

表 2-2 RGB 常用颜色表

RGB 函数	VB 常数值	颜 色
RGB(0, 0, 0)	&H0	黑色
RGB(255, 0, 0)	&HFF0	红色
RGB(0, 255, 0)	&HFF00&(注意:末尾加 &)	绿色
RGB(0, 0, 255)	&HFF0000	蓝色
RGB(0, 255, 255)	&HFFFF00	青色
RGB(255, 0, 255)	&HFF00FF	紫色
RGB(255, 255, 0)	&HFFFF&(同上)	黄色
RGB(255, 255, 255)	&HFFFFFF	白色

以下两条语句都是将窗体 Form1 的背景置为黑色。

```
Form1.BackColor = RGB(0,0,0)
```

或

```
Form1.BackColor = &H0
```

(2) QBColor(i):与 RGB()函数一样,QBColor()函数也产生一种颜色,其中参数 i 是颜色号,取值范围是 0~15。例如 QBColor(0)代表黑色。表 2-3 列出了颜色号与颜色的对应关系。

表 2-3 颜色号与颜色的对应关系表

颜色号	颜 色	颜色号	颜 色
0	黑色	8	灰色
1	蓝色	9	亮蓝色
2	绿色	10	亮绿色
3	青色	11	亮青色
4	红色	12	亮红色
5	粉红色	13	亮粉红色
6	黄色	14	亮黄色
7	白色	15	亮白色

2.6.3 InputBox 函数和 MsgBox 函数

1. InputBox 函数

InputBox 函数是 Visual Basic 中最常用、最重要的函数之一，其主要功能是等待用户在输入对话框中输入信息，该函数返回字符形式的内容，函数格式如下：

```
<变量名> = InputBox(<提示信息>[,[<标题>][,<缺省值>]])
```

说明

- <提示信息>：它是一个字符串表达式，为必选项。其值作为输入时的提示信息出现在输入对话框中，字符串表达式的最大长度为 1024 个字符。
- <标题>：它是一个字符串表达式，为可选项。其值作为输入对话框的标题出现在对话框的标题栏中，如果省略此项，则把应用程序名作为标题字符放入标题栏中。
- <缺省值>：它是一个字符串表达式，为可选项。其值显示在输入对话框中的文本框里，该值作为 InputBox( ) 函数的缺省值，即用户此时在输入对话框中的文本框里不重新输入数据而直接按"确定"钮，该值就是 InputBox( ) 函数的返回值。如果省略此项，文本框中不显示任何字符。若此时用户直接按"确定"钮，则 InputBox( ) 函数的返回值为空字符串。在出现输入对话框时，在文本框输入数据，然后按"确定"钮或按回车键，这样在文本框里输入的数据就是 InputBox( ) 函数的返回值。

如程序执行到语句 x = InputBox("Please input your name","输入姓名")时，就会跳出一个新的输入对话框，对话框如图 2.2 所示。用户在文本框中输入姓名后按"确定"钮，程序接着运行。也就是说，程序遇到 InputBox( ) 函数会暂停下来，直到用户输入数据并按"确定"钮或回车键为止。

图 2.2 InputBox( ) 函数示例

从该例中读者不难看出，用 InputBox( ) 函数可以在程序执行中让用户从键盘上输入数据，同时也应注意到由 InputBox( ) 函数返回数据的类型是字符型数据，如果要得到数值型数据，则必须用 Val( ) 函数进行类型转换。例如：

```
y = Val(InputBox("Please input your score","输入成绩"))
```

事实上，Visual Basic 6.0 能自动提供 InputBox( ) 函数的数据类型转换。对于上面这条语句，可以不写 Val( ) 函数，修改后语句如下：

```
y = InputBox("Please input your score","输入成绩")
```

【例 2-5】 修改例 2-2，求圆面积。

分析

本例用 InputBox( ) 函数输入圆的半径，其他不变。

程序

```
Private Sub Form_Click()
    Dim r As Single, s As Single
    Const Pi = 3.14159
    r = InputBox("输入圆半径", "输入", 10)
    s = Pi * r * r
    Print "Area = "; s
End Sub
```

运行结果

```
Area = 314.159
```

说明

当程序执行到语句 r = InputBox("输入圆半径", "输入", 10)时,就暂停并等待用户输入数据。本例的数据默认值是 10,当半径是 10 时,直接按"确定"按钮,否则输入新值并按"确定"按钮。请注意,不能按"取消"按钮。因为按"取消"按钮后 InputBox()函数返回值与变量 r(整型)的类型不符,程序会产生运行错误。

例 2-5 相对例 2-2 最大的进步就是可以用它计算任意半径的圆面积,而不是只能计算半径为 10 的圆面积。

2. MsgBox 函数

MsgBox 函数的功能是产生一个消息框,用来向用户提供警告信息,并返回一个整数。函数格式如下:

[<变量名>] =MsgBox(<提示信息>[,[<对话框形式>][, <标题>]])

说明:

- <提示信息>:它是一个字符串表达式,为必选项。其值作为提示信息出现在消息框中,字符串表达式的最大长度为 1024 个字符。
- <对话框形式>:它是一个整数表达式,为可选项,其值指定在消息框中显示按钮的数目及形式。如果省略此项,则按常数值 0 显示按钮的数目及形式。这一项有 3 个内容:按钮个数、显示图标和缺省按钮,表 2-4 为它们的具体值。

表 2-4 MsgBox()函数按钮形式表

Visusl Basic 常量代码	常数值	描　述
VbOKOnly	0	只显示 OK 按钮
VbOKCancel	1	显示 OK 及 Cancel 按钮
VbAbortRetryIgnore	2	显示 Abort、Retry 及 Ignore 按钮
VbYesNoCancel	3	显示 Yes、No 及 Cancel 按钮
VbYesNo	4	显示 Yes 及 No 按钮
VbRetryCancel	5	显示 Retry 及 Cancel 按钮
VbCritical	16	显示 Critical Message 图标

续表

Visusl Basic 常量代码	常数值	描 述
VbQuestion	32	显示 Warning Query 图标
VbExclamation	48	显示 Warning Message 图标
VbInformation	64	显示 Information Message 图标
VbDefaultButton1	0	第 1 个按钮是缺省值
VbDefaultButton2	256	第 2 个按钮是缺省值
VbDefaultButton3	512	第 3 个按钮是缺省值
VbDefaultButton4	768	第 4 个按钮是缺省值

- <标题>:它是一个字符串表达式,为可选项。其值作为消息框的标题出现在消息框的标题栏中,如果省略此项,则把应用程序名作为标题字符放入标题栏中。

例如,某程序中有语句 a = MsgBox("Do you want to stop this program",3,"程序对话框"),则其运行时显示如图 2.3 所示对话框。

图 2.3 MsgBox()函数示例一

该题中按钮形式的值是 3,由表 2-4 可知它是用来在消息框中显示 Yes、No 及 Cancel 按钮的。如果用 563 作为 MsgBox()函数对话框形式的值,查表后找不到 563,则要分解该数字,即 563 = 512 + 48 + 3,所以消息框中 512 用来指出第三个按钮是缺省按钮,48 用来显示 Stop 图标(Warning Message 图标就是感叹号图标),3 用来显示 Yes、No、Cancel 这 3 个按钮。语句

```
a = MsgBox("Do you want to stop this program", 563, "程序对话框")
```

显示如图 2.4 所示对话框。

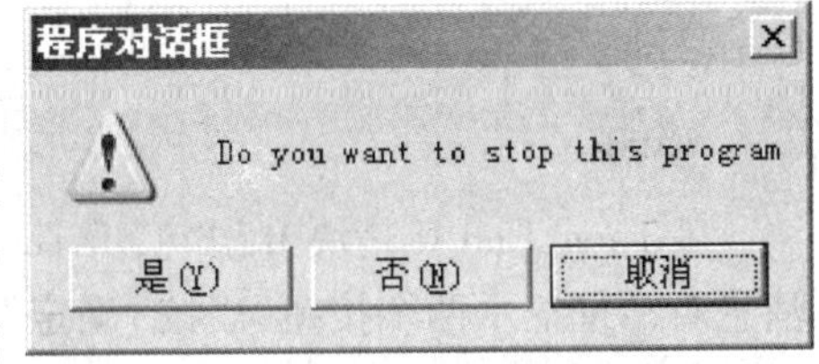

图 2.4 MsgBox()函数示例二

另外,由表 2-4 可知,数值 7 ~ 15 没有对应的显示按钮的数目及形式,此时,Visual Basic 按常数 0 的情况处理。以此类推,如果某个数不能分解为表 2-4 中所示的 2 个或 3 个常数之和,则该数也按数值为 0 的情况处理。例如,用 22 作为MsgBox()函数对话框形式的值,查表后找不到 22,该值也不能分解为表 2-4 所列的某两个常数之和,则该数也按常数 0 的情况处理。

此外,程序设计中可以用 MsgBox()函数的返回值来控制程序的运行。MsgBox()函数的返回值见表 2-5。

表 2-5 MsgBox()函数返回值

返 回 值	含 义
1	选取 OK 按钮
2	选取 Cancel 按钮
3	选取 About 按钮
4	选取 Retry 按钮
5	选取 Ignore 按钮
6	选取 Yes 按钮
7	选取 No 按钮

MsgBox( )函数在很多书上有两种名字,当 MsgBox( )没有返回值时称作 MsgBox( )过程;当有返回值时称作 MsgBox( )函数。本书不区分这两种名字,统一称作 MsgBox( )函数。下面对例 2-5 进一步完善。

【例 2-6】 修改例 2-5,求圆面积。其中,当输入的半径小于等于 0 时显示消息框并结束程序。

分析

本例用条件语句增加了对输入的圆半径的判断,当输入的半径小于等于 0 时显示消息对话框。

程序

```
Private Sub Form_Click()
    Dim r As Integer, s As Single, n As Integer
    Const Pi = 3.14159
    r = InputBox("输入圆半径")
    If r < = 0 Then
        n = MsgBox("圆半径必须大于 0,按确定结束程序", 17)
        If n = 1 Then End
    End If
    s = Pi * r * r
    Print "Area = "; s
End Sub
```

运行结果

```
Area = 314.159
```

说明

If/Then/End If 是块 If 语句,If/Then 是行 If 语句,本书将在第 3 章中详细介绍。本例消息对话框显示两个按钮,当按"确定"按钮时,返回数值 1,结束程序;当按"取消"按钮时,则返回数值 2,本例若对此种情况不控制,那么随后计算的圆面积也是错误的(这个问题留给读者以后解决)。

2.7 认识上机过程中的错误

一接触编程,程序中的错误也就随之而来,初学者常常对出错信息束手无策。在上机过程中,根据出错现象找出错误并改正称为程序调试。初学者应在学习程序设计的过程中,逐步培养调试程序的能力。上机过程中的错误大致可以分为语法错误、运行错误和逻辑错误。

1. 语法错误

当用户在代码窗口编辑代码时,VB 会对程序直接进行语法检查,当发现程序中存在输入错误,如语句没输入完、标点符号为中文格式、关键字错等,VB 会弹出出错信息对话框。例如从键盘输入一个数赋值给变量 x,书写时少输了一个右括号")",按回车键后,系统显示如图 2.5 所示的编译错误。用户单击"确定"按钮,关闭出错提示对话框,对出错行进行修改。

如果用户使用了 VB 系统未规定的变量类型或使用函数参数个数不符,那么在"启动"运行后,VB 也弹出出错信息对话框。例如,用户将整型变量类型 Integer 错写为inetger时,系统显示如图 2.6 所示的编译错误,出错的那一行会被高亮显示。同样,用户必须单击"确定"按钮,关闭出错提示窗口,然后对出错行进行修改。

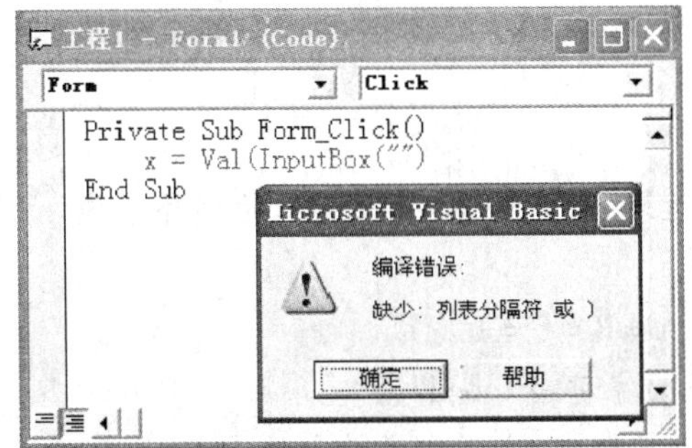

图 2.5　编译错误

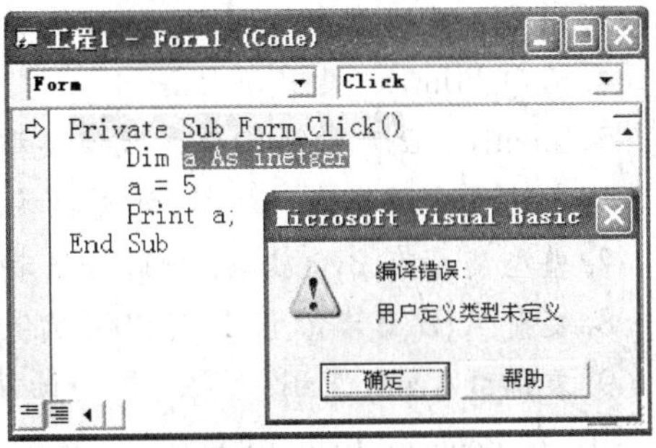

图 2.6　编译错误

3. 运行时错误

运行时错误是指程序代码运行时非法操作。下面两种错误是初学者最常犯的错误类型。默认窗体对象的名称为 Form1,若错写为 From1,系统运行时提示实时错误"要求对象",意思是找不到指定对象,如图 2.7 所示;数据类型没按要求给出,如 Form1. FontName 属性值类型为字符串,若写成 From1. FontName = 黑体,系统运行时显示实时错误"无效属性值",如图 2.8 所示。遇到这类错误时,用户可以单击"调试"按钮,进入中断模式后,光标将停留在引起错误的那一条语句上,此时允许修改代码。

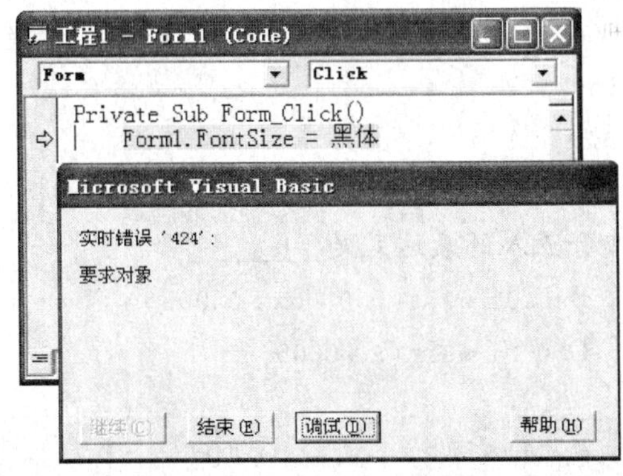

图 2.7　要求对象错误

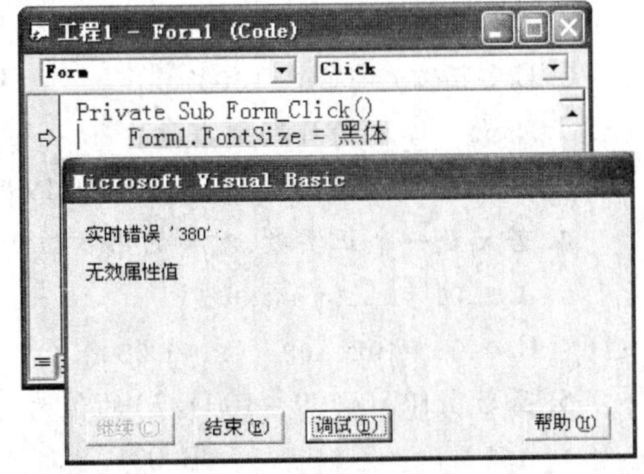

图 2.8　无效属性值错误

4. 逻辑错误

程序运行后,得不到期望的结果,这说明程序存在逻辑错误。例如,运算符使用不正确、语句的次序不对等等。通常,逻辑错误不产生错误提示信息,故错误较难排除,需要程序员仔细地阅读分析程序,并具有调试程序的经验。

习 题

一、判断题

1. VB 中不随时间改变的量,是常量。如"Visual Basic"、"3 +5" 是字符串常量。
2. 123.456@ 、&H7FFFF 是数值常量,#5/22/1999#是日期/时间常量。
3. 用 Dim 定义数值变量时,该数值变量自动赋初值 0。
4. 语句 Print X = 1 是非法语句。
5. InputBox 函数的返回值是数值类型。
6. 表达式中若有多种运算,计算机按算术运算、逻辑运算、关系运算的顺序求值。
7. 整型变量有 Byte、Integer、Long 3 种类型。
8. 变量 A、B、C 都赋值 1,可以用赋值语句 A = B = C = 1 完成。
9. 表达式 Trim(" ab c")&"d" 的计算结果为字符串"abcd"。
10. 在 Boolean、Byte、Integer、Single 4 个数据类型中,占用内存最小的是 Byte 类型。
11. Dim i, j AS Integer 语句强制声明变量 i 和 j 为整型变量。
12. 判断变量 A、B、C 的值是否从大到小排列,可以用表达式 A > B > C 判断。
13. 表达式 Val("123abc ")的计算结果为程序出错。
14. 变体型的变量总是占用 16 个字节的空间。

二、单选题

1. ________语句执行后会删除文本框 Text1 中的文本。

   A. `Text1.Text = ""`　　B. `Text1.SelText = ""`

   C. `Text1.Clear`　　D. `Text1.SelText.Clear`

2. 数学式 sin25°写成 VB 表达式是________。

   A. `Sin25`　　B. `Sin(25)`

   C. `Sin(25 * 3.14 /180)`　　D. `Sin(25°)`

3. 下面______是日期型常量。

   A. "12/19/1999"　　B. 12/19/1999　　C. #12/19/1999#　　D. {12/19/1999}

4. 若 x 是一个正实数,对 x 的第 3 位小数四舍五入的表达式是________。

   A. `0.01 * Int(x + 0.005)`　　B. `0.01 * Int(100 * (x + 0.005))`

   C. `0.01 * Int(100 * (x + 0.05))`　　D. `0.01 * Int(x + 0.05)`

5. 函数 Int(Abs(99 - 100)/2)的值为________。

   A. 1　　B. 0　　C. "1"　　D. "0"

6. 下列函数中, 返回值是字符串的是________。

   A. Chr　　B. InStr　　C. Val　　D. Asc

7. 假定 flag 是逻辑型变量,下面赋值语句中不正确的是________。

   A. `flag = True`　　B. `flag = "True"`

C. flag = 0　　D. flag = 3 < 4

8. 语句 Print "5 * 5"的执行结果是________。

A. 25　　B. " 5 * 5"　　C. 5 * 5　　D. 出现错误提示

9. 可作为 Visual Basic 变量名的是________。

A. show　　B. Alphi_1　　C. 2E3　　D. 4D + 2

10. 语句 X = X + 1 表示________。

A. 变量 X 的值与 X + 1 的值相等　　B. 将变量 X 的值存到 X + 1 中去

C. 将变量 X 的值增 1 后再赋给 X　　D. 变量 X 的值为 1

11. 不正确的 VB 常量是__________。

A. 123!　　B. &HABC&

C. &O18　　D. #1-1-2003#

12. 变量 X# 占________字节内存容量。

A. 2　　B. 4　　C. 6　　D. 8

13. 声明符号常量应该用关键字________。

A. Static　　B. Const　　C. Private　　D. Variant

14. 将一数值 X 取整,且对小数部分进行四舍五入的式子是________。

A. Int(X + 0.5)　　B. Fix(X)

C. Sgn(X)　　D. Fix(X) + 1

15. 下列表达式的值为 True 或 False 的是________。

A. A$ + B$　　B. a& + b&

C. a# - b%　　D. a# > b!

16. 表达式 5 Mod 3 + 5\3 的值等于________。

A. 2　　B. 3　　C. 4　　D. 5

17. 要得到[1,50]之间的随机整数,可用式子________。

A. Int(50 * Rnd)　　B. Int(50 * Rnd) + 1

C. Int(49 * Rnd)　　D. Int(49 * Rnd) + 1

18. 下列各组函数中,函数值类型相同的一组是________。

A. Exp(x)、Chr(x$)、Lcase(x$)　　B. Asc(x)、Str(x$)、Rtrim(x$)

C. Sgn(x)、Int(x)、Len(x)　　D. Fix(x)、Left$(x)、Ucase$(x)

19. 下列程序段的输出结果是________。

```
a = 10: b = 10000: x = log(b) / log(a): Print "lg(10000) = ";x
```

A. lg(10000) = 5　　B. lg(10000) = 4　　C. 4　　D. 5

20. 下面叙述正确的是________。

A. Spc 函数既能用于 Print 方法中,又能用于表达式

B. Space 函数既能用于 Print 方法中,又能用于表达式

C. Spc 函数与 Space 函数均生成空格,没有区别

D. 以上说法均不对

21. 设 S = "中华人民共和国",表达式 Left(S,1) + Right(S,1) + Mid(S,3,2)的值为

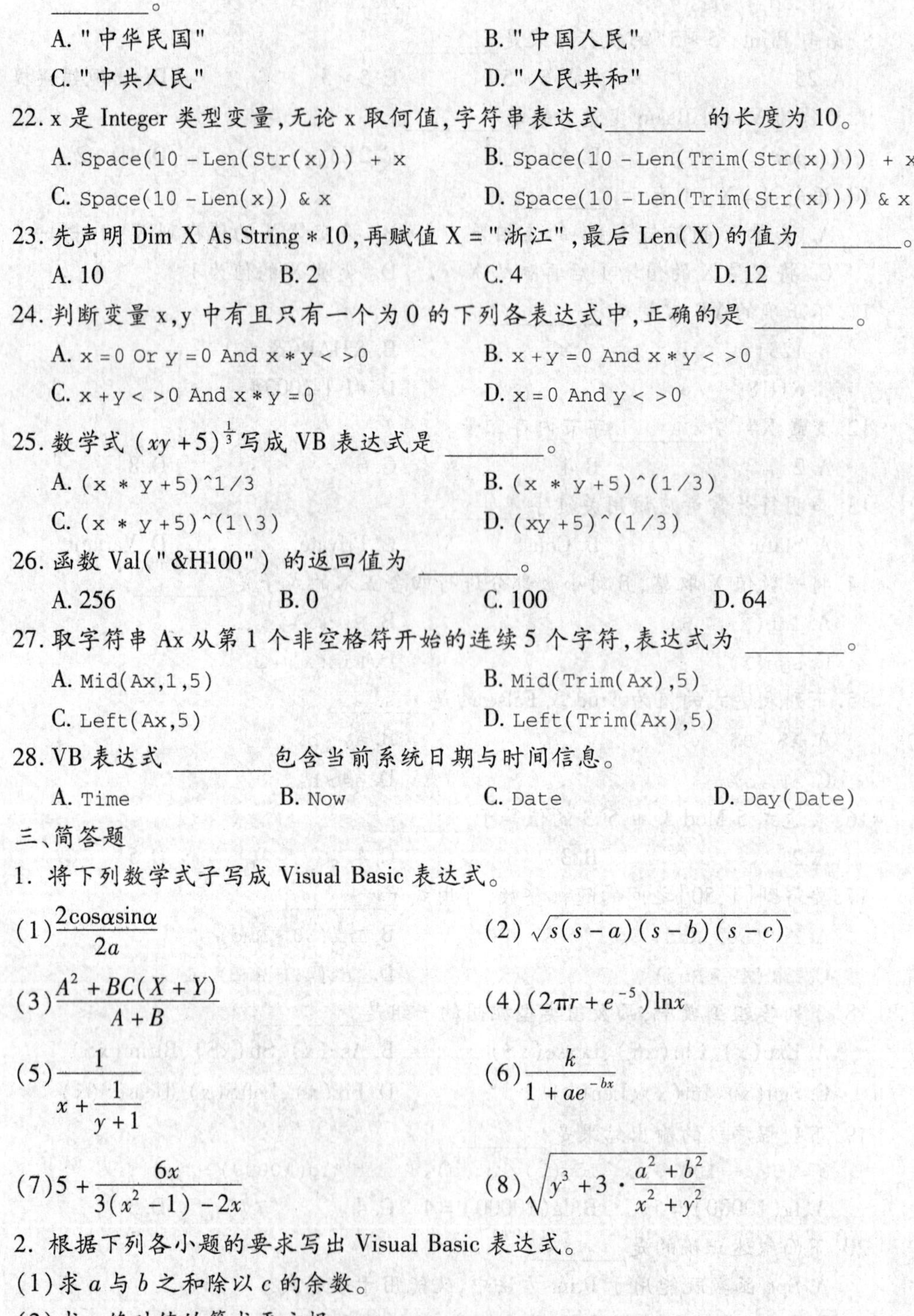

________。

A. "中华民国"　　B. "中国人民"

C. "中共人民"　　D. "人民共和"

22. x 是 Integer 类型变量,无论 x 取何值,字符串表达式________的长度为 10。

A. `Space(10 - Len(Str(x))) + x`　　B. `Space(10 - Len(Trim(Str(x)))) + x`

C. `Space(10 - Len(x)) & x`　　D. `Space(10 - Len(Trim(Str(x)))) & x`

23. 先声明 Dim X As String * 10,再赋值 X = "浙江",最后 Len(X)的值为________。

A. 10　　B. 2　　C. 4　　D. 12

24. 判断变量 x,y 中有且只有一个为 0 的下列各表达式中,正确的是 ________。

A. `x = 0 Or y = 0 And x * y <> 0`　　B. `x + y = 0 And x * y <> 0`

C. `x + y <> 0 And x * y = 0`　　D. `x = 0 And y <> 0`

25. 数学式 $(xy+5)^{\frac{1}{3}}$ 写成 VB 表达式是 ________。

A. `(x * y + 5)^1/3`　　B. `(x * y + 5)^(1/3)`

C. `(x * y + 5)^(1\3)`　　D. `(xy + 5)^(1/3)`

26. 函数 Val("&H100") 的返回值为 ________。

A. 256　　B. 0　　C. 100　　D. 64

27. 取字符串 Ax 从第 1 个非空格符开始的连续 5 个字符,表达式为 ________。

A. `Mid(Ax,1,5)`　　B. `Mid(Trim(Ax),5)`

C. `Left(Ax,5)`　　D. `Left(Trim(Ax),5)`

28. VB 表达式 ________ 包含当前系统日期与时间信息。

A. `Time`　　B. `Now`　　C. `Date`　　D. `Day(Date)`

三、简答题

1. 将下列数学式子写成 Visual Basic 表达式。

(1) $\dfrac{2\cos\alpha\sin\alpha}{2a}$　　(2) $\sqrt{s(s-a)(s-b)(s-c)}$

(3) $\dfrac{A^2+BC(X+Y)}{A+B}$　　(4) $(2\pi r+e^{-5})\ln x$

(5) $\dfrac{1}{x+\dfrac{1}{y+1}}$　　(6) $\dfrac{k}{1+ae^{-bx}}$

(7) $5+\dfrac{6x}{3(x^2-1)-2x}$　　(8) $\sqrt{y^3+3\cdot\dfrac{a^2+b^2}{x^2+y^2}}$

2. 根据下列各小题的要求写出 Visual Basic 表达式。

(1) 求 a 与 b 之和除以 c 的余数。

(2) 求 x 绝对值的算术平方根。

(3) 求大于 x 的最小整数。

(4) 用随机函数产生一个 200 至 300 之间的整数。

3. 用 InputBox() 函数输入变量 a、b、c 的值,计算并输出下式:

$y=a^2+2b^2+2c^2$

4. 设 $a=2,b=3,c=4,d=5$,求下列表达式的值。

(1) `a > b And c < d Or 2 * a > c`

(2) `3 > 2 * b Or a = c And b < > c Or c < d`

(3) `Not a < = c OR 4 * c = b^2 And b < > a + c`

(4) `(a > b Xor b < c) Or b < d Eqv a < c`

5. 把下列各条件写成 Visual Basic 关系或逻辑表达式。

(1) $1 \leqslant x < 12$

(2) $T+3 \neq V-2$ 且 $T+V>100$

(3) $a+b \geqslant c$ 或 $a-c \leqslant c$

(4) a 和 b 都为正数或同为负数

(5) x 不大于 y 或不小 z

(6) a 和 b 中有且只有一个为 0

四、编程题

1. 输入 a、b、c 三个正数,计算并输出它们的平均数。

2. 修改例 2-5,用 InputBox( )函数输入圆半径,用 MsgBox( )函数输出结果。

第 3 章

程序设计基本控制结构

利用 VB 开发应用程序一般包括两个方面:可视化界面设计和用结构化程序设计思想编写事件过程。前者界面设计直观、简单、容易掌握;后者涉及解题思路分析、算法设计、代码编写等多个环节,难度较大。因此,后者是本书学习的重点。

结构化程序设计具有“单入口—单出口”的特点,规定程序代码只可由三种基本结构组成,即顺序结构、选择结构和循环结构。本章将介绍结构化程序设计的基本思想及三种基本控制结构。

3.1 顺序结构

顺序结构是指程序执行顺序和书写顺序一致,程序执行时从上到下依次执行。这是最简单的一种程序结构,图 3.1 表示一个顺序结构的流程图。

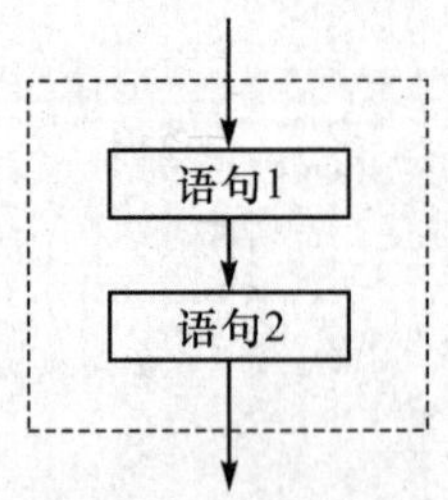

图 3.1 顺序结构流程图

【例 3-1】 对整数型变量 x、y 先输入两个不同的值,然后交换这两个变量的值,再输出结果。

分析

可以把这两个变量想象成两个杯子,分别盛放红墨水和黑墨水。现要求把两种墨水交换杯子盛放。显然,必须借用一只空杯子才能完成。实现步骤如下:

S1:输入两个数据存入 x,y;

S2:把第一个数据从 x 放到第三个变量 temp 中;
S3:把第二个数据从 y 放到第一个变量 x 中;
S4:把第一个数据从 temp 放到第二个变量 y 中;
S5:输出变量 x 和 y 的值。

程序

```
Private Sub Form_Click()
    Dim x As Integer, y As Integer, temp As Integer
    x = Val(InputBox("x ="))
    y = Val(InputBox("y ="))
    Print x, y                    '输出原 x 和 y 的值
    temp = x
    x = y
    y = temp
    Print x, y                    '输出交换后 x 和 y 的值
End Sub
```

运行结果

设输入 x 为 1, y 为 2。

```
 1     2
 2     1
```

说明

读者切不可认为交换两个数据只要如下表示就可以了。

```
x = y
y = x
```

假设交换前 x = 1, y = 2, 经过上面两条语句后, 结果是 x 和 y 的值都为 2 了。本例中, x, y 和 temp 之间的操作步骤必须一环紧扣一环, 顺序不能打乱, 这就是顺序结构。

3.2 选择结构

顺序结构程序设计适用于解决简单问题, 而在处理实际问题时, 往往需要针对不同的情况, 根据条件进行一次或多次判断, 才能决定具体的执行步骤, 这就要用到选择结构。实现选择结构的语句有 If 语句(If 语句又分为行 If 语句和块 If 语句)和 Select Case 语句。

3.2.1 简单分支结构程序设计

【例 3-2】 从键盘输入一学生成绩, 判断是否及格, 并输出结果。

分析

成绩以百分制计,小于60分为不及格,反之就是及格。

程序

```
Private Sub Form_Click()
    Dim score As Integer
    score = Val(InputBox("输入学生成绩"))
    If score >= 60 Then
      Print "及格"
    Else
      Print "不及格"
    End If
End Sub
```

运行结果

输入学生成绩:70

显示:及格

说明

程序通过 If 语句判断 score 是否大于等于 60,从而得出结论成绩是及格或不及格。

3.2.2 行 If 语句

行 If 语句格式如下:

```
If <条件> Then <语句1> [Else <语句2>]
```

如果条件成立(条件表达式为真),执行语句1,否则执行语句2。语句1和语句2是两个分支语句,根据条件真假,两者只能取其一,即选择其中一个分支语句执行,绝对不可能同时执行,这就是所谓的选择。执行流程见图3.2(a),其中菱形框表示逻辑条件,矩形框表示程序要执行的内容,带箭头的流程线表示程序的执行顺序。其中的条件可以是关系表达式或逻辑表达式。

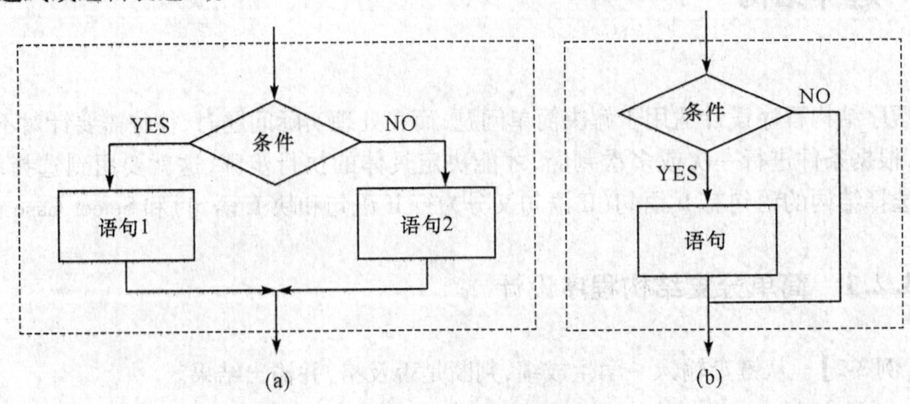

图 3.2 选择结构流程图

在行 If 语句中省略 Else 子句时,就成为:

```
If <条件> Then <语句>
```

如果条件成立,执行语句,否则什么都不执行,执行流程见图 3.2(b)。

行 If 语句的最大特征是代码必须在一行内写完,若语句过长可用续行符(空格 + 下划线)换行。如果语句 1 或语句 2 由多条语句组成,则用语句连接符冒号“:”分隔。

【例 3-3】 用 InputBox( )函数输入 3 个正整数,打印最大数。

分析

在程序设计时,输入输出是一个很重要的环节。用 InputBox( )函数一次只能输入一个数据,因此要输入 3 个正整数必须调用 3 次 InputBox( )函数。

程序

```
Private Sub Form_Click()
    Dim Max As Integer
    Dim A As Integer
    Dim B As Integer
    Dim C As Integer
    A = Val(InputBox("Please input first integer", "输入正整数 A"))
    B = Val(InputBox("Please input second integer", "输入正整数 B"))
    C = Val(InputBox("Please input third integer", "输入正整数 C"))
    Max = A
    If B > Max Then Max = B
    If C > Max Then Max = C
    Print "The maximum integer is "; Max
End Sub
```

说明

此程序两次用到了行 If 语句。先假设 A 最大,把 A 赋值给 Max,但是否正确需要验证。让 B 与 Max 比,再让 C 与 Max 比,把大数留在变量 Max 中。这很像是摆擂台游戏,最后留在擂台上的就是最大数。此程序不难理解,但如果要把这 3 个数按从大到小的顺序输出,问题又如何解决呢?算法如下:

S1:If A < B,将 A 和 B 对换(A 是 A、B 中的大者);

S2:If A < C,将 A 和 C 对换(A 是 A、C 中的大者,因此 A 是三者中的最大者);

S3:If B < C,将 B 和 C 对换(B 是 B、C 中的大者,也是三者中的次大者)。

核心程序代码如下:

```
A = Val(InputBox("Pleas e input first integer","输入正整数"))
B = Val(InputBox("Please input second integer","输入正整数"))
C = Val(InputBox("Please input third integer","输入正整数"))
If A < B Then Temp = A : A = B : B = Temp
If A < C Then Temp = A : A = C : C = Temp
If B < C Then Temp = B : B = C : C = Temp
Print "The integers in order is "; A;B;C
```

以上程序用来按从大到小的顺序排序输出 3 个数,读者很容易将它改成从小到大排序的程序。程序中反复用行 If 语句进行两数交换,其中 Temp 变量是一个临时变量。

3.2.3 块 If 语句

行 If 语句要求程序在一行内写完,通常用于解决简单问题。当要解决复杂的分支结构时,用块 If 语句。块 If 语句格式如下:

```
If <条件> Then
    <语句块 1>
[Else
    <语句块 2>]
End If
```

条件成立,执行语句块 1,否则执行语句块 2。语句块 1 和语句块 2 可以是一条语句也可以是多条语句。块 If 语句在书写时必须换行,且以 End If 结束。从 If 开始到 End If 结束是一个完整的结构,在逻辑上等同于一个语句。

【例 3-4】 编写程序,单击窗体时显示字符串“欢迎使用 VISUAL BASIC!”,再单击一下清除显示的字符,按此方式重复,直到用户结束程序。

分析

程序写在 Form_Click()事件中。设变量 nflag 表示两种状态,就像双路开关一样,称作开关变量。在此,nflag = 1 表示显示字符;nflag = 0 表示清屏;默认初值为 0。在程序设计之前先画出它的流程图,如图 3.3 所示。

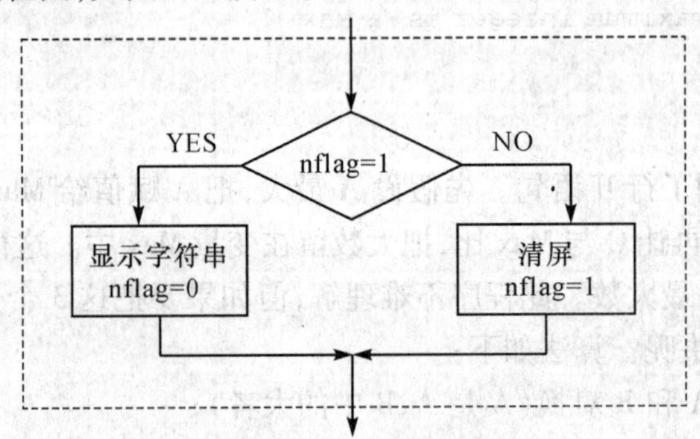

图 3.3 例 3-4 的流程图

程序代码如图 3.4 所示。这个小程序中用了块 If 结构,其中的条件就是判断变量 nflag 的值,这样才能达到控制显示字符串或清屏的功能。在块 If 结构中对变量 nflag 的值每次都进行了切换,即由 0 变为 1 或由 1 变为 0,如此起到开关的作用。注意变量 nflag 定义的位置,在这个位置上定义的变量称之为模块级变量。

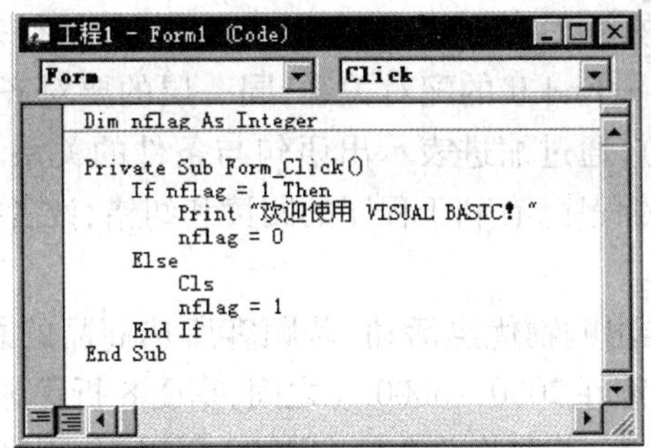

图 3.4　例 3-4 源代码

在块 If 语句中,若内嵌语句块 1 或语句块 2 又是一个 If 语句时,就构成了嵌套的分支结构,它的一般形式如下:

```
If <条件1> Then
    If <条件2> Then  ┐
        <语句块1>     │
    Else             ├ <条件1>相对的语句块1
        <语句块2>     │
    End If           ┘
Else
    If <条件3> Then  ┐
        <语句块3>     │
    Else             ├ <条件1>相对的语句块2
        <语句块4>     │
    End If           ┘
End If
```

以上嵌套结构的流程图如图 3.5 所示。

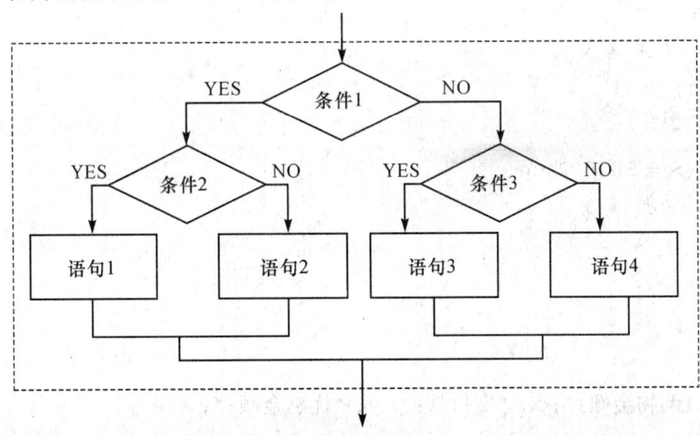

图 3.5　嵌套块 If 语句

嵌套块 If 语句的思想是先把一个问题大致地分为两种情况,再各自对每一种情况细分解决。例如试卷整理,先以 60 分为标准分为两堆,<60 分的一堆试卷成绩评定为不及格;≥ 60 分的一堆再以 85 分为标准分为两堆,其中 <85 分的成绩评定为及格,≥85 分的

就是优秀。要正确使用嵌套块 If 语句,必须清楚各语句的执行条件,画出流程图;在书写时注意嵌套结构中 If/Else/End If 的配对关系,同一层的要对齐在一列,里层的缩进书写(可用键盘上的〈Tab〉键),通过缩进表示出语句与条件的关系。例 3-4 已经给出了很好的示范。一个好的格式的程序,有利于程序的阅读和纠错,读者要逐渐养成缩进书写程序的习惯。

【例 3-5】 某商场推出购物优惠活动,若顾客所选商品的总金额在 3000 元以上,享受 7 折优惠;若购物总金额在 2000 ~ 3000 元之间,享受 8 折优惠;若购物总金额在 1000 ~ 2000 元之间,享受 9 折优惠;若购物总金额在 1000 元以下,不享受任何优惠。请编程:当输入顾客购物总金额时,输出该顾客的实付款及所享受的优惠。

分析

设变量 x 表示顾客的购物总金额,变量 y 表示顾客的实付款,可以列出下述分段函数表示购物总金额和实付款之间的函数关系。

$$y=\begin{cases} x & x<1000 \\ 0.9x & 1000\leqslant x<2000 \\ 0.8x & 2000\leqslant x<3000 \\ 0.7x & x\geqslant 3000 \end{cases}$$

程序

```
Private Sub Form_Click()
   Dim x As Single, y As Single
   x = Val(InputBox("请输入购物金额"))
   If x > = 2000 Then
     If x > = 3000 Then
       y = 0.7 * x
     Else
       y = 0.8 * x
     End If
   Else
     If x > = 1000 Then
       y = 0.9 * x
     Else
       y = x
     End If
   End If
   Print "购物金额:"; x, "实付款:"; y, "优惠金额:"; x - y
End Sub
```

运行结果

```
购物金额:3500        实付款:2450        优惠金额:1050
购物金额:1900        实付款:1710        优惠金额:190
```

说明

对于嵌套块 If 结构,每个 If 语句必须与 End If 配对,书写时注意用增进缩进的方式来提高程序的可读性。对于上述例子可以有多种块 If 语句的书写方法,也可以用行 If 语句来实现(读者可自行完成)。对比行 If 语句和块 If 语句可以看出,用嵌套块 If 语句实现多分支选择,条理清楚,执行效率高。

3.2.4　ElseIf 语句

为了实现多分支选择,还有一种更常用的方法。为了便于读者理解,本节把它单独列出来,作为一个独立的语句类型,这就是 ElseIf 语句结构。ElseIf 语法格式如下:

```
If <条件1> Then
   <语句1>
[[ElseIf <条件2> Then
   <语句2>]
[ElseIf <条件3> Then
   <语句3>]
.....
Else
   <语句n>]
End If
```

流程图如图 3.6 所示。

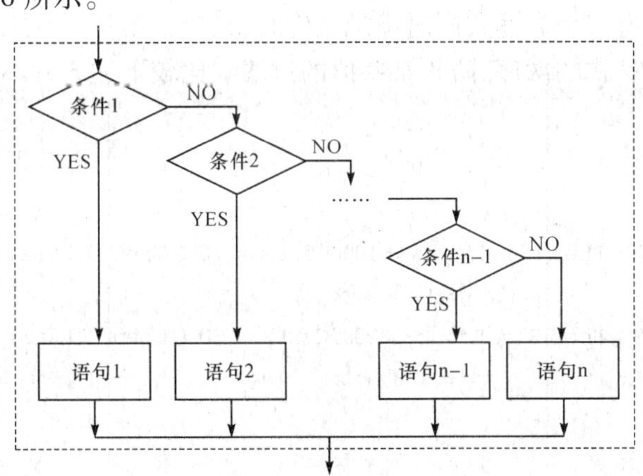

图 3.6　ElseIf 结构流程图

首先求解条件 1:如果条件 1 成立,则执行语句 1,并结束整个 If 语句的执行;否则求解条件 2……最后的 Else 处理给出了前述条件都不满足的情况,即条件 1、条件 2……条件 n-1 都不成立,这时执行语句 n。

反过来说,若要执行语句 1 ,必须条件 1 成立;若要执行语句 2,必须条件 1 不成立而条件 2 成立;……若要执行语句 n,必须条件 1 至条件 n-1 都不成立。

ElseIf 语句由块 If 语句演化而来,能简洁高效地表达多分支选择结构。ElseIf 语句以

If 开头,End If 结尾,是一个完整的结构。要正确使用 ElseIf 语句,必须清楚语句 1 至语句 n 的执行条件。

【例 3-6】 用 ElseIf 语句改写例 3-5 的程序。

```
Private Sub Form_Click()
    Dim x As Single, y As Single
    x = Val(InputBox("请输入购物金额"))
    If x > = 3000 Then
       y = 0.7 * x
    ElseIf x > = 2000 Then
       y = 0.8 * x
    ElseIf x > = 1000 Then
       y = 0.9 * x
    Else
       y = x
    End If
    Print "购物金额:"; x, "实付款:"; y, "优惠金额:"; x - y
End Sub
```

说明

使用 ElseIf 语句结构要注意:

①无论有多少分支,程序执行了一个分支后,其余分支不再执行。

②ElseIf 不能写成 Else If(ElseIf 中没有空格)。

③当多分支中有多个表达式同时满足条件时,只执行第一个与之匹配的语句。因此,要注意多分支中表达式的次序,防止某些值的过滤。比较下述 3 种不同的写法。

方法一

```
If x < 1000 The
    y = x
ElseIf x < 2000 Then
    y = 0.9 * x
ElseIf x < 3000 Then
    y = 0.8 * x
Else
    y = 0.7 * x
End If
```

方法二

```
If x < 1000 Then
    y = x
ElseIf x > = 1000 And x < 2000 Then
    y = 0.9 * x
ElseIf x > = 2000 And x < 3000 Then
    y = 0.8 * x
Else
    y = 0.7 * x
End If
```

方法三

```
If x > = 1000 Then
    y = 0.9 * x
ElseIf x > = 2000 Then
    y = 0.8 * x
ElseIf x > = 3000 Then
    y = 0.7 * x
Else
    y = x
End If
```

其中:方法一使用关系运算符"<",比较的值从小到大依次表示,程序运行正确。方法二选用关系运算符和逻辑运算符把各条件都加以考虑,表达式大小与次序无关,程序运行也同样正确,但程序写得累赘,没考虑 ElseIf 的含义是"否则若",本身已经包含了对前一条件的否定。方法三使用关系运算符">=",但比较的值从小到大依次表示,程序运行结果只有两种:输入金额大于等于 1000 元时打 9 折,小于 1000 元时按原价。请读者思考其中的原因。

【例 3-7】 编写程序,第 1 次单击窗体时以黑体显示字符串“欢迎使用 VISUAL BASIC!”,第 2 次单击以宋体显示;第 3 次单击以隶书显示;第 4 次单击时清屏,并还原成初始状态。按此方式重复,直到用户结束程序。图3.7为第 3 次单击窗体后程序的运行情况。

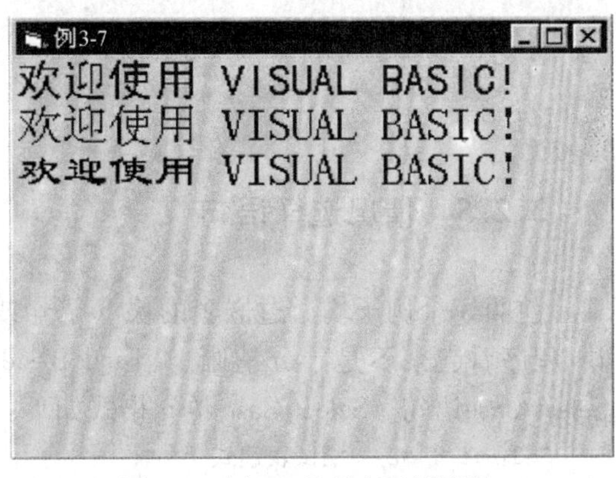

图 3.7 例 3-7 的程序运行情况

分析

在例 3-4 的程序中用变量 nflag 表达两种状态,类似一个双路开关。现在程序中用变量 nflag 控制显示字体,需表达 4 种不同的状态,在此它是一个多路开关。nflag 有 4 种取值:1,2,3,4。变量 sMystring 存放字符串“欢迎使用VISUAL BASIC!”,在通用对象的声明部分定义以下两个模块级变量:

```
Dim nflag As Integer
Dim sMystring As String
```

Form_Load( )过程设置变量的初始值,Visual Basic 在运行程序时先执行该过程,故常在此过程中设置变量和属性的初始值。

程序 1:

```
Private Sub Form_Load()
    nflag = 1
    sMystring = "欢迎使用 VISUAL BASIC!"
    Form1.FontSize = 18
End Sub
```

语句 Form1. FontSize = 18 用来设置显示字符的大小。在 Form_Click( )过程中设计程序的主体,其中使用 ElseIf 语句表示多分支的选择结构。

程序 2:

```
Private Sub Form_Click()
    If nflag = 1 Then
        Form1.FontName = "黑体"
        Print sMystring
        nflag =2
    ElseIf nflag = 2 Then
        Form1.FontName = "宋体"
        Print sMystring
        nflag = 3
    ElseIf nflag = 3 Then
        Form1.FontName = "隶书"
        Print sMystring
        nflag =4
```

```
    Else
        Cls
        nflag = 1
    EndIf
End Sub
```

3.2.5 情况选择语句

前面 3 个例子均通过嵌套的块 If 语句或 ElseIf 语句来实现多分支情况，从某种角度讲，程序看起来不是十分清晰。Visual Basic 语言还提供了专门的多分支选择语句，即 Select Case语句。Select Case 语句格式如下：

```
Select Case <测试表达式>
  Case <表达式列表1>
    <语句块1>
  Case <表达式列表2>
    <语句块2>
    …
  [Case Else
    <语句块n+1>]
End Select
```

Select Case 语句执行的流程图如图 3.8 所示。

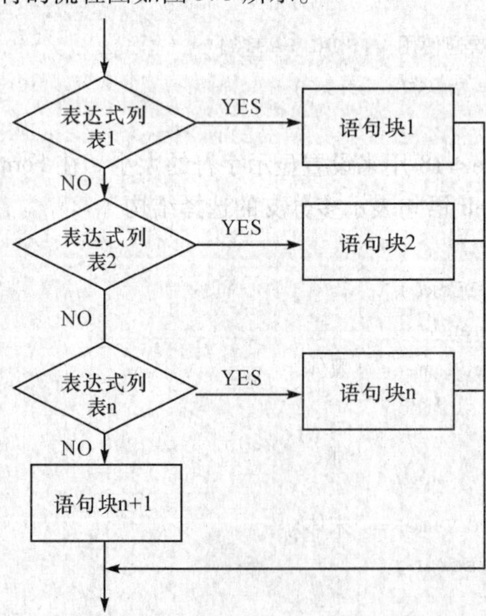

图 3.8　情况选择语句流程图

程序自上而下顺序地判断测试表达式的值与表达式列表中的哪一个值匹配。如有匹配，则执行相应语句块，然后转到 End Select 的下一个语句；若都不匹配，则执行 Case Else

后的语句块,然后转到 End Select 的下一个语句。

注意:如果有多个 Case 表达式列表中的值与测试值匹配,则根据自上而下的原则,只执行第一个与之匹配的语句块。

其中:

①测试表达式为数值表达式或字符串表达式。

②表达式列表有如下三种形式:

- 简单罗列,如:Case 1,3,8;
- 指定闭区间,如:Case 1 To 8;
- 指定开区间,如:Case Is <8,其中 Is 是关键字,不能省略。

以上 3 种格式可以混合使用,如:case 1,3,5 To 8,Is >10。

【例 3-8】 要求按照考试成绩的五级计分等级打印出百分制成绩分数段,用 Select Case 语句实现。

程序段

```
grade = InputBox("")
Select Case grade
  Case "A"
    Print "90 ~100"
  Case "B"
    Print "80 ~89"
  Case "C"
    Print "70 ~79"
  Case "D"
    Print "60 ~69"
  Case "E"
    Print " <60"
  Case Else
    Print "error"
End Select
```

【例 3-9】 用 Select Case 语句改写例 3-7 程序。

分析

本例中只需改写例 3-7 中的 Form_Click()过程,改写后程序如下:

```
Private Sub Form_Click()
    Select Case nflag
      Case 1
          Form1.FontName = "黑体"
          Print sMystring
          nflag = 2
      Case 2
          Form1.FontName = "宋体"
```

```
            Print sMystring
            nflag = 3
        Case 3
            Form1.FontName = "隶书"
            Print sMystring
            nflag =4
        Case Else
            Cls
            nflag = 1
    End Select
End Sub
```

对于多分支情况,如何选择合适的语句呢?一般来说,在条件比较清楚的多分支情况下,用 Select Case 语句可以使程序看上去更清晰,但在条件层次比较复杂时,还是用 If 语句解决更方便。

【例 3-10】 已知坐标点(x,y),判断其在哪个象限。分别用 If 语句和 Select Case 语句来实现。

程序

方法一(用 If 语句):

```
If x > 0 And y > 0 Then
    MsgBox ("在第一象限")
ElseIf x < 0 And y > 0 Then
    MsgBox ("在第二象限")
ElseIf x < 0 And y < 0 Then
    MsgBox ("在第三象限")
ElseIf x > 0 And y < 0 Then
    MsgBox ("在第四象限")
End If
```

方法二(用 Select Case 语句):

```
Select Case x
  Case Is > 0
    Select Case y
      Case Is > 0
        MsgBox ("在第一象限")
      Case Is < 0
        MsgBox ("在第四象限")
    End Select
  Case Is < 0
    Select Case y
      Case Is > 0
        MsgBox ("在第二象限")
      Case Is < 0
```

```
        MsgBox ("在第三象限")
    End Select
End Select
```

3.2.6　调试:让程序单步执行

第2.7小节提到逻辑错误不会产生错误提示信息,需要程序员仔细地阅读、分析程序。此时,若借助程序调试方法,可以很快地进行错误定位,提高程序调试的效率。VB提供了多种程序调试手段,本小节先介绍单步执行的调试方法,如图3.9所示。使用"调试"菜单选择"逐语句",或直接按功能键〈F8〉,程序将开始单步调试。

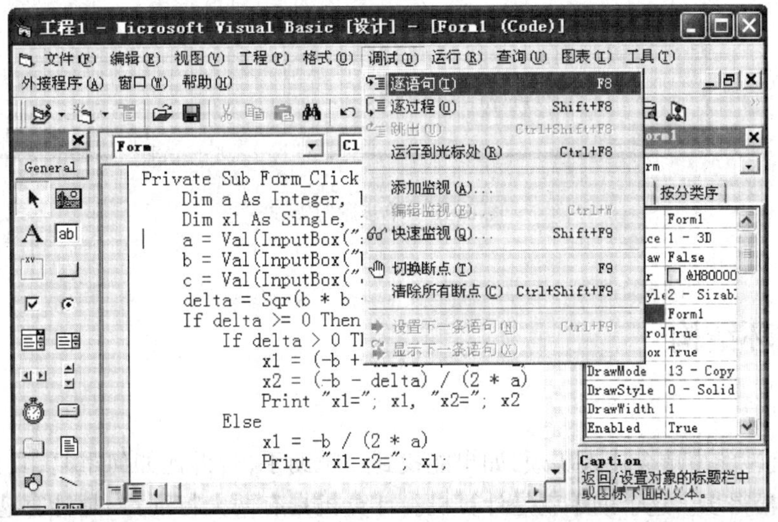

图3.9　逐语句调试

通过使用单步执行的调试方法,可以比较直观地看到程序执行流程,尤其是If/Else结构的分支语句,可以看出程序到底执行条件为真的语句1,还是执行条件为假的语句2。如图3.10中文本框左侧小箭头⇨指示当前即将要执行的语句,每单步执行一次,箭头位置就会发生变化。

单步执行时,还要关注输入窗口。在执行InputBox()函数时,一定要在输入对话框中正确输入数据,回车后再回到调试窗口,否则单步执行无法继续。

通过单步执行程序,除了可以查看程序执行流程外,另一个重要用处是查看变量的中间结果,以检查运算是否正确。查看变量中间结果最简单的方法是鼠标在该变量上方停留片刻,系统在该变量下方会自动弹出一个小方框显示变量的值。如图3.10所示,显示变量a的初值为0。

当需要结束调试时,可以选择继续执行程序,也可以选择结束程序执行,通过在标准工具栏上单击相应按钮来实现。

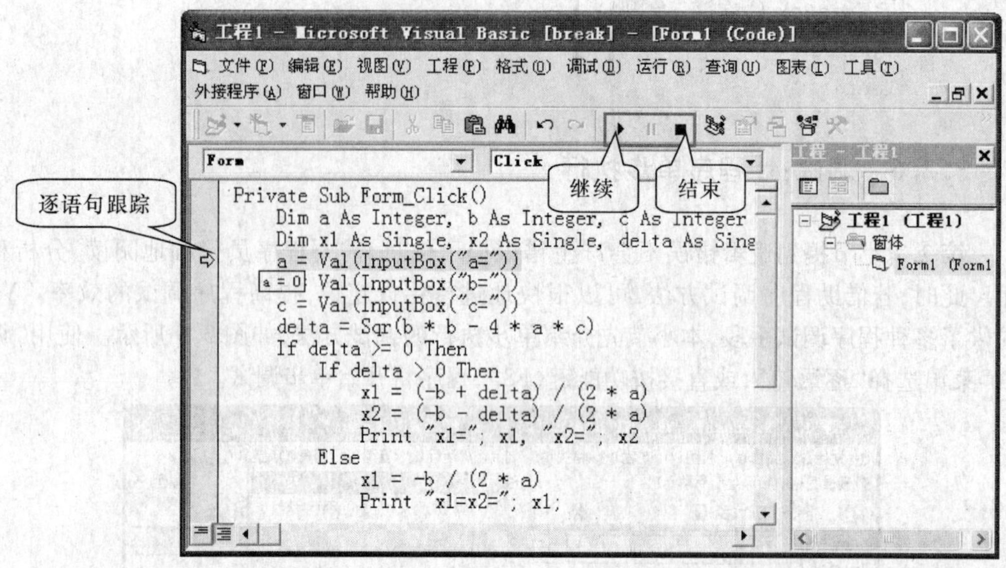

图 3.10　单步跟踪调试

3.3　循环结构

做重复性的事情会让人厌烦,如果能找到一个助手,告诉他如何重复,具体的事让他来做,会轻松得多。这个助手就是计算机。计算机具有两大特征:一是计算速度快,二是擅长做重复性的工作。只要在程序中给出运行一次的步骤,再告诉计算机这些步骤需要重复多少次,整个过程就可由计算机自动完成。

VB 语言中的 3 种循环语句是 For/Next、While/Wend 和 Do/Loop。

循环程序设计方法和技巧是 VB 程序设计中最基本和最重要的方法之一,几乎每一个实用的程序都少不了循环,学好循环结构程序设计对于进一步学习 VB 至关重要。

3.3.1　指定重复次数的循环:For/Next 语句

在解决循环问题时,有一类从其本身就可以看出重复次数的问题,它的循环过程比较明确,通常用 For/Next 语句来实现。

1. 求多项式累加

【例 3-11】 有一只小猴,从一座山的第 1 级石阶开始一步一步向着第 100 级石阶往上爬,边上山边捡桃子。在第 1 级石阶捡 1 个桃子,在第 2 级石阶捡 2 个桃子……请问到第 100 级石阶时,篮子里有几个桃子?

分析

在爬山过程中,小猴重复做的一件事情,即在每一级石阶上捡若干个桃子到篮子里。这就是循环的核心,称作循环体。这个动作重复了 100 次,对应的程序段就是:

```
s = 0
For k = 1 To 100 Step 1
    s = s + k
Next k
Print s
```

变量 s 代表篮子里的桃子数,初值为 0;k 是每一级石阶中捡的桃子数,与所在石阶号一致,s = s + k 表示捡桃子到篮子里这个动作后的桃子数。这个动作从第 1 级石阶开始延续到第 100 级石阶,即循环的初值是 1,终值是 100,步长为 1。这个问题的本质就是求多项式累加:$s = 1 + 2 + 3 + \cdots + 100$。

2. For/Next 语句格式

For/Next 语句是 VB 中最常用的循环语句,语句格式如下:

```
For <循环控制变量> = <初值> To <终值> [Step <步长>]
    <循环体>
Next <循环控制变量>
```

其中:

①循环控制变量是一个数值型的变量,一般用整型变量,如 i。

②步长为每次循环循环控制变量增加的值。当步长为正时,初值应小于或等于终值;当步长为负时,初值应大于或等于终值;Step <步长>可缺省,缺省时步长的默认值为 1。

③初值为循环第一次执行时的值,一般为常量。终值是对循环的控制,不一定是循环最后一次执行的值(见图 3.11),这一点读者要引起注意。

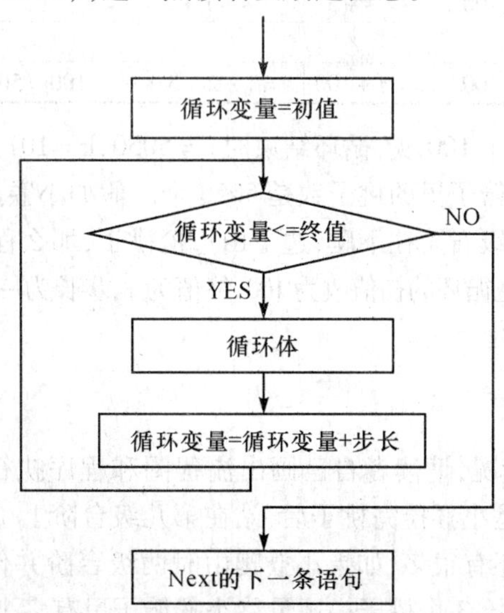

图 3.11　For/Next 语句步长 >0 时的流程图

④循环体是每次循环要做的部分，是一个程序段，可由一条或多条语句构成。

⑤当循环的初值、终值和步长确定后，循环的次数就是 Int((终值 - 初值) / 步长 +1)。

For/Next 语句是 VB 提供的一种结构语句，它不是顺序地、简单地一条一条执行的，而是按照图 3.11 的流程执行的。

执行过程：

①赋初值给循环变量。

②判断循环变量是否超过终值，若未超过，执行循环体；否则结束循环，执行 Next 的下一条语句。

③循环变量加步长，转②继续循环。

对应例 3-11 中使用的 For/Next 语句

```
For k = 1 To 100 Step 1
    s = s + k
Next k
```

其中，变量 k 控制循环过程，称为循环变量。k 初值为 1(只执行一次)，用于规定循环开始时变量 k 的初始值。进入循环后，不会再执行 k = 1。k 终值为 100，只要 k <= 100 成立就执行循环体 s = s + k，一旦 k > 100 循环就结束。Next k 是修改循环变量，使其增加 1，1 即为步长，每循环一次使 k 向 k > 100 的循环结束条件靠近一步。这样经过若干次循环，最终能保证循环结束。显然，在循环结束时循环变量 k 的值刚好超过 100 即 101。表 3-1 给出了该程序的执行过程。

表 3-1　例 3-10 的程序执行过程

时间	k 值	判断	循环动作	S 值	循环结束后的 k 值
第 1 次	k = 1	k < = 100	s = s + 1	s = 1	k = 2
第 2 次	k = 2	k < = 100	s = s + 2	s = 1 + 2 = 3	k = 3
第 3 次	k = 3	k < = 100	s = s + 3	s = 1 + 2 + 3 = 6	k = 4
……					
第 100 次	k = 100	k < = 100	s = s + 100	s = 1 + 2 + 3 + … + 100 = 5050	k = 101

由上可见，循环执行了 100 次，循环结束时 s = 5050，k = 101。这就是说小猴捡完桃子后站在第 101 级台阶上，篮子里的桃子数是 5050 个。假如小猴捡桃子是从第 100 级石阶开始，一步一步向着第 1 级石阶往下爬，边下山边捡桃子，那么程序该怎样写呢？

循环体没有变，只要把循环的初值改为 100，终值为 1，步长为 -1 就可以了，程序改写为：

```
For k = 100 To 1 Step -1
    s = s + k
Next k
```

对于步长是 -1 的情况，请读者自己画出流程图和程序执行过程。当循环结束时变量 k 的值为多少？也就是小猴捡完桃子后，站在第几级台阶上了？答案是 0。

小猴捡桃子的形式还有很多，如果小猴爬山时两级台阶并作一步跨，即：第 1 级台阶捡 1 个桃子，第 3 级台阶捡 3 个桃子……最终小猴篮子里有多少个桃子，小猴捡完桃子后站在第几级台阶上？这就是求 1 ~ 100 的奇数和问题，只要把步长改为 2 即可。程序段如下：

```
For k = 1 To 100 Step 2
    s = s + k
Next k
Print s , k
```

如果小猴的篮子最多只能装 100 个桃子，问：小猴从第 1 级台阶一步步向上走，篮子满的时候小猴站在第几级台阶上，桃子数是多少？程序段如下：

```
For k = 1 To 100 Step 1
    s = s + k
    If s >= 100 Then Exit For
Next k
Print k, s
```

用 Exit For 语句实现在特殊情况下提前退出循环，使循环的出口有另一种形式。

3. Exit For 语句

For/Next 循环中，尚未完成指定循环次数的执行而需要在循环体中跳转出来，强制循环结束，用 Exit For 语句。Exit For 语句在求解不少问题时都能用到，典型的如素数判断问题。

【例 3-12】 输入一个正整数 n，判断它是否为素数。

分析

素数就是只能被 1 和自身整除的正整数。一个数是否为素数，需要检查该数是否能被除 1 和自身以外的其他整数整除，即判断 n 能否被 2 ~ n - 1 之间的数整除。用求余运算(Mod)来判断整除，余数为 0 表示能被整除，否则就意味着不能被整除。例如：9 Mod 3 得 0，说明 9 能被 3 整除，而 7 Mod 2 得 1，说明 7 不能被 2 整除。

设 i 取值[2,n - 1]，如果 n 不能被该区间中的任何一个数整除，即对每个 i，n Mod i 都不为 0，则 n 是素数。但是只要 n 能被该区间中的某个数整除，即只要找到一个 i，使 n Mod i 为 0，则 n 肯定不是素数。

由于 n 不可能被大于$\frac{n}{2}$的数整除，所以上述 i 的取值区间可缩小到$[2,\frac{n}{2}]$，数学上能证明，该区间还可以进一步缩小到$[2,\sqrt{n}]$。

程序

```
Private Sub Form_Click()
    n = Val(InputBox("input a number"))
    For i = 2 To n -1                  '注①
      If n Mod i = 0 Then Exit For     '注②
    Next i
    If i = n Then                      '注③
      Print n; "是素数"
    Else
      Print n; "不是素数"
    End If
```

```
End Sub
```

说明

根据素数的定义,在 For 循环中,只要有一个 i 能满足 n Mod i = 0,说明 n 能被 i 整除,则 n 肯定不是素数。此种情况下不必再检查 n 能否被其他数整除,可提前结束循环。程序中的 Exit For 起到了提前退出循环的作用。但是,如果某个 i 满足 n Mod i <>0 ,不能得出任何结论,必须继续循环,看其他的 i 值能否也保证 n Mod i <>0。

例如,输入 9 时,首先计算出 9 Mod 2 <>0,不能下结论,还要继续循环,再算出 9 Mod 3 =0,说明 9 能被 3 整除,可以下结论它不是素数,不必再用其他数检测,可以提前退出循环。当输入 11 时,依次算出 11 Mod 2 <>0,11 Mod 3 <>0,…,11 Mod 10 <>0,说明 11 不能被区间[2, $\sqrt{10}$]上的任何一个数整除,所以它是素数。

只检查一个 i 值是不能判断的,所以以下代码是错误的。一般不能将 Print 语句包含在循环体中,这样会在循环过程中反复显示不一定正确的信息。

```
For i = 2 To n-1
    If n Mod i = 0 Then
        Print n; "不是素数"
    Else
        Print n; "是素数"
    End If
Next i
```

程序中用注①和注②做记号,表示有 2 个循环出口。注①表示 For 语句中,i > $\sqrt{n-1}$(终值)时结束循环,也是正常结束循环;注②表示 If 语句中时 n Mod i = 0 时会引起 Exit For 的执行,从而结束循环,此时为非正常结束循环。因此当循环结束时,包含了是素数和不是素数两种情况,注③位置必须通过判断,来决定循环是从哪个出口出来的,只有第①号出口结束的循环,才是素数。

循环体中用 Exit For 语句增加了循环出口,这是解决多条件结束循环的有效途径。但循环结束后需要通过判断决定循环结果。本例是一个相当经典的例子,所用的处理方法,经常会在实际程序中用到,希望读者能够理解和掌握本例的精华所在。

4. 指定次数的循环程序设计

指定次数的循环程序设计应该包含下述 4 个要素:

知道循环初值,即指定循环起点。

知道循环终值,每次循环时先判断循环变量是否超过终值,因此也就是循环的控制条件。

知道重复执行的操作,即循环体。

改变循环变量。通过步长改变循环变量,使得循环向着结束条件靠近。

【例 3-13】 从键盘输入变量 n 和 x,求以下多项式的累加和。

$$s=\frac{x}{2!}+\frac{x^2}{3!}+\cdots+\frac{x^n}{(n+1)!}$$

分析

求 n 项多项式的累加和,意味着循环 n 次,每次累加 1 项。设 i 为循环变量(循环控制变量的简称),表示循环的次数,变量 sum 存放累加和,则 For/Next 语句可以写成:

```
For i = 1 to n
    循环体:sum = sum + 第 i 项的值
Next i
```

其中,第 i 项也称作多项式的通项。本例中,通项的规律很容易找,即第 i 项只要在前一项基础上,分子乘上 x,分母除以 i,所以通项 item 可以这样表达:item = item * x / i。

程序

```
Private Sub Form_Click()
    Dim s!, i%, n%, x%, item!, sum!
    sum = 0 : item = 1
    n = Val(InputBox("n = "))
    x = Val(InputBox("x = "))
    For i = 1 To n
      item = item * x /(i + 1)              '产生新的加数项 item
      sum = sum + item                      '加数项 item 加到变量 sum 中
    Next i
    Print sum
End Sub
```

虽然,循环次数由输入的 n 值决定,但就 For 语句而言,n 的值在循环前已经确定,属于指定次数的循环程序设计。

3.3.2 重复次数不明确的循环:While/Wend 语句

所谓重复次数不明确的意思是,在编写程序时,不能从题目要求中看出循环次数。例 3-11 中 1 到 100 求和,循环次数是明确的。例 3-14 中,程序循环若干次后,累加和达到指定数值,退出循环,但事先并不知道循环执行了几次。

1. 求循环次数

【例 3-14】 计算 $S = 1 + 2 + 3 + \cdots + n$,求当 S 首次超过 10000 时 n 的值。

分析

这个题目初看和例 3-11 非常相似,但是提问的角度不一样。本题要求解 n,也就是问循环多少次后累加和才能超过 10000。本例用 While/Wend 结构实现。

程序

```
Private Sub Form_Click()
    Dim s As Integer, n As Integer
    s = 0: n = 0
    While s < = 10000
      n = n + 1
```

```
    s = s + n
  Wend
  Print n
End Sub
```

说明

有读者会想到用 For 循环配合 Exit For 来实现，这种方法需要预先估计一个比较大的 n 值，但是很难知道这个 n 值该设多少。

2. While/Wend 语句

While/Wend 语句实现循环是通过一个逻辑表达式来控制循环的，因而它的使用更灵活，应用范围更广。While/Wend 语句形式如下：

```
While <条件>
  循环体
Wend
```

While 语句的执行流程如图 3.12 所示，当条件为“真”时，执行循环体，直到条件表达式的值为“假”。循环结束后执行 While 的下一条语句。条件用以控制循环，形式与 If 语句的条件表达式相同。

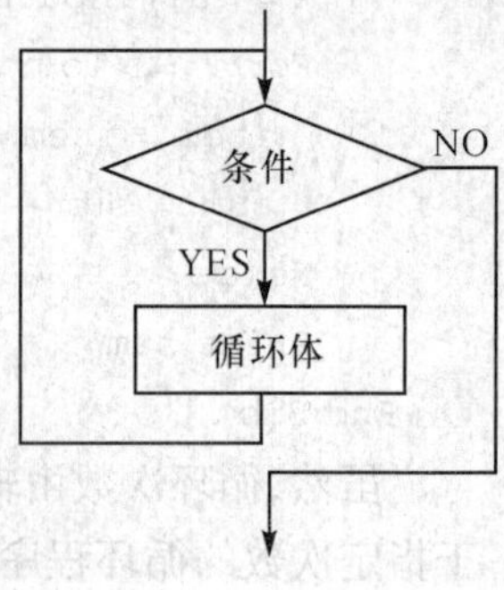

图 3.12 While/Wend

下面通过和 For 语句的比较，讨论 While 语句的使用方法。

(1) 从两种循环语句的形式和执行流程（图 3.11 和图 3.12）可以看出，它们的执行机制实质上是一样的，都是在循环前先判断条件，只在条件为“真”时才进入循环。While 语句的结构简单，只有一个条件表达式和一个循环体语句，分别对应循环的两个核心问题：循环条件和循环体，可以直接把循环的分析设计转换为语句实现。

(2) 循环的实现一般应包括 4 个组成部分，即初始化、循环的控制条件、重复的操作以及通过改变循环变量的值最终改变条件的真假性来控制循环能正常结束。这 4 部分可以直接和 For 语句中 4 个要素（循环初值、终值、循环体和步长）相对应。当使用 While 语句时，从图 3.12 看到，由于它只有 2 个成分（条件控制表达式和循环体语句），需要另外增加初始部分和循环变化部分。初始化部分可以放在循环前面，循环变化部分需要合并到循环体中实现。换言之，While 的循环体语句中必须包含能最终改变条件真假性的操作。

计算 1 ~ 100 之间奇数的和，对比 For 语句和 While 语句。

方法一：

```
s = 0
For i = 1 To 100 Step 2
  s = s + i
Next i
Print s
```

方法二：

```
s = 0: i = 1          '初始化
While i <= 100        '循环条件
  s = s + i           '循环体
  i = i + 2           '改变循环变量
Wend
Print s
```

For 语句和 While 语句都能实现循环。一般情况下，如果题目中指定了循环次数，使用 For 语句更清晰,循环的 4 个组成部分也一目了然,否则,可以考虑使用 While 语句。

【例 3-15】 利用格里高利公式 $\frac{\pi}{4}=1-\frac{1}{3}+\frac{1}{5}-\frac{1}{7}+\cdots$,求 π 的近似值,精度要求到最后一项的绝对值小于 10^{-6}。

分析

这又是一个求累加和的例子,与例 3-13 非常相似,区别在于本题从题目本身无法知道循环的次数,因此不能用 For/Next 循环语句。但题目中的精度要求给出了循环条件,也就是在反复计算累加的过程中,一旦某一项的绝对值小于 10^{-6},就达到了精度要求,循环结束。

引入变量 pi 存放累加和,t 表示每一项的分母,每次循环中分母递增 2,即执行t = t + 2。加数项用变量 item 表示,循环条件是任一项值大于等于 10^{-6}。

本例还要考虑每一项的符号是交替变化的。再设一个符号变量 flag,每次循环中执行 flag = - flag,以实现正负号交替变化。

构成循环的 4 个组成部分:

初值: t = 1: item = 1: pi = 0: flag = 1

循环控制条件: Abs(item) >= 10^{-6}

循环体: item = flag * 1 / t

pi = pi + item

flag = - flag

循环变化: t = t + 2

程序

```
Private Sub Form_Click()
    Dim t As Single, item As Single, pi As Single, flag As Integer
    t = 1: item = 1: pi = 0: flag = 1
    While Abs(item) >= 0.000001
        item = flag * 1 / t
        pi = pi + item
        flag = -flag
        t = t + 2
    Wend
    Print pi * 4
End Sub
```

运行结果

```
3.141595
```

3.3.3 Do/Loop 语句

1. 模拟彩票开奖

【例 3-16】 编写一个模拟彩票开奖的程序。假定彩票号码为两位数,当任意指定一个两位数号码后,看看要买多少期才能中奖。

分析

彩票的开奖号码是随机产生的。程序步骤如下:

S1:指定一个两位数号码。

S2:重复:

S21:由系统产生一个随机数。

S22:如果指定号码=随机数,中奖了,结束循环;否则,继续重复 S2。

本例是个循环问题,但循环次数无法预料,它是随机的。本例使用新的循环语句 Do/Loop来解决。

程序

```
Private Sub Form_Click()
    Dim x As Integer, n As Integer, s As Integer
    Print "请您确定一个抽奖号码,计算机将自动演示抽奖过程!"
    x = InputBox("请输入一个 1~99 之间的整数作为抽奖号码")
    Randomize
    Do
      n = n + 1
      s = Int(Rnd * 99) + 1
        Print "第" & n; "次抽奖号码为" & s
    Loop While s <> x
    Print "您终于中奖了,恭喜恭喜!"
End Sub
```

说明

本例不能用 While 循环,原因在于随机数是在循环体内产生的,由它决定是否要循环。

2. Do/Loop 语句

Do/Loop 循环结构是一种适应性更强的循环语句,用法也更为灵活,它不仅可以表达当型循环而且可以表达直到型循环。Do/Loop 语句形式有如下 4 种:

格式一	格式二

Do While 条件
  循环体
Loop
	Do
	  循环体
	Loop While 条件

格式三	格式四

Do Until 条件
  循环体
Loop
	Do
	  循环体
	Loop Until 条件

说明

格式一和格式二都用了关键字 While，意思是当条件为"真"时，执行循环体，条件为"假"时，循环中止；格式三和格式四都用了关键字 Until，意思是当条件为"假"时，执行循环体，条件为"真"时循环中止。其次，格式一和格式三都是先判断条件，再决定是否执行循环体，与 While/Wend 的执行流程是一样的；而格式二和格式四是先执行循环体，再判断条件决定是否继续执行循环体，所以无论循环条件的真假如何，至少会执行一次循环体。这类循环一般在循环体的执行过程中才能明确循环控制条件，如例 3-16。

本质上 For 语句和 While 语句也是当型循环，可以很容易地改写成为 Do While/Loop 和 Do Until/Loop 语句

【例 3-17】 用 4 种 Do/Loop 语句形式编写程序，求 $S = 1 + 2 + \cdots + 100$。

格式一	格式二

i = 1
Do While i < = 100
  s = s + i
  i = i + 1
Loop
	i = 1
	Do
	  s = s + i
	  i = i + 1
	Loop While i < = 100

格式三	格式四

i = 1
Do Until i > 100
  s = s + i
  i = i + 1
Loop
	i = 1
	Do
	  s = s + i
	  i = i + 1
	Loop Until i > 100

本章共学习了 3 种循环语句 For/Next、While/Wend 和 Do/Loop。那么对于一个实际的循环问题，应该使用 3 种循环语句中的哪一种呢？通常情况下，这 3 种语句是通用的，但在使用上各有特色，略有区别。

一般来说，如果题目中给出了循环次数，首选 For/Next 语句，它看起来最清晰，循环的 4 个组成部分也一目了然。如果循环次数不明确，需要通过其他条件控制循环，且条件在进入循环时是明确的，通常选用 While/Wend 语句，如果必须先进入循环，在循环体内运算得到循环控制条件，再判断是否进行下一次循环，那么使用 Do/Loop 语句最合适。从功能上说 Do/Loop 语句最强，涵盖了前两种循环语句。

3.3.4 多重循环

在一个循环体内又包含了循环结构称为循环的嵌套。循环嵌套对 For 循环、While 循环和 Do/Loop 循环均适用。

1. 循环的嵌套

【例 3-18】 输出、观察二重循环中循环变量的变化。

程序

```
Private Sub Form_Click()
    Dim i As Integer, j As Integer
    For i = 1 To 3
        For j = 1 To 2
            Print i, j
        Next j
    Next i
End Sub
```

运行结果

```
1        1
1        2
2        1
2        2
3        1
3        2
```

说明

程序运行结果形式是每行输出变量 i,j 的值,i 在 1 ~ 3 之间变化,j 在 1 ~ 2 之间变化。运行时,首先外层循环变量 i 固定在一个值上,然后执行内层循环,内层循环变量 j 变化一个轮次;外层循环变量递增 1,再次进入内层循环,j 再变化一个轮次……共计循环 6 次,也就是每一重循环次数的乘积 3 ×2。循环变量值的变化如表 3-2 所示。

表 3-2 循环变量值的变化

i = 1	j = 1	输出:1 1(第一行输出)
	j = 2	输出:1 2(第二行输出)
i = 2	j = 1	输出:2 1(第三行输出)
	j = 2	输出:2 2(第四行输出)
i = 3	j = 1	输出:3 1(第五行输出)
	j = 2	输出:3 2(第六行输出)

【例 3-19】 输出 500 以内的全部素数,每行输出 10 个。

分析

例 3-12 学习了如何判断素数,现在要求对 2 ~ 500 之间的每个数进行判断,若是素数,则输出该数,所以共循环 499 次 (1 不是素数)。整个问题演化为:

```
For n =2 to 500
If  n 是素数 Then
    Print n
End If
Next n
```

判断数 n 是否为素数,只要判断数 n 能否被 2 ~ $\sqrt{n}$之间的数整除即可。把这个过程带入,就变成了嵌套循环(二重循环),外层循环针对 2 ~ 500 之间的所有数,而内层循环对其中的每一个数判断素数。

程序

```
Private Sub Form_Click()
    Dim n As Integer, m As Integer, i As Integer, Cnt As Integer
    For n  = 2 To 500
         m  = Sqr(n)
         For i  = 2 To m
           If n Mod i  = 0 Then Exit For
         Next i
         If i  > m Then
           Print Space(5  - Len(Str(n))); n;
           Cnt  = Cnt  + 1
           If Cnt Mod 10  = 0 Then Print
         End If
    Next n
End Sub
```

运行结果

```
  2    3    5    7   11   13   17   19   23   29
 31   37   41   43   47   53   59   61   67   71
 73   79   83   89   97  101  103  107  109  113
127  131  137  139  149  151  157  163  167  173
179  181  191  193  197  199  211  223  227  229
233  239  241  251  257  263  269  271  277  281
283  293  307  311  313  317  331  337  347  349
353  359  367  373  379  383  389  397  401  409
419  421  431  433  439  443  449  457  461  463
467  479  487  491  499
```

说明

程序中为了输出格式美观整齐,用了:

```
Print Space(5 - Len(Str(n))); n;
```

目的是在输出数据时用前面补空格的方法，使每个数都占用 5 列。

对于多重循环要注意外循环必须完全包含内循环，不能交叉。若循环体内有 If 语句，或 If 语句内有循环语句，也不能交叉。如下面的写法就是错误的。

内外循环交叉

```
For i = 1 To 10
  For j = 1 To 10
    …
  Next i
Next j
```

循环和 If 语句交叉

```
For i = 1 To 10
  If s > 1 Then
    …
  Next i
End If
```

2. 迭代问题

【例 3-20】 一个有趣的古典数学问题：有一对兔子，从出生后第 3 个月起每个月都生一对小兔子。小兔子长到第 3 个月后每个月又生一对小兔子。假设所有兔子都不死且不考虑遗传问题，问从第 1 个月起至第 12 个月，每个月的兔子总数为多少？

分析

可以从表 3-3 看出兔子数的变化规律。

表 3-3 兔子的变化规律

月 份	小兔子数	中兔子数	老兔子数	兔子总数
1	1	0	0	1
2	0	1	0	1
3	1	0	1	2
4	1	1	1	3
5	2	1	2	5
6	3	2	3	8
……	……	……	……	……

刚生下的兔子为小兔子，到第 2 个月为中兔子，到第 3 个月及以后为老兔子。可以看到每个月的兔子总数依次为 1,1,2,3,5,8…。这就是 Fibonacci 数列。

这个数列有如下特点：第 1,2 两个数为 1。从第 3 个数开始，都是其前两个数之和。即：

$F_1 = 1$ (n = 1)

$F_2 = 1$ (n = 2)

$F_n = F_{n-1} + F_{n-2}$ (n >= 3)

这就是迭代，已知 F_1，F_2，可以得到新值 F_3，再从 F_2，F_3 可以得到 F_4……

$F_n = F_{n-1} + F_{n-2}$ 是迭代公式，$F_1 = 1$，$F_2 = 1$ 是初值。

程序

```
Private Sub Form_Click()
    Dim f1 As Integer, f2 As Integer, f3 As Integer, i As Integer
```

```
    f1 = 1
    f2 = 1
    Print f1, f2,
    For i = 3 To 12
      f3 = f1 + f2
      Print f3,
      If i Mod 4 = 0 Then Print
      f1 = f2
      f2 = f3
    Next i
End Sub
```

运行结果

```
 1          1          2          3
 5          8         13         21
 34        55         89        144
```

说明

程序中用 f1,f2 表示前两个月的兔子数,用 f3 表示当前这个月的兔子数,每一个月过去后,f1、f2 的值要同时更新,f1 = f2,f2 = f3。本程序输出了 12 个月的兔子数,以 4 个数为一行。若要输出更多月份的兔子数,由于该数列项后面的数字很大,所以变量就不能用整型了,要用长整型或实型。

3. 穷举法

【例 3-21】 我国古代数学家在《周髀算经》中出了一道题:“鸡翁一,值钱五;鸡母一,值钱三;雏鸡三,值钱一。百钱买百鸡,问鸡翁、母、雏各几何?”也就是在当时用 100 元钱买 100 只鸡,其中公鸡每只 5 元,母鸡每只 3 元,小鸡 3 只 1 元,问可买公鸡、母鸡、小鸡各多少只?

分析

计算机处理此类问题,通常采用“穷举法”,所谓“穷举法”就是把所有可能的方案一一加以测试,找出其中符合要求的方案。

设公鸡有 x 只,母鸡 y 只,小鸡 z 只。则根据条件可以列出以下两个方程:

$$\begin{cases} x + y + z = 100 \\ 5x + 3y + \dfrac{z}{3} = 100 \end{cases}$$

这个方程组无法直接求解,但 x,y,z 的取值范围均为 0 ~ 100,因此将每一种可能的情况逐一测试,从中找出符合要求的一组解。对计算机来说,做重复的事就用循环来解决。本题中 x,y,z 按照各自的取值范围循环,需采用三重循环嵌套。

程序 1

```
Private Sub Form_Click()
```

```
    Dim x As Integer, y As Integer, z As Integer
    Print "公鸡", "母鸡", "小鸡"
    For x = 0 To 100
      For y = 0 To 100
        For z = 0 To 100
          If x + y + z = 100 And 5 * x + 3 * y + z /3 = 100 Then
            Print x, y, z
          End If
        Next z
      Next y
    Next x
End Sub
```

运行结果

```
公鸡      母鸡      小鸡
 0        25        75
 4        18        78
 8        11        81
12         4        84
```

说明

上述程序有一些值得改进的地方。首先由于最多只有 100 只鸡,公鸡的数量不会超过 20 只,母鸡的数量不会超过 33 只。另外,一旦公鸡、母鸡的数量确定下来后,小鸡的数量就是:100 - 公鸡数 - 母鸡数,因此程序可以改进如下:

程序 2

```
Private Sub Form_click()
    Dim x As Integer, y As Integer, z As Integer
    Print "公鸡", "母鸡", "小鸡"
    For x = 0 To 20
      For y = 0 To 33
      z = 100 - x - y
        If 5 * x + 3 * y + z /3 = 100 Then
          Print x, y, z
        End If
      Next y
    Next x
End Sub
```

说明

程序 1 共要进行 If 判断 101^3 次(101 × 101 × 101),而程序 2 只需要 If 判断 714 次(21 × 34),效率大大提高。计算机运行速度很快,但如果穷举法规模很大,还是非常耗时的,应尽量精简循环次数。

3.3.5　字符串处理

现实中,字符串的应用非常广泛,Windows 记事本、写字板、Word 以及计算机排版系统,都是围绕字符型数据进行的。在程序设计中,经常会用到诸如字符大小写的转换、字符的加密或解密、单词的统计等。其实 VB 处理字符串的操作,主要是运用 VB 提供的内部函数,包括比较字符串和搜索字符串,以及在字符串和其他数据类型之间的转换等。学习字符串处理要求读者在掌握基本的结构化编程基础上,熟悉 VB 中的字符串函数,如 Len、Mid、Left、Right、Instr 等。

【例 3-22】　从文本框中输入一字符串,求该字符串的逆串。

分析

Mid 函数可以用来求字符串的中间子串,如:Mid("Visual",6 ,1),取出来的是第 6 个字符“l”,若写成 Mid("Visual",i,1),i 由 6 变化到 1,就成了按逆序逐个取字符,把取出的字符连接起来,这就是逆串。

程序

```
Private Sub Form_Click()
    Dim s As String, n As Integer, i As Integer
    s = ""
    n = Len(Text1.Text)
    For i = n To 1 Step -1
        s = s + Mid(Text1.Text, i, 1)
    Next i
    Print s
End Sub
```

【例 3-23】　转换法信息加密。输入一行字符(明文),将其中的每个字符加上一小常数,小常数称为密钥,使其变成另一个字符(密文),从而达到保密的作用。例如:令小常数为 5,则字符“A”加 5 就变成了字符“F”,而字符“Z” 加 5 就变成了字符“E”,如图 3.13 所示。要求字母按上述规则转换,非字母字符不变。如“Happy!”转换为“Mfuud!”,实现数据加密。

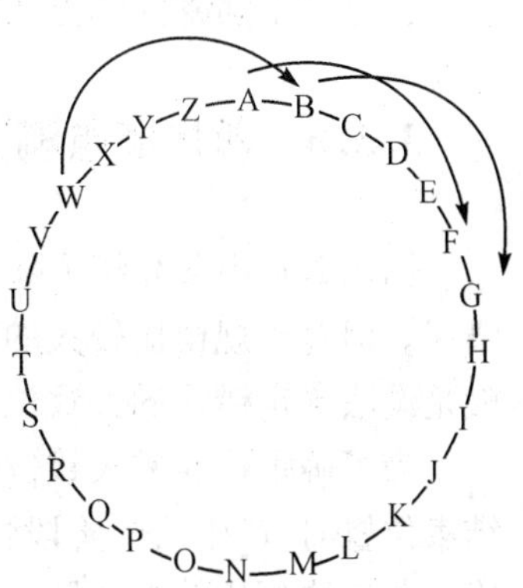

图 3.13　字符置换示意图

分析

假设输入的小常数为 5,程序对输入的字符处理办法是:先判定它是否为字母,若是,则将其值加 5(变成其后的第 5 个字母)。如果加 5 后字符值大于“Z”或“z”,则表示原来的字母在“U”或“u”之后,应按图 3.13 所示的规律将它转换为 A ~ E 或 a ~ e 之一。办法是使 ch 减 26,读者查 ASCII 码表即可清楚。

程序

```
Private Sub Form_Click()
    Dim str1 As String, str2 As String, i As Integer, Key As Integer, ch As String
    str1 = InputBox("请输入一行明文,下一行将输出密文")
    Key = Val(InputBox("请输入转换密钥"))
    For i = 1 To Len(str1)
        ch = Mid(str1, i, 1)
        If ch >= "a" And ch <= "z" Or ch >= "A" And ch <= "Z" Then
            ch = Chr(Asc(ch) + Key)
            If ch > "Z" And ch <= Chr(Asc("Z") + Key) Or ch > "z" Then
                ch = Chr(Asc(ch) - 26)
            End If
        End If
        str2 = str2 + ch
    Next i
    Print str1
    Print str2
End Sub
```

说明

此程序采用 For 循环语句,每次循环对一个字符加密,一直到字符串结束。请读者注意内嵌 If 语句的用法,如以下写法是错误的:

```
If ch > "Z" Or ch > "z" Then ch = Chr(Asc(ch) - 26)
```

因为当字母为小写时都满足 ch > "Z" 的条件,从而也执行 ch = Chr(Asc(ch) - 26) 语句;而对小写字母只要写 ch > "z" 就可以了,为什么?

这是一个加密的算法,请读者考虑解密的实现方法。

3.3.6 程序断点调试

第 3.2.6 小节介绍了通过单步调试来检查程序运行的中间结果,这样可以及时发现错误。但对于规模比较大的程序,单步调试效率太低。通常的做法是先进行错误定位,也就是设法确定错误的大致位置,然后通过 VB 提供的调试工具找出真正的错误。

为了确定错误的大致位置,可以先根据程序结构,把程序分成几块。当运行到每块的结束位置时,产生几个阶段性结果,通过检查这些块的阶段性结果可以确定各块是否正确。若该块仍比较大,可以进一步把它细分成更小的块,再对出错块进行单步调试,最终找出错误。

块的分割必须由编程者根据具体程序结构而定。一般可以把一个分支结构或循环体当作块,把完成某功能的一段顺序语句当作块。下面介绍如何让程序在需要的地方停顿,供检查。

1. 由光标决定停顿位置

使程序执行到光标位置所在的那一行暂停,步骤为:

(1)在需要暂停的行上单击,定位光标。

(2)单击菜单"调试"→"运行到光标处",如图 3.14 所示,或按〈Ctrl〉+〈F8〉。如果把光标移动到后面的某个位置,再按〈Ctrl〉+〈F8〉,程序将从当前的暂停点继续执行到新的光标位置,第二次暂停。

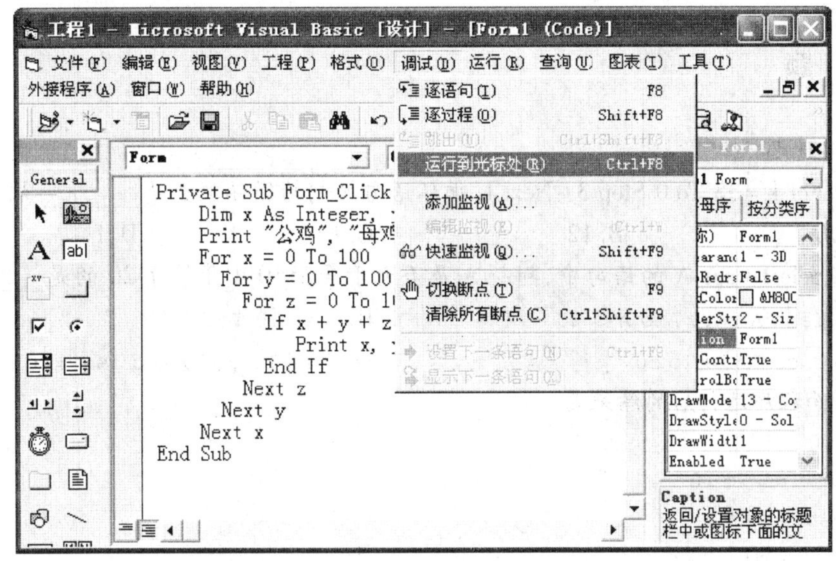

图 3.14 断点调试

2. 在需要暂停的行上设置断点

设置断点后,不论调试执行程序多少次,都会在断点上暂停。断点设置步骤如下:

(1)在需设置断点的行上单击鼠标,定位光标。

(2)单击菜单"调试"→"切换断点",如图 3.15 所示,或按〈F9〉。被设置了断点的行左面会有一个红色圆点标志,如图 3.16 所示。

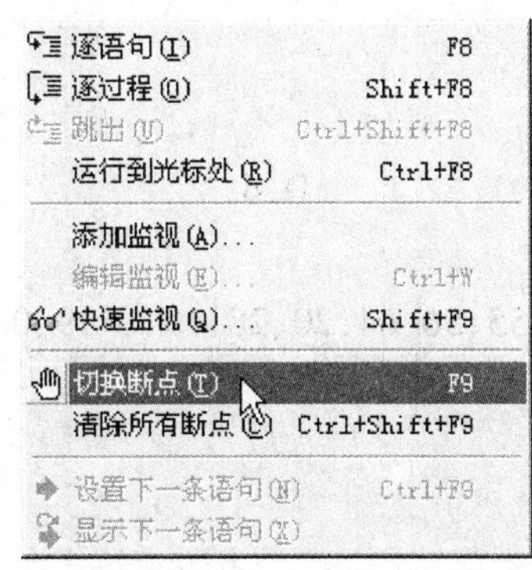

图 3.15 设置/切换断点

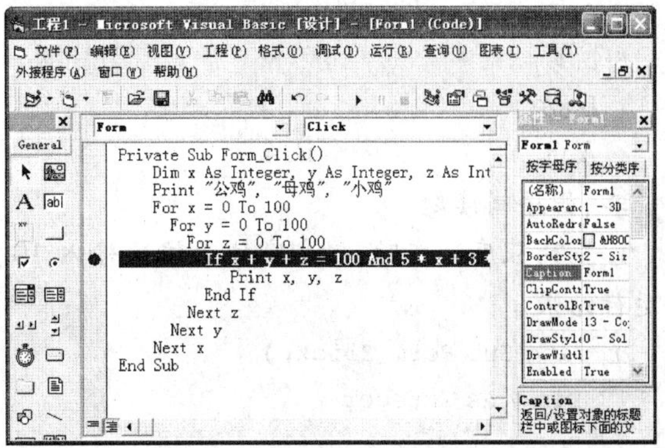

图 3.16 断点标志

(3)按运行按钮 ▸ 或〈F5〉,开始程序调试。程序运行到断点会自动暂停。

一旦设置了断点,不管是否还需要调试断点位置,每次调试执行程序时都会在断点上暂停。因此调试结束后应取消所定义的断点。方法是单击断点行左侧的红色圆点标志,若想取消所设的全部断点,单击菜单“调试”→“清除所有断点”即可。

不管是通过光标决定停顿位置还是设置断点,其所在的程序行必须是程序执行的必经之路,如不应该是分支结构中的语句。因为该语句在程序执行中受到条件判断的限制,有可能因条件的不满足而不被执行,这时程序将一直执行到结束或下一个断点为止。

习　题

一、单选题

1. 由 For k =35 To 0 Step 3 :Next k 循环语句控制的循环次数是________次 。

A. 0　　B. 12　　C. 1　　D. 11

2. 在 Select Case A 的语句中,判断 A 是否大于等于 10 小于等于 20 的是________。

A. `Case A >=10 And A <=20`　　B. `Case 10 To 20`

C. `Case Is 10 To 20`　　D. `Case Is >=10 And Is <=20`

3. 下面程序运行后的结果是________。

```
m=0
For i =1 To 10
    m=m+i
    i=i+1
Next i
Print m,i
```

A. 25　10　　B. 25　11　　C. 16　11　　D. 死循环

4. 将变量 x、y 中的最大数赋值给变量 a,正确的表示为________。

A. `a=x: If y>x Then a=y`　　B. `If y>x Then a=y: a=x`

C. `a= If y>x Then y Else x`　　D. `If y>x Then a=y Else a=x End If`

5. 若变量 i 的初值为 8,则下列循环语句的循环次数为________次。

```
Do While i <= 17
  i = i + 2
Loop
```

A. 3　　B. 4　　C. 5　　D. 6

二、程序阅读题

1. 下列程序运行时,单击窗体后依次输入 10、37、50、55、56、64、20、28、19、-19、0,写出运行结果。

```
Private Sub Form_Click()
    Dim y As Integer
    Do
      y = InputBox("y =")
```

```
    If (y Mod 10) + Int(y/10) = 10 Then Print y
  Loop Until y = 0
End Sub
```

2. 下列程序运行时,单击窗体后,写出窗体上显示的结果。

```
Private Sub Form_Click()
    Dim x As String, y As String, d As Integer
    Dim i As Integer, n As Integer
    x = "abcdefghijkl"
    d = Asc("a") - Asc("A")
    n = Len(x)
    y = ""
    i = 1
    Do While i < = n
        y = Chr(Asc(Mid(x, i, 1)) - d) + y
        i = i + 2
    Loop
    Print "y = "; y
End Sub
```

3. 下列程序运行后,写出单击命令按钮后的输出结果。

```
Private Sub Command1_Click()
    Dim i As Integer, j As Integer, n As Integer
    n = 6
    For i = 1 To n
        Print Tab(n - i + 1);
        For j = 1 To i
          Print Trim(Str(j));
        Next j
        For j = i - 1 To 1 Step -1
          Print Trim(Str(j));
        Next j
    Next i
End Sub
```

4. 下列程序运行时,单击 Command1, 然后在对话框(不包括引号部分)输入"China!",写出下列程序执行后窗体上的显示结果。

```
Private Sub Command1_Click()
    Dim i As Integer
    Dim Pstr As String, nstr As string
    Dim c As String
    Pstr = InputBox("输入一个字符串")
    For i = 0 To Len(Pstr) - 1
        c = Mid(Pstr, i + 1, 1)
```

```
        If (c > = "a" And c < = "z") Then
            c = Chr(Asc(c) + Asc("A") - Asc("a"))
        ElseIf (c > = "A" And c < = "Z") Then
            c = Chr(Asc(c) + Asc("a") - Asc("A"))
        End If
        nstr = nstr + c
    Next i
    Print Pstr
End Sub
```

三、程序填空题

1. 求下列表达式的值,直到最后一项的绝对值小于 10^{-5} 为止。请填入适当的内容,将程序补充完整。

$$1-\frac{1}{1!}+\frac{1}{2!}-\frac{1}{3!}+\frac{1}{4!}-\cdots$$

```
Private Sub Command1_Click()
    Dim s As Double,________
    Dim i As Integer
    i = 1 : ________ :t = 1
    Do While ________
       t = - t /i
       ________
       i = i + 1
    Loop
    Print s
End Sub
```

2. 在窗体上画一个命令按钮和一个文本框,然后编写命令按钮的 Click( )事件过程。程序运行后,在文本框中输入一串英文字母(不区分大小写),单击命令按钮,程序可找出未在文本框中输入的其他所有英文字母,并以大写方式降序显示到 Text1 中。例如,若在 Text1 中输入的是 abDfdb,则单击 Command1 按钮后,Text1 中显示的字符串是 ZYXWVUTSRQPONMLKJIHGEC。请填入适当的内容,将程序补充完整。

注:函数 InStr(x, y) 的作用是返回 y 字符串在 x 字符串中首次出现的位置,不存在,则返回值 0。

```
Private Sub Command1_Click()
    Dim str As String, s As String, c As String
    str = UCase(Text1.Text)
    s = ""
    c = "Z"
    While c >= "A"
        If InStr(str, c) = 0 Then
            s = ________
        End If
```

```
        c = Chr(Asc(c)__________)
    Wend
    If s <> "" Then
        Text1.Text = __________
    End If
End Sub
```

3. 从键盘上输入两个正整数 m 和 n，并求出 m 和 n 之间的所有完全数（完全数指这个数的因子之和等于这个数本身，如 6 的因子为 1,2,3，而 6 = 1 + 2 + 3，所以 6 就是一个完全数）。请填入适当的内容，并将程序补充完整。

```
Private Sub Form_Click()
    Dim sum As Integer
    Dim m As Integer, n As Integer
    Dim Temp As Integer
    m = InputBox("Please input the first integer")
    n = InputBox("Please input the second integer")
    If m > n Then
        Temp = m
        __________
        n = Temp
    End If
    For i = __________
        sum = 0
        For j = 1 To i - 1
            If i Mod j = 0 Then __________
        Next j
        If __________ Then Print i
    Next i
End Sub
```

四、程序设计题

1. 编制事件过程 Command1_Click( )，要求执行该过程时调用 InputBox( ) 函数输入 x，并按下式计算 $f(x)$，以标签控件 Label1 显示计算结果。

$$f(x)=\begin{cases}3x^2+2x-1 & x<-5\\ x\cdot\sin x+2^x & -5\leqslant x\leqslant 5\\ \sqrt{x-5}+\lg x & x>5\end{cases}$$

2. 编制 Form_Click( ) 事件过程求下述表达式的值，直到最后一项的绝对值小于 10^{-5} 为止，并在窗体显示计算结果。

$$\frac{1}{1\times 2}-\frac{1}{2\times 3}+\frac{1}{3\times 4}-\cdots+\frac{(-1)^{n+1}}{n\times(n+1)}$$

3. 设计一个程序，求下式 s 的值，其中 n 的值用InputBox( ) 函数输入。

$$s=1-\frac{2}{2!}+\frac{3}{3!}-\frac{4}{4!}+\cdots+(-1)^{n+1}\frac{n}{n!}$$

4. 编程,在窗体上输出九九乘法表。

5. 编程,在窗体上打印如图 3.17 所示的菱形图案。

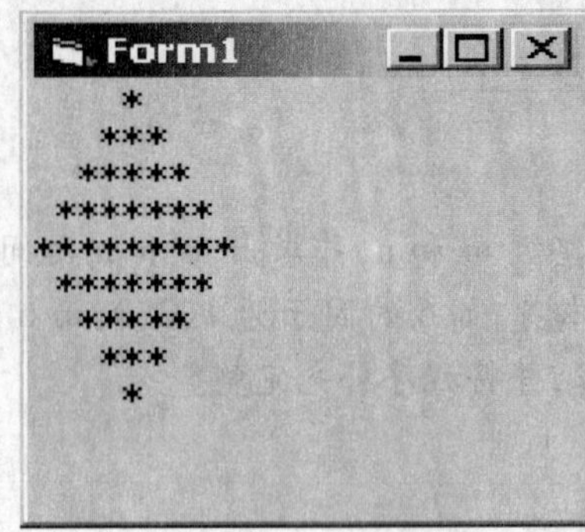

图 3.17 菱形图案

第 4 章

数 组

前面所使用的数据类型,如字符串、数值型、逻辑型等,都是简单类型。简单类型的变量只能存取一个数据,而实际应用中经常要处理同一性质的成批数据。例如要统计 100 个学生的成绩,若按简单变量使用,要逐一命名 mark1,mark2,mark3…mark100 来分别代表 100 个学生的成绩,若要求统计出这 100 个学生的最高分或平均成绩,则程序的编写工作量将十分巨大,而引入数组,编写程序将非常简洁明了。数组并不是一种数据类型,而是一组相同类型的变量的集合。数组必须先声明后使用,根据声明中下标的个数又分为一维数组,二维数组……。

4.1 一维数组

4.1.1 用一维数组求平均成绩

【例 4-1】 求 100 个学生某门课程的平均成绩,并输出高于平均成绩的人数。

分析

本例先用前面所学的简单变量和循环相结合的方法来做。

程序 1

```
Private Sub Form_Click()
    Dim total As Integer, avg As Single, n As Integer, i As Integer
    total =0 : n=0
    For i = 1 To 100
      a = Val(InputBox("请输入第" & i & "个学生的成绩"))
      total = total + a
    Next i
    avg = total /100
```

```
    For i = 1 To 100
      a = Val(InputBox("请输入第" & i & "个学生的成绩"))
      If a > avg Then n = n + 1
    Next i
    Print "平均分:"; avg, "高于平均分的人数:"; n
End Sub
```

说明

程序中变量 a 是一个简单变量,只能放一个学生的成绩,在循环体内输入一个学生的成绩,就把前一个学生的成绩覆盖掉了。所以要统计高于平均分的人数时,必须再重新输一遍这 100 人的成绩。这样输入数据的工作量成倍增加,而且若两次成绩输入不一致,则统计结果就会不正确。

下面用数组方法来解决。

程序 2

```
Private Sub Form_Click()
    Dim total As Integer, avg As Single, n As Integer, i As Integer
    Dim a(100) As Integer
    total =0 : n =0
    For i = 1 To 100
      a(i) = Val(InputBox("请输入第" & i & "个学生的成绩"))
      total = total + a(i)
    Next i
    avg = total /100
    For i = 1 To 100
      If a(i) > avg Then n = n + 1
    Next i
    Print "平均分:"; avg, "高于平均分的人数:"; n
End Sub
```

说明

在程序中用变量 a(1),a(2)…a(100)来存放 100 个学生的成绩。变量 a(1),a(2)…a(100)就是数组。从中可以看出,它们有一个共同的名字 a 称作数组名,元素类型都为整型,所不同的是每个数组变量名后都有一个称为下标的 i,它的作用是指明数组中第几个变量,如 a(2),就是第 2 个变量,也叫第 2 个元素,这个下标 i 称为下标变量。

值	元素
0	a(0)
68	a(1)
97	a(2)
85	a(3)
69	a(4)
76	a(5)
78	a(6)
63	a(7)
52	a(8)
…	…
92	a(100)

图 4.1 数组元素的存放

程序中先声明一个具有 101 个元素的数组,Dim a(100) As Integer,其实质是在内存中开辟了 101 个连续的内存单元,用于存放数组 a 的 100 个元素 a(1) ~ a(100)的值,a(0)元素空闲不用。这 100 个数组元素接收输入数据后,相应内存单元的存储内容如

图 4.1 所示。

在程序中使用数组的最大好处是用一个数组名代表逻辑上相关的一批数据，用下标区分该数组中的不同元素，通过和循环语句结合使用，使得程序书写简洁，操作方便。从实现求平均数的功能上，本例完全可以不用数组，但用数组写成后的程序条理清楚，而且使用数组后可以在程序中保留这 100 个数据的值，为后续统计高于平均分的人数带来了方便。

4.1.2 一维数组的定义和使用

1. 定义

使用数组必须先定义。定义数组用 Dim 语句，语句形式如下：

```
Dim 数组名(下标说明) [AS 数据类型] [,数组名(下标说明) [AS 数据类型]…]
```

说明

(1) 数组名是数组变量的名称，是一个合法的标识符，命名方法与普通变量名一样；下标是一个整型常量，用于确定数组的大小。

例如要声明两个包含 51 个元素的数组，一个存放姓名，为字符串型；一个存放年龄，为整型，则声明语句为：

```
Dim name1(50) As String
```

表示定义一个有 51 个字符型元素的数组 name1，即 name1(0) ~ name1(50)。

```
Dim age(50) As Integer
```

表示定义一个有 51 个整型元素的数组 age，即 age(0) ~ age(50)。也可以把两条语句写成一条语句

```
Dim name1(50) As String, age(50) As Integer
```

注意数组长度是一个整型常量表达式，该表达式中只可以包含常量和符号常量，不能包含变量，例如下面的用法就是错误的。

```
n =10
Dim a(n) as integer
```

(2) 下标说明的形式为：

```
<下标下界> To <下标上界>
```

其中，<下标下界>和<下标上界>为整型常量，上界值必须大于等于下界值。下标实际使用值不能超过说明语句中对应的下标上、下界，否则将出现程序运行错误。如 Dim b(4 To 6)，表示声明的数组 b 只有 3 个元素，即 b(4)，b(5)，b(6)，若用到了 b(3) 或 b(7) 元素，程序提示下标越界出错，如图 4.2 所示。

缺省下标下界时，默认值为 0。有时为了符合日常使用习惯，希望下界缺省值为 1，这时可用专用语句设置下界缺省值，语句形式如下：

```
Option Base {0 |1}
```

Option Base 1 表示将下界缺省值设置为 1。此时 Dim a(100) As Integer 就定义了数组元素 a(1) ~ a(100) 这 100 个元素。

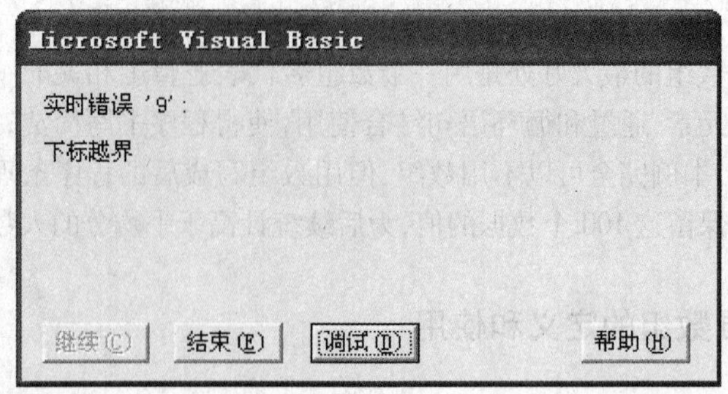

图 4.2 下标越界语法错误

2. 使用一维数组

数组定义后,就可以使用它,若定义类型为数值型,则所有元素的默认初值为 0。VB 语法还规定,只能引用单个数组元素,而不能一次引用整个数组。

(1)数组元素的引用。如定义了:`Dim a(10) As Integer, k As Integer` 则以下各条语句都是合法的 VB 语句。

```
k = 3
a(1) = 23
a(k) = a(k - 1) + a(k - 2)
Print a(k)
```

(2)给数组元素赋值。若仅是对个别元素赋值,可直接赋值。如:

```
a(5) = InputBox("")
```

给一维数组中的所有元素赋值,往往使用循环。例如给数组 a 产生 100 个 0 ~ 100 之间的随机整数,用以下程序段:

```
For i = 1 To 100
  a(i) = Int(Rnd * 101)
Next i
```

(3)输出一维数组。若只输出个别元素,可直接输出,如 Print a(5)。当输出一批数组元素时,往往使用循环。以下程序段是在窗体上输出 100 个元素,每行显示 5 个。

```
For i = 1 To 100
  Print a(i);
  If i Mod 5 = 0 Then Print        '换行
Next i
```

(4)访问数组。从上面的代码可以看出,对整个数组进行赋值、输出都采用循环结构,访问数组中各元素也同样采用循环。

【例 4-2】 利用数组计算 Fibonacci 数列的前 20 个数,每行打印 5 个数。

分析

例 3-20 已经讨论了 Fibonacci 数列的特点,也给出了具体的解法,本例用数组方法解决,迭代公式为 f(n) = f(n - 2) + f(n - 1),其中的每一项直接对应数组元素。

程序

```
Private Sub Form_Click()
    Dim i As Integer, total As Integer
    Dim f(20) As Integer
    f(1) = 1 : f(2) = 1
    For i = 3 To 20
      f(i) = f(i - 1) + f(i - 2)
    Next i
    For i = 1 To 20
      Print Space(6 - Len(Str(f(i)))); f(i);
      If i Mod 5 = 0 Then Print
    Next i
End Sub
```

运行结果

```
    1      1      2      3      5
    8     13     21     34     55
   89    144    233    377    610
  987   1597   2584   4181   6765
```

【例 4-3】 用随机函数产生 10 个两位正整数放在一维数组中,求其中的最小数,并把最小数与数组中的第一个元素交换位置。

分析

首先声明一维数组 a,用表达式 Int(Rnd * 90) +10 产生一个两位正整数,配合循环依次给数组 a 的 10 个元素赋值。然后设法求数组的最小数及其位置。最后用变量 min 保存最小数,变量 pos 保存最小数的位置。

```
Private Sub Form_Click()
    Dim a(10) As Integer, min As Integer, pos As Integer, t As Integer
    Dim i As Integer, j As Integer
    For i = 1 To 10
      a(i) = Int(Rnd * 90) + 10
      Print a(i);
    Next i
    Print
    min = a(1): pos =1                                  ┐
    For j = 2 To 10                                     │
        If min > a(j) Then min = a(j) : pos = j         ├  注①
    Next j                                              │
    t = a(1): a(1) = a(pos): a(pos) = t                 ┘
    Print min, pos
End Sub
```

仔细思考上述代码,知道最小数的位置 pos,可知道最小数的值,即 a(pos)。因此简化上述代码,去掉变量 min,并把找到的最小数交换到数组的第一个位置上去,把上述注①部分代码改写如下:

```
pos = 1
For j = 2 To 10
   If a(pos) > a(j) Then pos = j
Next j
t = a(1): a(1) = a(pos): a(pos) = t        '找到的最小数与第 1 个数交换位置
```

顺着这个思路,在留下的 9 个数中再次找最小数并把找到的最小数交换到数组的第 2 个位置上,重复上述过程,直至在最后的两个数中找最小数交换到数组的第 9 个位置上,这就是选择排序算法。

4.1.3 排序与检索

排序是指将一组数据按递增或递减的次序排列,在日常生活中排序算法应用相当广泛,如学生成绩排序、职工工资排序、球赛积分排序等等。排序的方法很多,本书介绍两种排序方法:选择排序和冒泡排序。排序的目的是为了更高效地检索数据,因此排序与检索是程序设计中非常重要的一环。

1. 选择法排序

【例 4-4】 用随机函数产生 30 个两位整数,按从小到大的顺序排序,并输出结果。

分析

程序分 3 个功能块:定义整型数组 a,并对数组元素赋值;对数组 a 排序;输出数组 a。

```
Private Sub Form_Click()
  Dim a(30) as Integer                   '定义整型数组 a
  For i = 1 To 30
     a(i) = Int(Rnd * 90) + 10           '对数组元素赋值
  Next i
'排序开始
  For i = 1 To 29
    Pos = i
    For j = i + 1 To 30
      If a(Pos) > a(j) Then Pos = j
    Next j
    If i < > Pos Then nTemp = a(i) : a(i) = a(Pos) : a (Pos) = nTemp
  Next i
'打印数组元素
  For i = 1 To 30
    Print a(i);
```

```
  Next i
End Sub
```

排序是程序的核心部分,本例采用了选择排序法。所谓选择排序法就是对 n 个数据,每次选出未排序数中的最小者,并把它放在未排序数的最前面,重复 n-1 次,所有的数将按序排列。为方便读者理解选择排序法的排序过程,以下用原始数据 8,3,5,2,4,1 来示意说明。

原始数据:	8	3	5	2	4	1	
第一次选择过程:	(1)	3	5	2	4	(8)	本轮找到最小数 1,交换到第 1 个位置上
第二次选择过程:	1	(2)	5	(3)	4	8	本轮找到最小数 2,交换到第 2 个位置上
第三次选择过程:	1	2	(3)	(5)	4	8	本轮找到最小数 3,交换到第 3 个位置上
第四次选择过程:	1	2	3	(4)	(5)	8	本轮找到最小数 4,交换到第 4 个位置上
第五次选择过程:	1	2	3	4	5	8	本轮找到最小数 5,交换到第 5 个位置上
最后结果:	1	2	3	4	5	8	

其中,第 i 轮找最小数的方法是:设第 i 个数为最小数,与它后面的所有数 a(i+1),a(i+2)…a(30)逐个比较,若发现有更小数,用变量 Pos 记录位置。

```
Pos = i
For j = i + 1 To 30
  If a(Pos) > a(j) Then Pos = j
Next j
```

完成本轮比较后,若变量 Pos 记录的位置不是初始位置(Pos <> i),则将 Pos 位置上的数与第 i 个位置上的数交换。

```
Temp = a(i) : a(i) = a(Pos) : a (Pos) = Temp
```

原始数据有 30 个,所以上述过程共进行 29 轮。可以类推得到,若有 n 个数排序,则要进行 n-1 轮的选择。

以上面第一次选择过程为例,为找到最小数并把它放到数组的第一个元素位置,看看变量 Pos 的值是如何变化的。第一次选择开始:8,3,5,2,4,1。假设第 1 个数 8 就是最小数,用变量 Pos 记录位置,即 Pos=1,随后与后面的数(从第 2 个开始直到最后一个)逐个比较,若有更小数,用变量 Pos 记录位置,因此 Pos 的取值依次为 2,4,6。第一次选择过程结束后变量 Pos 的值为 6,意思是第 6 个数是本轮比较后的最小数位置,与所设初值不同,说明最小数不在原位置上,则交换数据,此轮把第 1 个位置上的数 8 与第 6 个位置上的数 1 交换位置。第一次选择结束后,数据为 1,3,5,2,4,8。

以上介绍的排序过程称作优化的选择排序算法,每一轮找到最小数,并交换到指定位置,只交换一次。

若把上面程序中的变量 Pos 省略掉,第 i 轮选择时,设 a(i)为最小数,将 a(i) 与它后面的所有数 a(i+1), a(i+2)… a(n)逐个比较,若 a(i) >a(j) (j=i+1, i+2… n),直接交换 a(i)与 a(j)。以第一次选择过程为例:

原始数据：	8	3	5	2	4	1	
第一次选择过程：	(8)	(3)	5	2	4	1	8 > 3，交换
	(3)	8	(5)	2	4	1	3 < 5，不交换
	(3)	8	5	(2)	4	1	3 > 2，交换
	(2)	8	5	3	(4)	1	2 < 4，不交换
	(2)	8	5	3	4	(1)	2 > 1，交换
第一次选择结果：	1	8	5	3	4	2	

从上面的第一次选择过程可以看到，为找到最小数并把它放到数组的第一个位置，要进行 5 次比较，且其中 3 次需交换数据的位置。所以排序的效率较低，但代码简单，称之为直接选择排序法。直接选择排序程序如下：

```
Private Sub Form_Click()
    Dim a(30) as Integer                    '定义整型数组 a
    For i = 1 To 30
        a(i) = Int(Rnd * 90) + 10           '对数组元素赋值
    Next i
    '直接选择排序
    For i = 1 To 29
      For j = i + 1 To 30
        If a (i) > a (j) Then
          nTemp = a (i)
          a (i) = a(j)
          a(j) = nTemp
        End If
      Next j
    Next i
  '打印数组元素
    For i = 1 To 30
      Print a(i);
    Next i
End Sub
```

2. 冒泡法排序

冒泡排序算法也是一种常用的排序算法。假设有 n 个元素的数组 a，要求按从小到大的顺序排序。冒泡排序算法的基本思想是：

①从第一个元素开始，对数组中相邻元素两两比较，即 a(1) 与 a(2) 比较，若 a(1) > a(2)，则 a(1) 与 a(2) 交换；然后 a(2) 与 a(3) 比较……直至最后 a(n-1) 与 a(n) 比较，这样一轮比较完毕，一个最大的数“沉底”，成为数组中的最后一个元素 a(n)，一些较小的数如同气泡一样“上浮”一个位置。

②然后对 a(1) ~ a(n-1) 这 n-1 个数进行同步骤①的操作，次最大数放入 a(n-1)

元素内,完成第二轮冒泡;以此类推,对 n 个数进行 n－1 轮冒泡排序后,n 个数实现了从小到大的排序。具体过程见图 4.3 和图 4.4。

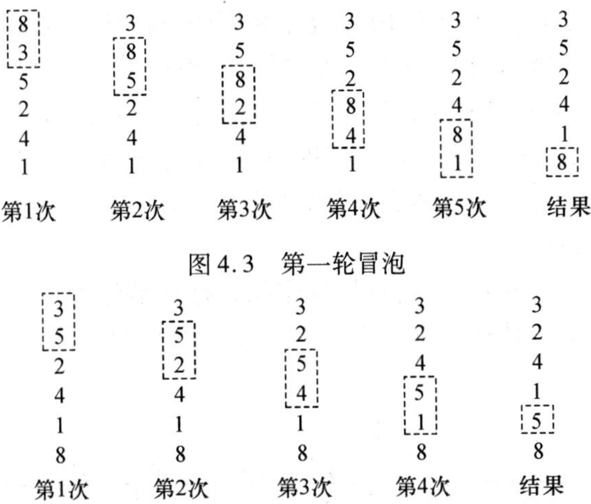

图 4.3 第一轮冒泡

图 4.4 第二轮冒泡

③分析可知,对 n 个数需进行 n－1 轮冒泡。第 i 轮冒泡相邻数两两比较 n－i 次。

```
For i =1 to n -1
  For j =1 to n - i  ⎫
    相邻数两两比较     ⎬  第 i 次冒泡
  Next j             ⎭
Next i
```

冒泡排序算法的完整程序如下:

```
Private Sub Form_Click()
    Dim a (30) As Integer
    For i  = 1 To 30
        a(i)  = Int(Rnd * 90)  + 10
    Next i
    For i  = 1 To 29
      For j  = 1 To 30 - i
          If a(j)  > a(j  + 1) Then
             Temp  = a(j)
             a(j)  = a(j  + 1)
             a(j  + 1)  = Temp
          End If
      Next j
    Next i
    For i  = 1 To 30
      Print a (i)
    Next i
End Sub
```

3. 检索

【例 4-5】 假设数组 a 中已有 10 个互不相同的且按从小到大排列的数,现从键盘输入一个同类型的数 x,在数组 a 中查找 x,如果找到,删除该数,否则,输出"not found"。假设原始数据为:2,3,5,8,12,13,14,15,18,20,要找的数为 12。

(1)顺序查找。先用较简单的方法实现查找,就是在数组 a 中从第一个元素开始逐个向后比较,若相等则找到,删除该数;否则继续比较第二个……如果都没有找到,说明 x 不在数组 a 中,输出"not found"。

删除数据的基本思想是:首先要查找待删除数据在数组中的位置 Pos,然后从 Pos 元素开始直至最后一个元素依次往前移动一个位置。最后数组元素个数减 1,操作示意图见图 4.5。

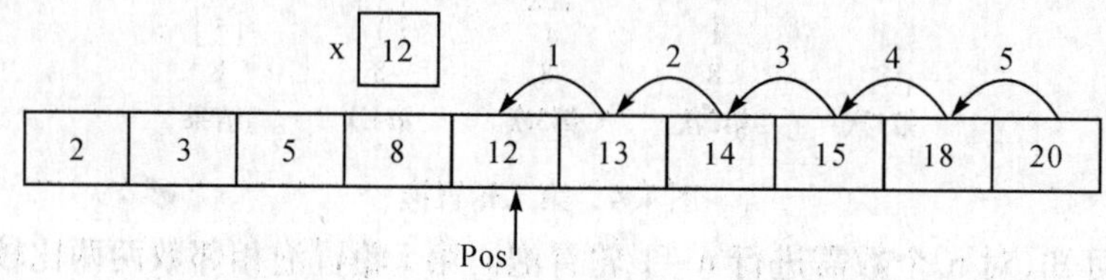

图 4.5 删除操作示意图

程序

```
Private Sub Form_Click()
    Dim a(10) As Integer, x As Integer, i As Integer
    a(1) = 2: a(2) = 3: a(3) = 5: a(4) = 8: a(5) = 12
    a(6) = 13: a(7) = 14: a(8) = 15: a(9) = 18: a(10) = 20
    x = Val(InputBox("x = "))
    Pos = 0
    For i = 1 To 10
      If x = a(i) Then Pos = i : Exit For
    Next i
  '循环体中用 Exit for 语句增加循环控制出口,循环结束后需要通过判断 Pos 的值来决定循环结果
    If Pos <> 0 Then
      For j = Pos to 9
        a(j) = a(j + 1)
      Next j
    Else
      Print "not found"
    End If
End Sub
```

说明

上面这种查找方法在程序设计中称为顺序查找。优点是算法比较简单,但是当数组

a 很大(元素很多)时,算法的效果就不太好了。本题在 10 个数中若要找 20,就要找 10 次。事实上,本题给出的 10 个数从小到大排列的已知条件在上面的算法中并没有用到,如果利用这一条件,则可以从另一个角度重新设计算法,那就是折半查找算法。

(2)折半查找算法。首先比较 x 和数组 a 的中间元素,如果相等,则找到;如果 x 小,该数只可能在数组 a 的前半部分;如果 x 大,该数只可能在数组 a 的后半部分。具体算法如下:

S1:设循环初值:下界 low = 1,上界 high = 10

S2:循环条件:直到(high < low)

S3:循环体:midd = (low + high)/2

若 x = a(midd),则找到,结束循环

S4:循环变化:
- 若 x < a(midd) 表示落在数组 a 的前半部分,调整上界 high = midd - 1
- 若 x > a(midd) 表示落在数组 a 的后半部分,调整下界 low = midd + 1

程序

```
Private Sub Form_Click()
   Dim a(10) As Integer, low As Integer, high As Integer, midd As Integer
   a(1) = 2: a(2) = 3: a(3) = 5: a(4) = 8: a(5) = 12
   a(6) = 13: a(7) = 14: a(8) = 15: a(9) = 18: a(10) = 20
   x = Val(InputBox("x = "))
   low = 1
   high = 10
   Do While low < = high
     midd = (low + high) /2
     If x = a(midd) Then
        Exit Do
     ElseIf x < a(midd) Then
        high = midd - 1
     Else
        low = midd + 1
     End If
  Loop
  '循环体中用 Exit Do 语句增加循环控制出口,循环结束后需要通过判断条件 low > high 来决定循环结果
    If low > high Then
      Print "not found!"
    Else
      Print "要找的数的位置在第:"; midd
    End If
End Sub
```

假设用折半查找算法查找 18,low、high、midd 三个指示下标的变量在程序中的变化情况如下:

循环开始前。low = 1, high = 10

第一次循环。midd = 5;18 > 12,调整 low = 6,high 不变

第二次循环。midd = 8;18 > 15,调整 low = 9,high 不变

第三次循环。midd = 9;18 = 18,结束循环

可以看出,折半查找算法的查找效果要远优于顺序查找算法,这种优势当待查找的数据越多时越明显。

【例 4-6】 假设数组 a 中有 10 个互不相同的且按从小到大排列的数,从键盘上输入一个同类型的数 x,然后在数组 a 中插入 x,使这组数据仍然有序。假设原始数据为:2,3,5,8,12,13,14,15,18,20,要插入的数为 11。

插入元素的基本思想是:

①首先查找待插入数在数组中的位置 Pos。

②然后从最后一个元素开始直至下标为 Pos 的元素依次往后移动一个位置。

③第 Pos 个元素的位置空出,将数据插入。最后数组元素个数加 1,操作示意图见图 4.6。

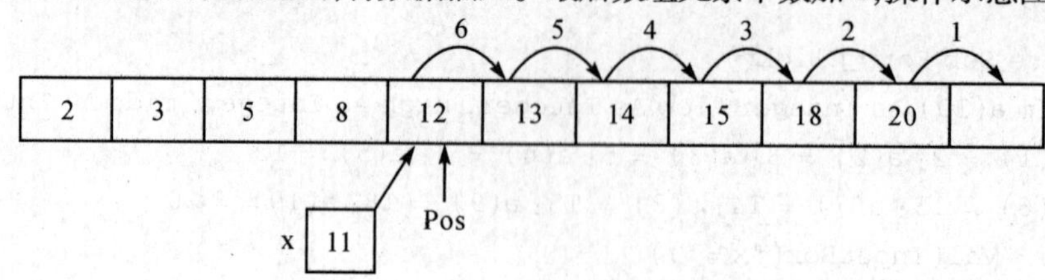

图 4.6 插入元素示意图

程序

```
Private Sub Form_Click()
    Dim a(11) As Integer, x As Integer, i As Integer, Pos As Integer
    a(1) = 2: a(2) = 3: a(3) = 5: a(4) = 8: a(5) = 12
    a(6) = 13: a(7) = 14: a(8) = 15: a(9) = 18: a(10) = 20
    x = Val(InputBox("x = "))
    For i = 1 To 10
      If x < a(i) Then Exit For
    Next i
    Pos = i
    For j = 10 To Pos Step - 1
        a(j + 1) = a(j)
    Next j
    a(Pos) = x
    For i = 1 To 11
      Print a(i);
    Next i
    Print
End Sub
```

4.2 二维数组

一维数组是一个队列，二维数组就是一个矩阵，就像教室里的位置由行和列才能确定具体座位一样，二维数组的每个元素需要两个下标来确定。

4.2.1 用二维数组求平均成绩

【例 4-7】 现有 5 个同学 3 门课程的成绩，求每个同学的平均成绩。

分析

5 个同学的 3 门课程可以用一张二维表形象地表示，如表 4-1 所示。

表 4-1 例 4-7 的成绩二维表

	语文	数学	英语
张浩	78	82	91
李华	90	69	83
王平	81	85	88
苏凯	67	72	83
赵峰	79	78	64

若要知道王平同学的数学成绩，只要定位到第 3 行第 2 列即可，成绩是 85 分。

程序

```
Private Sub Form_Click()
    Dim a(5, 3) As Integer, aver(5) As Single, i As Integer, j As Integer
    For i = 1 To 5
      For j = 1 To 3
        a(i, j) = Val(InputBox("请输入第" & i & "个学生的" & j & "门课成绩"))
      Next j
    Next i
    For i = 1 To 5
      For j = 1 To 3
        aver(i) = aver(i) + a(i, j)
      Next j
      aver(i) = aver(i) /3
    Next i
    For i = 1 To 5
      Print "第" & i & "个同学的平均成绩是:"; aver(i)
```

```
    Next i
End Sub
```

该程序中第一次使用了有两个下标的数组 a,它就是 VB 语言中的二维数组。其与一维数组不同的是,数组的元素要受到两个下标的控制,即行下标和列下标。本题中二维数组 a 和一维数组 aver 如图 4.7 所示。

列 / 行	j=1	j=2	j=3
i=1	78	82	91
i=2	90	69	83
i=3	81	85	88
i=4	67	72	83
i=5	79	78	64

(a)

83.67
80.67
84.67
74.00
73.67

(b)

图 4.7 二维数组与一维数组示意图

4.2.2 二维数组的定义和使用

1. 定义

二维数组的定义形式如下:

Dim 数组名(行下标说明,列下标说明) [AS 数据类型] [,…]

其中,数组名、下标说明的要求、格式与一维数组相同,只是多了一个列下标说明。例如,要声明 2 个二维数组,一个含 10×10 个字符串型的元素;另一个的第一维上下界区间为[3,5],第二维上下界区间为[0,20],并且存放整形数据。声明语句为:

```
Dim a(9, 9) As String, b(3 To 5, 20) As Integer
```

2. 使用二维数组

声明二维数组后,计算机就为它分配存储空间,程序中就可以引用这些元素了。引用二维数组元素要指定 2 个下标,即行下标和列下标,形式为:

数组名(行下标,列下标)

如定义了 Dim a(5, 3) As Integer, b(3 To 5, 20) As Integer,则以下各条语句都是合法的 VB 语句:

```
a(2,2) =1
a(i , i) =i
a(k*2,3) =5
b(i,j) =b(i -1,j -1) +b(i -1,j)          '注意下标不能越界
```

下面的用法就是错误的:

```
a(7) =10
b(1,3) =3
```

第一个是维数不正确,另一个是下标越界。

VB 语言中,二维数组的元素在内存中按行存放,即先存放第 1 行元素,再存放第 2 行元素……其中每一行的元素再按照列的顺序存放。图 4.8 给出了数组 a 中各元素在内存中的存放顺序。

78	82	91	90	69	…	79	78	64
A(1,1)	a(1,2)	a(1,3)	a(2,1)	a(2,2)		a(5,1)	a(5,2)	a(5,3)

图 4.8　二维数组中元素的存储顺序

3. 引用数组元素

数组元素的引用方法与同类型变量的引用方法完全相同。

(1)给数组元素赋值:若仅对个别元素赋值,只要直接用如 a(1,1) = InputBox("")就可以了。若给二维数组中的所有元素赋值,则要使用二重循环,外层循环控制行,内层循环控制列。当外层循环固定在某一行上时,内层循环遍历本行的所有元素。给一个 5 行 5 列的二维数组元素赋值的程序段如下:

```
For i =1 to 5
  For j =1 to 5
      a(i)  =i +j
  Next j
Next i
```

(2)输出二维数组:若只输出个别元素,只要直接用如 Print a(1,1)就可以了;若要输出二维数组中的所有元素,需要使用二重循环。以下程序段是在窗体上输出 5 ×5 矩阵,注意输出格式。

```
For i =1 to 5
    For j =1 to 5
      Print a(i,j);
    Next j
    Print
Next i
```

(3)访问数组:从上面的代码可以看出,对整个数组进行赋值、输出都采用二重循环结构,访问数组中各元素也同样采用二重循环。

【例 4-8】　输入一个正整数 n ($1 < n \leq 6$),生成 $n \times n$ 的方阵,然后将方阵转置输出。

例如当 $n=3$ 时,有

转置前:

$$\begin{bmatrix}1 & 2 & 3\\4 & 5 & 6\\7 & 8 & 9\end{bmatrix}$$

转置后:

$$\begin{bmatrix}1 & 4 & 7\\2 & 5 & 8\\3 & 6 & 9\end{bmatrix}$$

分析

首先可以得出数组元素的表达式为:a(i,j) = (i-1) * n + j。

因为n最大取值6,所以定义1个6×6的二维数组,转置的处理就是行列元素互换,即a(i, j) 和 a(j, i)互换。

程序

```
Private Sub Form_click()
    Dim a(6, 6) As Integer, i As Integer, j As Integer,n as integer
    n = val(inputbox(""))
    For i = 1 To n                          '给二维数组赋值
        For j = 1 To n
            a(i, j) = (i - 1) * n + j
        Next j
    Next i
    For i = 1 To n                          '输出原始二维数组
        For j = 1 To n
            Print a(i, j)
        Next j
        Print
    Next i
    For i = 1 To n                          '二维数组转置
        For j = 1 To i
            t = a(i, j): a(i, j) = a(j, i): a(j, i) = t
        Next j
    Next i
    For i = 1 To n                          '输出转置后的二维数组
        For j = 1 To n
            Print a(i, j)
        Next j
        Print
    Next i
End Sub
```

【例4-9】　打印杨辉三角形,杨辉三角形如图4.9所示。

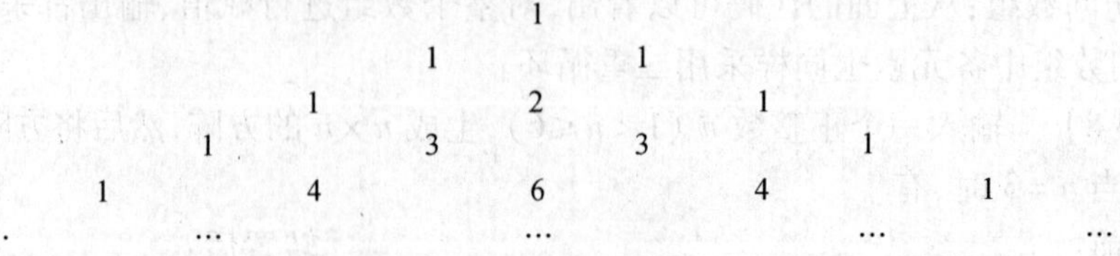

图4.9　杨辉三角形

分析

打印杨辉三角形,需要解决两个问题。一是如何计算并保存这些数据,二是格式怎么打印。对于前一个问题，只要把图 4.9 的图形稍作变化，就成了矩阵的下三角部分，如图 4.10 所示，自然就想到用二维数组来保存数据；第二个问题可以通过控制每行的起始打印位置及换行来解决。

```
1
1    1
1    2    1
1    3    3    1
1    4    6    4    1
...  ...  ...  ...  ...
```

图 4.10　变化杨辉三角形

程序

```
Private Sub Form_Click()
    Dim y(15, 15) As Integer, n As Integer, i As Integer, j As Integer
    n = Val(InputBox("输入杨辉三角形的行数"))
    '对矩阵 y 的第一列和主对角线元素赋初值 1
    For i = 1 To n
            y(i, 1) = 1 : y(i, i) = 1
    Next i
    '从第 3 行第 2 列开始，每个元素的值等于其上一行对应元素的值加其左上角元素的值
    For i = 3 To n
            For j = 2 To i - 1
                y(i, j) = y(i - 1, j - 1) + y(i - 1, j)
            Next j
    Next i
    '打印出杨辉三角形的形状，需考虑每一行怎么打，打印多少行
    For i = 1 To n
            Print Space(50 - 3 * i);                    '每行的起始打印位置
            For j = 1 To i
                Print Space(6 - Len(Str(y(i, j)))); Trim(Str(y(i, j))); '每个数占据 6 列
            Next j
            Print                                       '每行打印完毕需回车换行
    Next i
End Sub
```

在二维数组的处理中经常会用到诸如下三角矩阵、上三角矩阵和主从对角线的问题，这些可以从行下标和列下标的相互关系中找到答案。如对下三角矩阵元素赋值 1 可以使用以下两种方法之一。

方法一：

```
For i = 1 To n
     For j = 1 To i - 1
     y(i, j) = 1
     Next j
```

```
Next i
```

方法二：

```
For i = 1 To n
    For j = 1 To n
    If i > = j Then y(i, j) = 1
    Next j
Next i
```

4.3 动态数组

在前面声明一维或二维数组时，规定下标必须是整型常量，也就是在定义时确定了数组的大小，对于这类在声明时固定大小的数组称为固定数组。如果在定义时无法确定，而需要在程序运行时才能明确数组的大小，则可以使用动态数组。

4.3.1 动态数组的定义

定义动态数组分两步完成。

①Dim 数组名()[as 类型名]

②ReDim 数组名(下标说明)

步骤①用于声明一个空维数组，步骤②是为数组分配实际空间。如定义一维数组 a，数组大小 n 由键盘输入，程序如下：

```
Dim a() As Integer
n = InputBox("")
ReDim a(n)
```

使用动态数组的优点是可以根据用户需要而有效地利用存储空间。动态数组是在程序执行到 ReDim 语句时分配存储空间的。在此过程中，可以多次使用 ReDim 来改变数组的大小，也可改变数组的维数，如继续重定义数组 a 为两维数组：ReDim a(n,n)。但注意数组的类型在声明完后不能再次改动。每次使用 ReDim 语句都会使数组中原来的元素值丢失，若需要保留原数据可以在 ReDim 语句后加 Preserve 参数，如 ReDim Preserve a(n)。

【例 4-10】 建立一个 n 行 n 列的二维数组，n 从键盘输入，数组元素值是由随机函数产生[10,99]之间的正整数，求该数组对角线上各元素的平均值。

程序

```
Private Sub Form_Click()
    Dim a() As Integer
    Dim i As Integer, j As Integer
    Dim s As Single, v As Single
```

```
    Dim n As Integer
    n = InputBox("n = ")
    ReDim a(n, n)
    s = 0
    For i = 1 To n
      For j = 1 To n
        a(i, j) = Int(Rnd * 90) + 10
      Next j
    Next i
    For i = 1 To n
      For j = 1 To n
        Print a(i, j);
      Next j
      Print
    Next i
    For i = 1 To n
      For j = 1 To n
        If i = j Or i + j = n + 1 Then s = s + a(i, j)
      Next j
    Next i
    If n Mod 2 = 0 Then
      v = s /(2 * n)
    Else
      v = s /(2 * n - 1)
    End If
    Print "v = "; v
End Sub
```

运行结果(当输入 5 时)

```
 73   58   62   36   37
 79   11   78   83   73
 14   47   87   81   43
 96   88   15   95   42
 57   79   14   63   52
v =64.77778
```

4.4 控件数组

4.4.1 控件数组的概念

控件数组是由一组相同类型的控件组成。它们共用一个控件名,具有相同的属性。当建立控件数组时,系统给每个元素赋一个惟一的索引号(Index),通过属性窗口的Index属性,可以知道该控件的下标是多少,系统默认第1个控件的下标为0。例如控件数组Command1(3)表示控件数组名为Command1的第4个元素。

4.4.2 控件数组的建立

控件数组的建立步骤:

(1)在窗体上画出某控件,进行控件名称(Name)属性的设置,这是建立的第一个元素。

(2)在窗体上画出相同的第二个控件,并且取与第一个控件相同的名字;或对第一个控件进行复制(Copy)和粘贴(Paste)操作,系统提示如图4.11所示。

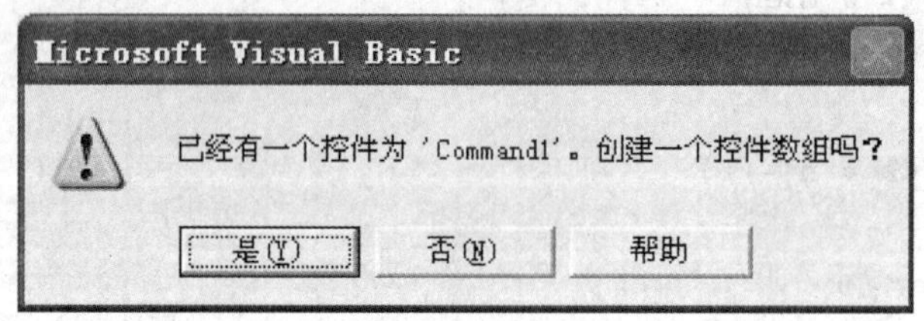

图4.11 复制控制提示

单击"是",建立一个控件数组。把新粘贴的控件移到窗体的合适位置。如此进行若干次粘贴(Paste)操作,就建立了所需个数的控件数组元素。

对控件数组元素,同样也有属性、方法、事件。控件数组元素的属性、方法、事件与它的非数组同类控件一样,但有一个重要的属性是Index属性,它表示控件数组的索引值,相当于数组下标,表示第几个控件,程序中利用它来区分控件。

(3)访问控件数组元素也与访问普通元素一样,通过控件名称(索引值)来确定第几个控件。如控件数组名为Command1,现要将索引号为2的命令按钮的Caption属性设置为"问候",则可以使用如下代码:

```
Command1(2).Caption = "问候"
```

如果对一批控件数组元素操作,还可用循环实现,如:

```
For i = 0 to 2
  Command1(i).Caption = "问候" & i
Next i
```

(4)进行事件过程的编写。控件数组适用于若干个控件执行相似操作的场合,控件数组可共享同样的事件过程。例如,控件数组 Command1 有 4 个元素,对应 4 个命令按钮,则不管单击哪一个命令按钮,都会调用同一个事件过程 Command1_Click( )。

为了区分具体是单击哪一个命令按钮所触发的事件,VB 会把下标值传递给过程。因此调用的事件过程中有一个形参 Index,如下:

```
Private Sub Command1_Click(Index As Integer)
    …
End Sub
```

通过参数 Index 知道用户按了哪个按钮,然后进行相关的编程。例如:

```
Private Sub Command1_Click(Index As Integer)
    If Index =3 Then
        Command1(Index).Caption = "第四个命令按钮"
    End If
End Sub
```

表示若按了 Command1(3)命令按钮,该按钮显示“第四个命令按钮”字符串。

【例 4-11】 建立含有 3 个命令按钮的控件数组,当单击某个命令按钮时,显示该命令按钮的标题字符串。

程序

```
Private Sub Command1_Click(Index As Integer)
    Form1.Print Command1(Index).Caption
  End Sub
  Private Sub Form_Load()
    For i = 0 To 2
        Command1(i).Caption = "第" & (i + 1) & "个命令按钮"
    Next i
End Sub
```

运行结果

程序运行结果如图 4.12 所示。

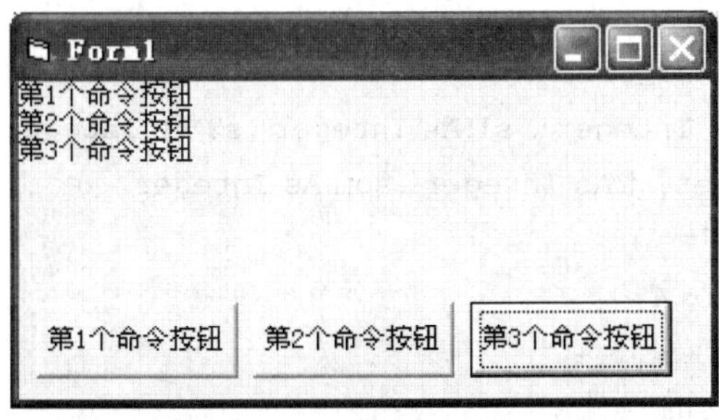

图 4.12　例 4-11 的运行结果

说明

当程序运行时单击命令按钮,对应的索引值 Index 自动作为 Command1_Click( )事件的参数传给事件过程,于是就可以在过程中使用这个参数 Index 了。

习 题

一、单选题

1. 下列数组声明正确的是________。

A. `n = 5`
   `Dim a(1 To n) As Integer`

B. `Dim a(10) As Integer`
   `ReDim a(1 To 12)`

C. `Dim a() As Single`
   `ReDim a(3 ,4) As Integer`

D. `Dim a() As Integer`
   `n = 5`
   `ReDim a(1 To n)`

2. 在声明 Dim x(0 To 3,3 To 4)后,x 数组可存放元素________个。

A. 4　　B. 6　　C. 8　　D. 12

3. 声明数组 Dim a(3,4)后,在缺省状态下,使用________将出现下标越界错误。

A. a(1,1)　　B. a(3,0)　　C. a(4,4)　　D. a(3,4)

4. 5 个名称为 Label1 的控件组成了控件数组,现将其置为空串,正确的程序是________。

A. `For i = 0 To 4 :Label1.Caption(i) = "" :Next i`

B. `For i = 0 To 4 :Label(i).Caption = "" :Next i`

C. `For i = 0 To 4 :Label1(i).Caption = "" :Next i`

D. `For i = 0 To 4 :Label1.Caption = "" :Next i`

5. 用 InputBox( )函数为数组 B 的所有元素 B(0),B(1),B(2)…B(9)依次赋值,正确的写法是________。

A. `For i = 0 To 9 :B(i) = InputBox:Next i`

B. `B = InputBox("")`

C. `B(i) = InputBox("")`

D. `For i = 0 To 9 :B(i) = InputBox(""):Next i`

二、程序阅读题

1. 在窗体上有名为 Command1 的命令按钮,程序运行后,单击命令按钮,写出窗体上输出的结果。

```
Private Sub Command1_Click()
    Dim a (5, 5) As Integer , s1 As Integer ,s2 As Integer
    Dim i As Integer, j As Integer ,sum As Integer
    For i = 1 To 3
        For j = 2 To 4
            a (i, j) = i + j
            sum = sum + 1
        Next j
    Next i
    s1 = a (2, 3) + a (3, 4)
    For i =1 To 5
```

```
    s2 = s2 + a(i, i)
  Next i
  Print s1, s2, sum
End Sub
```

2. 写出程序运行时执行下列事件过程的显示结果。

```
Private Sub Form_Click()
   Dim A(4) As Integer
   n = 3
   A(1) = 1
   For k = 0 To n - 1
       For j = 1 To k + 1
           x = k + 1
           A(x) = A(x) + A(x - 1)
           If k < n - 1 Then Exit For
           Print A(x);
           If j = k + 1 Then Print
       Next j
       Print k
   Next k
End Sub
```

3. 写出下列程序运行时单击窗体后，输入 5, 9,6,12,15,18 时窗体上的显示结果。

```
Private Sub Form_Click(),
   Dim a() As Integer
   Dim i As Integer, gbs As Long, n As Integer
   n = InputBox("n = ", "数组元素的个数 n")
   ReDim a(n) As Integer
   For i = 1 To n
     a(i) = InputBox("a(" + Str(i) + ") = ", "输入数组元素")
   Next i
   div = a(1)
   For i = 2 To n
     If div > a(i) Then div = a(i)
   Next i
   i = 1
   Do
     For i = 1 To n
       If a(j) Mod div <> 0 Then div = div - 1: Exit For
     Next i
   Loop Until i = n + 1
   Print "div = "; div
End Sub
```

三、程序填空题

1. 窗体上有 2 个命令按钮和 1 个文本框,名称分别为 Cmdstart(开始)、Cmdend(结束)和 Text1。文本框 Text1 中的字符个数不超过 200 个。程序刚开始运行时,“结束”按钮呈灰色,单击“开始”按钮后,将文本框 Text1. Text 中的字符按其 ASCII 码值由小到大自左向右重新组合,并在窗体上输出重组后的字符串,同时使“结束”按钮能响应而“开始”按钮不能响应。请填入适当的内容,将程序补充完整。

```
Private Sub Form_Load()
    Cmdend.Enabled = False
End Sub
Private Sub Cmdstart_Click()
    Dim n As Integer, i As Integer, j As Integer, p As Integer
    Dim a(200) As String * 1, str1 As String, t As String
    str1 = Text1.Text
    n = ________
    For i = 1 To n
        a(i) = ________
    Next i
    For i = 1 To n - 1
        p = i
        For j = i + 1 To n
          If a(p) > a(j) Then ________
        Next j
        If ________ Then t = a(i) : a(i) = a(p) : a(p) = t
    Next i
    For i = 1 To n
        Print a(i);
    Next i
    Print
    Cmdend.Enabled = True : Cmdstart.Enabled = False
End Sub
Private Sub Cmdend_Click()
    End
End Sub
```

2. 从键盘输入任意一行字符,统计其 26 个字母的分布情况。提示"a","A","z","Z"的 ASCII 码分别为 97,65,122,90。请填入适当的内容,将程序补充完整。

```
Private Sub Form_Click()
    Dim a() As String
    Dim x(1 To 26) As Integer
    Dim i As Integer, p As Integer, k As Integer
    St$ = InputBox("请输入一字符串")
    ________
```

```
    ReDim a(k) As String
    For i = 1 To k
      ________
        Print a(i);
    Next i
    For i = 1 To k
        s = Asc(a(i))
        If s < 91 And s > 64 Then s = s + 32
        p = s - 96
        ________
    Next i
    Form1.Print "统计结果"
    For i = 1 To 26
        p = i
        Form1.Print "字符" + Chr(p + 96) + "共" + Str(x(i)) + "个"
    Next i
End Sub
```

3. 建立一个 4 行 5 列的二维数组,数组的前 4 列由输入对话框输入,第 5 列为同一行前 4 个数的平均值,然后将该数组显示在窗体 Form1 上。请填入适当的内容,将程序补充完整。

```
Private Sub Form_Click()
    Dim ________ as single
    Dim i As Integer, j As Integer
    Dim s as single
    For i =1 To 4
        ________
        For j =1 to 4
            a(i.j) =Val(InputBox)("a("& i &", "& j &") ="))
            s = s +a(i,j)
        Next j
        ________
    Next i
    For i =1 to 4
        For j =1 to 5
            Print a(i,j);
        Next j
        Print
    Next i
End Sub
```

四、程序设计题

1. 随机产生 50 个 30~100 之间的正整数,以 5 个一行显示数组元素,同时求最大值、最小值、平均值,并输出。程序代码写在窗体 Form1 的 Click()事件中。

2. 用随机函数产生 n 个四位正整数(n 由输入对话框输入),求出其中偶数的最小值和奇数的最大值。程序代码写在窗体 Form1 的 Click( )事件中。

3. 随机产生 10 个两位正整数,分别用选择排序法和冒泡排序法按从大到小的顺序输出。

4. 随机产生 20 个学生的成绩(0 ~ 100),统计各分数段的人数。即 0 ~ 59,60 ~ 69,70 ~ 79,80 ~ 89,90 ~ 100,并在窗体上显示统计结果。

第 5 章

函数与过程

前面几章,经常使用到系统提供的内部函数和事件过程。在应用程序编写过程中,有时问题比较复杂,按照结构化程序设计的原则,可以把复杂的问题简单化,将任务分解为若干个子任务,通过 VB 提供的自定义过程可以将子任务用过程实现,使程序结构清晰、易读。这类自定义过程可以被多次调用(包括被事件过程调用),这就避免代码重复编写,实现代码重复使用,也便于调试和维护。

5.1 函数过程的编写与调用

5.1.1 程序示例

【例 5-1】 求下面表达式的值,并在窗体上输出。要求 m 与 n 的值在窗体单击事件中用 InputBox( )函数输入,且同为正整数,$m > n$。

$$\frac{m!}{n!\ (m-n)!}$$

分析

这是一个组合问题,相当于从 m 个不同的球里挑选 n 个,有多少种选法? 共 C_m^n 种选法。

程序

```
Private Function fact(ByVal k As Integer) As Long      '函数过程,求n!
    Dim i As Integer
    fact = 1
    For i = 2 To k
        fact = fact * i
    Next i
```

```
End Function
Private Sub Form_Click()
    Dim m As Integer, n As Integer
    Do
        m = InputBox("m = ", "m > 0,m 必须大于 n")
        n = InputBox("n = ", "n > 0")
    Loop While m <= n Or m < 0 Or n < 0
    Print fact(m) / fact(n) / fact(m - n)                    '调用函数过程
End Sub
```

说明

本题需要求3个数的阶乘值,用前面章节学过的循环语句,编写3段类似的求阶乘的程序也是可以的,但是这3段几乎相同的程序段的出现,使整个程序显得冗长。因此,先编写求阶乘的函数,然后调用函数过程,就可以大大简化程序,使其结构化程度提高。

5.1.2 函数过程的定义

自定义函数过程的格式如下:

```
[Public | Private] [Static] Function <函数名> ([形参列表]) As <数据类型>
    <语句块>
    <函数名> = <表达式>        } 函数体
    [Exit Function]
    [<语句块>]
End Function
```

说明:

(1)函数可定义在窗体模块的通用对象或标准模块中;函数名的命名方式与变量名命名一致;Function 语句声明函数过程开始,End Function 语句声明函数过程结束。

(2)Private 限定所定义的函数只限于在本窗体中被调用;Public 声明该函数可以被其他窗体、模块调用;选项 Public 是缺省值。

(3)Static 声明函数中声明的局部变量都是静态变量(详见第5.6节)。

(4)函数体为实现该函数运算的若干声明语句和执行语句,其中至少应有1个赋值语句为函数名赋值;函数被调用后的返回值为返回时函数名的当前值。

(5)一般将调用、被调用过程之间要相互传递的数据作为形参(形式参数),用逗号间隔。

形参声明格式如下:

```
[{Byval | ByRef}] <变量名> As <类型标识符>
```

关于形参变量名前置 Byval 或 ByRef 的含义,在第5.3节详细说明。

注意:语句块中不能重复声明形式参数。

(6)Exit Function 语句为可选项,若选用该项则可中途退出函数过程,并返回到调用该函数过程的调用语句的下一条语句继续执行。

例 5-1 的函数过程的过程名为 fact，类型为 Long，形式参数 k 为整型，函数体中两次使用赋值语句为函数名赋值，函数过程运行结束前，返回的阶乘值存放在 fact 中。

5.1.3 函数过程的建立

自定义函数过程常常创建和保存在窗体文件(.frm)和标准文件(.bas)中。可以在窗体的“代码窗口”或标准模块的“代码窗口”中直接按定义形式输入，也可以通过选择“工具”菜单中的“添加过程”命令，出现“添加过程”对话框，如图 5.1 所示。选择过程类型及作用范围，单击“确定”按钮后得到一个过程或函数定义的结构框架，如：

```
Private Function fact()
    …
End Function
```

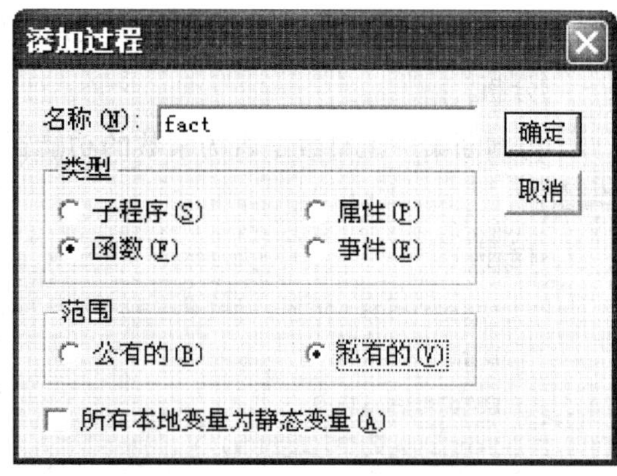

图 5.1 “添加过程”对话框

把函数名类型声明及形参的定义加进去，过程中的代码当然也要用户输入。

5.1.4 函数过程的调用

函数定义好以后，就可以像使用 VB 内部函数一样使用它了，调用用户自定义的函数过程。调用函数就是让程序转去运行 Function 函数过程中的函数体，调用后返回结果是一个函数值。函数过程的调用说明如下：

(1)定义为 Private 的任何函数过程，只能被其所在窗体的函数或过程调用。调用格式为：

```
<函数名>([<实参列表>])
```

(2)定义为 Public 的任何函数过程，可以被当前工程中其他窗体中的函数或过程调用。调用格式为：

```
<窗体名>.<函数名>([<实参列表>])
```

(3)函数调用时的参数称为实际参数，简称实参。实参列表必须与被调用函数的形式参数对应。若被调用函数有形参，则实参列表是传递给函数的变量、数组或表达式的列表，各参数间以逗号隔开。

也可以用调用 Sub 过程那样的方法(Call 命令)调用函数过程，如：

```
Call <函数名>(<实参列表>)
```

但用这种方式调用函数时，系统将放弃返回值，这样就得不到想要的函数值了。

例 5-1 的窗体单击事件中，以下语句对函数过程 fact 进行了 3 次调用。

```
Print fact(m)/fact(n) /fact(m - n)
```

按照从左到右的运行次序,先求 fact(m)得到 m!的值, 然后通过 fact(n) 得到 n!的值,最后调用的是 fact(m-n),得到(m-n)!的值。

5.1.5 函数过程示例

【例 5-2】 通过调用函数过程实现判断任一输入的正整数是否为素数。

分析

将判断某一正整数是否为素数的功能通过函数实现,函数名为 prime,数据类型是逻辑型。

程序

```
Private Function prime(ByVal n As Integer) As Boolean
    Dim i As Integer
    prime = True                                    '先假设是素数
    For i = 2 To Sqr(n)
        If n Mod i = 0 Then prime = False: Exit For
    Next i
End Function
Private Sub Form_Click()
    Dim k As Integer
    Do                                              '控制输入数是正整数
        k = InputBox("请输入一个大于 1 的正整数:")
    Loop While k <= 0
    If prime(k) Then
        Print k; "是素数"
    Else
        Print k; "不是素数"
    End If
End Sub
```

说明

本例的形参 n 和实参 k 均只有一个,类型相同,都是 Integer 类型, 如果形参名和实参名相同,产生的结果也是一样的,大家可以试一试。

【例 5-3】 验证哥德巴赫猜想:大于 6 的偶数可以分解为两个素数之和。

分析

本例可以使用上一例的 prime 函数,所以只需编写事件过程和考虑怎样通过程序控制输入的是一个大于 6 的偶数。

程序

```
Private Sub Form_Click()
    Dim n1 As Integer, n2 As Integer, n As Integer
```

```
    Do                                                     '控制输入数是大于 6 的偶数
        n = InputBox("输入一个大于 6 的偶数")
    Loop While n <= 6 Or n Mod 2 <> 0
    For n1 = 3 To n /2 Step 2                              'n1 从 3 开始分解
        n2 = n - n1
        If prime(n1) And prime(n2) Then                    '如 n1 和 n2 都是素数,输出
            Print n; " = "; n1; " + "; n2
            Exit For
        End If
    Next n1
End Sub
```

运行结果

程序运行后,输入 128(如图 5.2 所示),窗体上输出“128 = 19 + 109”。

图 5.2　例 5-3 的输入界面

说明

可以分解出的任一素数首先是奇数,而且≥3,所以循环的开始语句写成:

```
For n1 = 3 To n /2 Step 2
```

程序中 Exit For 是在找到一对满足条件的解后结束循环,如果没有此句,则输出所有可能的分解情况。

考虑将 Loop/While 改为 Loop/Until 时的条件表达式。

5.2　子过程的编写与调用

5.2.1　程序示例

【例 5-4】　编程,单击窗体后,在窗体上输出指定起始位置和个数的字符。

程序

```
Private Sub prn(m As Byte, n As Byte, ch As String)
    Print Tab(m); String(n, ch)                            '在第 m 列输出 n 个字符 ch
```

```
End Sub
Private Sub Form_Click()
    Dim m As Byte, n As Byte, ch As String
    m = InputBox("输入字符串的起始位置:")
    n = InputBox("输入字符串个数:")
    ch = InputBox("输入显示字符:")
    Call prn(m, n, ch)                              '调用子过程
End Sub
```

运行结果

图 5.3 是在程序运行时,第一次单击输入 1、5、*,第二次单击输入 3、6、#输出的结果。

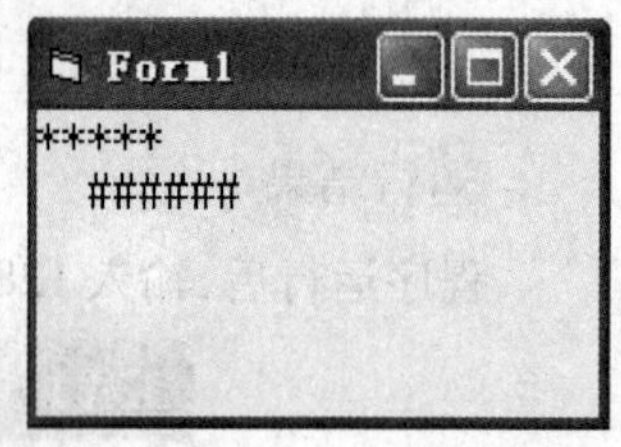

图 5.3　例 5-4 的输出界面

说明

可以看出,子过程的定义与函数过程不同,过程名没有返回值,所以不需声明数据类型,过程体中也就不应当有过程名的赋值语句。相应地,子过程的调用方法与函数也有不同。

5.2.2　Sub 过程的定义

程序中多次重复出现的操作过程,VB 允许用户将这些操作自定义为 Sub 过程。与函数过程相区别,这些重复操作不是计算一个返回值,只是完成某些特定的操作。有时,将返回多个值的运算也写作 Sub 过程。

用户自定义过程格式如下:

```
[Public | Private] [Static] Sub <过程名>(<形参列表>)
    <语句块>
    [Exit Sub]        } 过程体
    [<语句块>]
End Sub
```

说明

(1) Public、Private 和 Static 关键字对 Sub 过程调用的影响,与函数过程相同。

(2) 函数过程的名在函数体中一定要被赋值,因为函数过程调用结束后,函数名要用其获得的值参加调用处表达式的计算。而 Sub 过程没有返回值,这是函数过程和 Sub 过程的最主要的区别之一。

(3) Exit Sub 语句为可选项,若选用该项可中途退出子过程,并返回到调用该子过程的调用语句的下一条语句继续执行。

5.2.3　Sub 过程的调用

用户自定义过程调用格式如下:

```
Call <过程名>[(<实参列表>)]
```

或

```
<过程名>[<实参列表>]
```

说明

(1)事件过程也是 Sub 过程。这就是说,事件过程也可以用 Call 语句调用。如 Command1_Click()事件会显示"hello!",而执行 Form_Click()过程中的语句"Call Command1_Click()"也会激发 Command1_Click()事件,显示"hello!"。

(2)过程定义在窗体模块中而调用语句在其他模块中时,采用以下两种调用格式之一:

```
<窗体名>.<过程名>[<实参数列表>]
```

或

```
Call <窗体名>.<过程名>[(<实参数列表>)]
```

5.3 参数传递

程序设计中,调用 Sub 过程和函数过程的语句中的参数称为实参(实际参数),过程和函数定义中的参数称为形参(形式参数)。过程调用就是实参如何向形参传递参数值。

参数传递分两种,即按值传递和按地址传递。

首先要注意的是,无论哪种过程调用,要做到实参和形参的个数相同,类型一致;实参取值可以是常量、变量、表达式、数组,而形参只能是变量。

5.3.1 按值传递

按值传递的含义是:

①使用 ByVal。

②将实参变量的值复制到形参变量中,形参变量与实参变量使用不同的内存单元。

③过程调用结束,形参变量被取消(系统回收内存)。

④按值传递是一种单向的传递,即对形参的改变不会导致对实参变量的任何改变。

【例 5-5】 编程序,单击窗体后通过调用 swap1 实现输入值 a、b 的值交换。

程序

```
Public Sub swap1(ByVal x As Integer, ByVal y As Integer)
    Dim t As Integer
    t = x: x = y: y = t
End Sub
Private Sub Form_Click()
    Dim a As Integer, b As Integer
```

```
    a = InputBox("请输入 a:")
    b = InputBox("请输入 b:")
    Print "交换前,"; "a = "; a; "b = "; b
    Call swap1(a, b)
    Print "交换后,"; "a = "; a; "b = "; b
End Sub
```

运行结果

图 5.4 是程序运行时,单击窗体输入 10、20 后程序输出的结果。

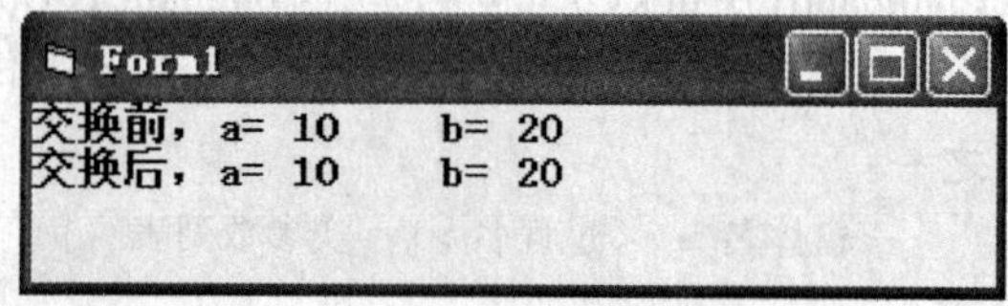

图 5.4 例 5-5 的输出界面

说明

从结果中可以看出,程序没有实现值交换,原因就是过程的形参设置为按值传递,在 a、b 把值传递给 x、y 后,虽然 swap1 的变量 x、y 实现了值交换,但对 a、b 的值没有任何影响,用按地址传递方法就可以真正实现值交换。

5.3.2 按地址传递

按地址传递的含义是:

①缺省属性(或用 ByRef)为地址传递。

②把实参变量的地址传给形参变量,形参变量与实参变量共享同一个内存单元。

③过程中修改了形参的值,同时也改变了实参的值。

④如果说按值传递的方式为单向传递(由调用处向被调用函数传递数据)的话,参数的按地址传递则是一种双向传递的方式,在调用结束、控制返回时,实参的值就是对应形参的值。

⑤如果实参不是变量(如常量、函数、表达式),尽管形参声明为按地址传递,实际还是按值传递。

【例 5-6】 编程序,单击窗体后通过调用 swap2 实现输入值 a、b 的值交换。

程序

```
Public Sub swap2(x As Integer, y As Integer)
    Dim t As Integer
    t = x: x = y: y = t
End Sub
Private Sub Form_Click()
    Dim a As Integer, b As Integer
    a = InputBox("请输入 a:")
    b = InputBox("请输入 b:")
    Print "交换前,"; "a = "; a; " b = "; b
    Call swap2(a, b)
```

```
    Print "交换后,"; "a = "; a; " b = "; b
End Sub
```

运行结果

图 5.5 是程序运行时,单击窗体输入 10、20 后程序输出的结果。

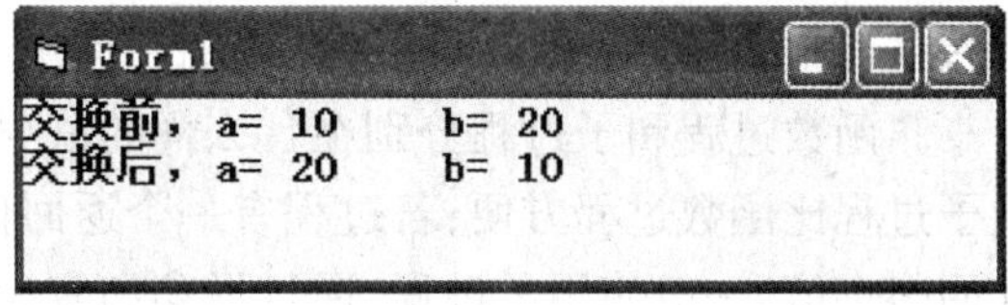

图 5.5　例 5-6 的输出界面

说明

从结果中可以看出,a、b 的值在调用子过程后发生了变化,原因就是 a 和 x 共享同一个内存单元,b 和 y 共享同一个内存单元, x、y 的值交换,也就是 a、b 的值交换,在调用结束、控制返回时 x、y 变量不存在了(内存单元被释放),但 a、b 的内存单元仍存在,是交换后的值。

【例 5-7】 编写 Sub 过程求一元二次方程的实数解,并通过事件过程调用它。

分析

一元二次方程 $ax^2 + bx + c = 0$,在 $b^2 - 4ac \geqslant 0$ 时有两个实根,子过程要用到实参变量和形参变量的结合将实根传回事件过程。

程序

```
Private Function root(ByVal a As Double, ByVal b As Double,
    ByVal c As Double, x1 As Double, x2 As Double) As Boolean
    Dim d As Double
    d = b * b - 4 * a * c
    If d < 0 Then
        root = False
    Else
        root = True
        x1 = ( -b + Sqr(d)) /(2 * a): x2 = ( -b - Sqr(d)) /(2 * a)
    End If
End Function
Private Sub Command1_Click()
    Dim a As Double, b As Double, c As Double, y1 As Double, y2 As Double
    a = 3: b = 1: c = 5
    If root(a, b, c, y1, y2) Then
        Print y1, y2
    Else
        Print "方程无实数解!"
    End If
End Sub
```

说明

注意本函数过程有 3 个参数是按值传递,2 个参数是按地址传递,x1 和 x2 将两个实根传递到调用处。函数名 root 也返回一个逻辑值,真(有实根)或假(无实根)。

本例不使用函数过程,改为使用子过程也可以,增加一个按地址传递的形参,来说明方程是否有实根。这也说明处理问题时是使用函数过程还是使用子过程没有绝对的规定。

函数过程和子过程分别在什么样的情况下使用呢?一般来说,过程无返回值,则使用子过程比函数过程方便;若过程有一个返回值,则使用函数过程比子过程方便;若过程返回多个值,一般使用子过程,通过形参和实参的结合带回结果,当然也可通过函数名带回一个结果,其余结果通过形参和实参的结合带回,如例 5-6。

5.4 数组参数的传递

当数组作为实参传递到过程中去时,数组元素是按地址传递的。在传递数组时,除遵守参数传递的一般规则,还要注意以下几点。

(1)形式参数的格式,举例如下,其中形参 a()为数组,n 为数组的上界,缺省属性为地址传递,形参 a()的括号不能省略。

```
Private Sub Sort(a() as single, byval n as integer)
  …
End Sub
```

如果定义了实参数组 b(1 To 10),赋值后,使用以下的调用语句:

```
Call Sort(b(),10) 或 Sort b(), 10
```

调用时,形参数组 a 与实参数组 b 虚实结合,共享同一段内存单元,在 Sort()过程中改变了形参数组 a 的元素值,也相当于改变了实参数组 b 的元素值,如图 5.6 所示。

a(1)	a(2)	a(3)	a(4)	a(5)	a(6)	a(7)	a(8)	a(9)	a(10)
1	2	3	4	5	6	7	8	9	10
b(1)	b(2)	b(3)	b(4)	b(5)	b(6)	b(7)	b(8)	b(9)	b(10)

图 5.6 形参数组和实参数组的内存分配

(2)如果被调用过程不知道实参数组的上下界,可用 Lbound 和 Ubound 函数确定实参数组的上下界。

(3)如果参数传递过程中传递的不是整个数组,而是个别元素时,只需把个别数组元素当作一般的实参变量传递过去就可以了。

【例 5-8】 编写函数过程,计算某一维数组的最大值,并在窗体的单击事件中,验证其正确性。

程序

```
Private Sub Form_Click()
    Dim a(10) As Integer, i As Integer
```

```
    For i = 1 To 10
        a(i) = Int(Rnd * 90) + 10
        Print a(i);
    Next i
    Print
    Print "最大值是:"; fmax(a(), 10)              '调用函数 fmax
End Sub
Private Function fmax(x() As Integer, ByVal n As Byte) As Integer
    fmax = x(1)
    For i = 2 To n
        If x(i) > fmax Then fmax = x(i)
    Next i
End Function
```

运行结果

运行结果如图 5.7 所示。

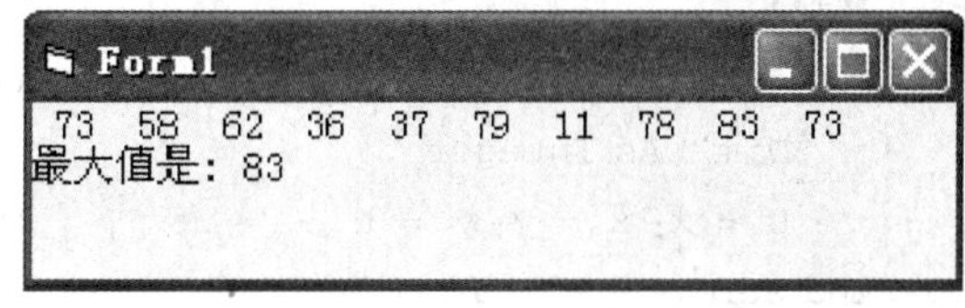

图 5.7　例 5-8 的输出界面

说明

为了验证所编写函数过程的正确性，只要用包含几个元素的一维数组即可，为了产生数据方便，本例使用随机数来产生数组。

【例 5-9】　编写子过程，将某数组中的元素按值从大到小排序，并在窗体的单击事件中验证其正确性。

分析

本例不需要使用函数过程，因为传递数组是按地址传递的，在调用子过程对 a 数组排序的同时也就是对 x 数组进行排序，也不需要利用函数名变量来传值，所以使用子过程。

程序

```
Private Sub sort(a() As Single, ByVal n As Byte)
    Dim i As Byte, j As Byte, k As Byte, temp As Single
    For i = 1 To n - 1
        k = i
        For j = i + 1 To n
            If a(j) > a(k) Then k = j
        Next j
        temp = a(k): a(k) = a(i): a(i) = temp
    Next i
End Sub
Private Sub Form_Click()
    Dim x(10) As Single, i As Integer
    Print "排序前:"
    For i = 1 To 10
```

```
        x(i) = InputBox("b(" + Str(i) + ") =")
        Print x(i);
    Next i
    Print
    Call sort(x(), 10)                        '调用子过程 sort
    Print "排序后:"
    For i = 1 To 10
        Print x(i);
    Next i
End Sub
```

运行结果

排序前:
11 12 23 32 44 55 66 45 67 88
排序后:
88 67 66 55 45 44 32 23 12 11

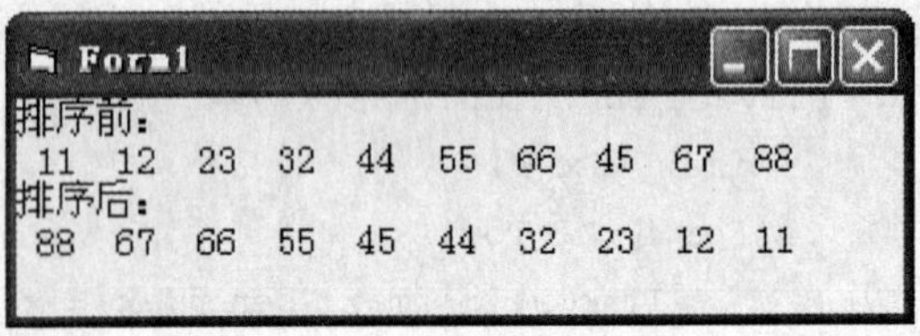

图 5.8 例 5-9 的输出界面

图 5.8 是程序运行时,单击窗体后,输入 10 个数后输出的结果。

【例 5-10】 编写程序,实现将某数组中元素倒置的功能。

程序

```
Public Sub swap(x As Integer, y As Integer)
    Dim t As Integer
    t = x: x = y: y = t
End Sub
Private Sub Form_Click()
    Dim x(10) As Integer, i As Integer
    Randomize
    Print "倒置前:"
    For i = 1 To 10
        x(i) = Int(Rnd * 90) + 10
        Print x(i);
    Next i
    Print
    For i = 1 To 5
        Call swap(x(i), x(11 - i))           '调用子过程
    Next i
    Print "倒置后:"
    For i = 1 To 10
        Print x(i);
    Next i
End Sub
```

运行结果

图 5.9 是程序运行时,单击窗体后输出的结果。

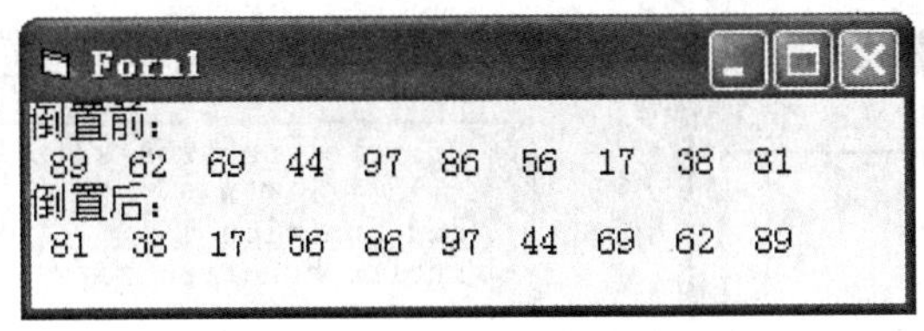

图 5.9　例 5-10 的输出界面

说明

本例需要注意在调用子过程时,把数组元素当作一般的实参变量传递给形参,而不是传递整个数组,所以实参用的是两个数组元素。本例形参变量的声明和前两个例子也有所不同,要注意区别。

5.5　过程、变量的作用域

一般 VB 应用程序的组成可以用图 5.10 描述(本书只讨论窗体和标准模块文件)。建立在窗体模块中的过程和变量保存在窗体文件(.frm)中,标准模块文件(.bas)中也可以存放过程和变量。

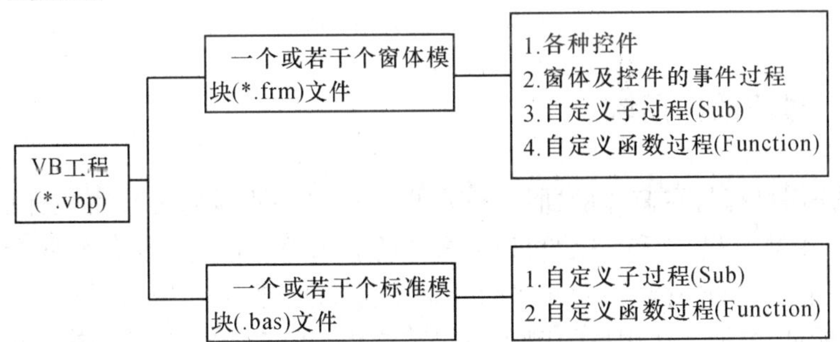

图 5.10　VB 应用程序的组成

5.5.1　标准模块

标准模块可以用来编写子程序、函数过程,定义变量和符号常量。

标准模块中保存的过程都是通用过程。此前,窗体中通用过程写在该窗体通用部分,现在,可以将这些通用过程写在标准模块中。

如何创建标准模块呢?

单击下拉菜单“工程”中的“添加模块”选项,弹出添加模块,如图 5.11 所示。再选择“新建”选项卡,显示标准模块窗口,图 5.12 为一个写入了两个通用过程的标准模块窗口。

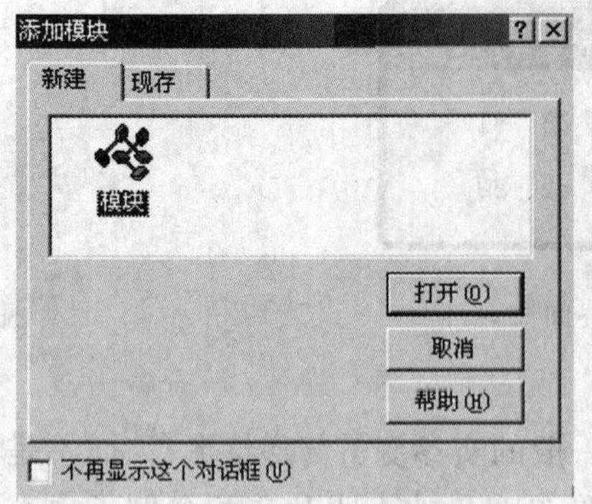

图 5.11 添加标准模块

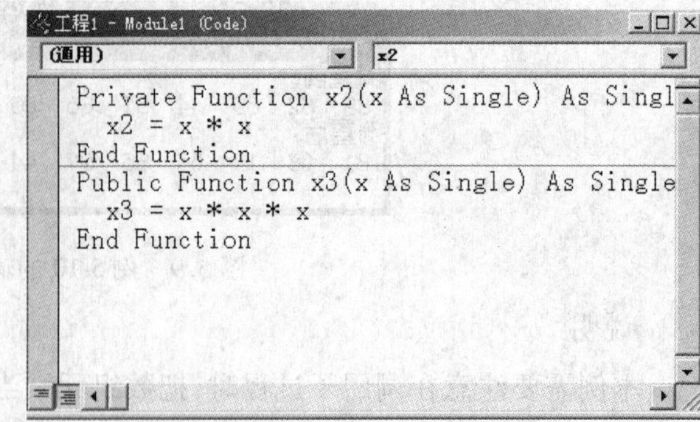

图 5.12 添加标准模块

在工程资源管理器中,可以看到增加了一个模块,如图 5.13 所示。

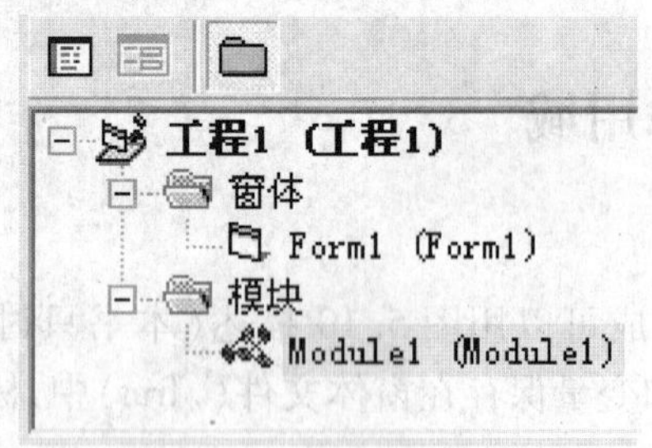

图 5.13 工程资源管理器

5.5.2 过程的作用域

可以将通用过程写在窗体的通用部分,也可以将一些通用过程写在标准模块中,图 5.13 中,两个函数过程 x2 和 x3 也可以在窗体的通用部分定义。注意到两个函数过程在定义时,使用了不同的关键字 Public 和 Private,意味着它们的作用域不同。

定义过程时,可加上作用域关键字 Public 或 Private,过程定义首行格式可以写成:

```
[Private|Public] Sub <过程名>[(<参数列表>)]
```

或

```
[Private|Public] Function <函数名>[(<参数列表>)] As <类型说明>
```

说明

(1)用关键字 Private 修饰的通用过程,只能被本模块调用。

譬如,在 Form1 中以 Private 修饰的通用过程,只能被该窗体中的事件过程调用;如第 5.5.1 节所举的例子中,定义的标准过程 x2,只能被该标准模块所调用。

(2)在标准模块中,用关键字 Public 修饰的通用过程,可以被工程中所有模块调用,但过程名必须惟一,否则要加标准模块名。

一般将常用的子过程和函数过程写在标准模块中,比如,判断素数、数组排序,以后在建立工程过程中,凡涉及此类操作,就可以把此模块文件添加到工程中,从而实现不同工程的代码共享,提高了代码编写效率。

(3)某窗体中用关键字 Public 修饰的通用过程,也可以被工程中所有模块调用,但在调用时必须标明窗体名称才可以被工程中其他模块调用。

例如,在窗体 Form1 中调用 Form2 中的名为 x1 的全局子过程,则语句写为:

```
Call Form2.x1([实参列表])  或  Form2.x1 [实参列表]
```

(4)默认缺省值为 Public。

5.5.3　变量的作用域

变量的作用域是指声明的变量和符号常量在程序的哪个范围中有效。在 Visual Basic 中,变量和符号常量依据它们的作用域分为局部变量、模块级变量和全局变量 3 种。

1. 局部变量

所谓局部变量或局部符号常量是指那些在过程中用 Dim 语句或 Const 语句定义的变量或符号常量,这里的过程可以是事件过程、Sub 过程和函数过程。局部变量或局部符号常量只在声明它的过程中有效,即它的作用域为声明它的所在过程。

对于 Sub 过程和函数过程,它们的形式参数也是局部变量。

不同过程可定义同名的局部变量。

过程运行时,根据局部变量的声明语句,为过程的局部变量在内存分配存放单元,当此过程运行结束,该过程的局部变量所占的内存单元释放。过程重新运行一遍,局部变量的存放单元又重新分配及释放一遍。

以下例子中两个事件过程分别声明了自己的局部变量 i,在程序运行时,两个局部变量 i 各自独立运作,没有关联性。假如省略一个或两个事件过程中 i 的声明,因为在该窗体的代码窗口中没有声明模块级变量 i,那么就是变体类型的局部变量,运行结果与省略前相同。

```
Private Sub Command1_Click()
    Dim i As Integer
    i = i + 1
    Label1.Caption = Str(i)
End Sub
Private Sub Form_Click()
    Dim i As Integer
    i = i + 1
    Label2.Caption = Str(i)
End Sub
```

2. 模块级变量/符号常量

窗体模块级变量/符号常量是在通用对象的声明部分用 Dim 或 Private 语句声明变量,或用 Const 定义符号常量。模块级量的作用域限于它们所在的模块,不能被其他模块的过程引用。例如:

```
Private Numb As Integer          '私有的整数变量
Dim NameArray(1 To 5) As String  '私有的数组变量
Const Pi =3.14159
```

Dim 语句形式与 Private 语句形式相同,只需将关键字 Private 换成 Dim 即可。Const 语句是声明模块级常量。

假如模块级变量和模块的过程中声明了同名的局部变量,则过程内优先访问局部变量。

在程序运行、窗体加载到内存后,模块级变量的存放单元被分配在静态存储区,在窗体的事件触发过程中,模块级变量的值被保留可继续使用。

以下程序运行后,不管是单击命令按钮还是单击窗体,窗体上输出结果是:

1 2 3 4 5 6 …

程序

```
Dim i As Integer
Private Sub Command1_Click()
    i = i + 1
    Print i;
End Sub
Private Sub Form_Click()
    i = i + 1
    Print i;
End Sub
```

若 Form_Click( )事件过程中增加 i 局部变量的声明,程序运行结果会如何?

3. 全局变量/符号常量

在窗体模块或标准模块的通用对象声明部分,用 Public 语句声明的变量、符号常量是全局量,全局量可以在整个工程中被引用。

定义全局变量的格式为:

```
Public <变量名> As <类型说明>
```

定义全局符号常量的格式为:

```
Public Const <符号常量名> = <常量表达式>
```

标准模块中声明的全局变量,在其他模块中可直接使用;在窗体模块中声明的全局变量,其他窗体引用时,在变量名或符号常量名前,必须指出窗体名称。

例如,在窗体 Form1 中的语句“x = Form2. a”,所引用的变量 a 必定是在窗体 Form2 的代码窗口、通用模块部分、用 Public 声明的全局变量,否则不可以跨窗体引用。

窗体模块中不能用 Public 定义全局符号常量,也不能声明全局的数组、定长字符串和用户自定义类型,它们只能在标准模块中使用。

程序运行后,全局变量的存放单元被分配在静态存储区,在程序运行过程中,变量的值一直被保留。

在使用变量时,如何定义一个变量的作用域呢? 一个较复杂的程序可能由多个模块组成，每个模块中有多个过程和函数，一般尽量在过程或函数内使用局部变量，因为局部变量不会影响到其他过程；当模块中多个过程或函数需要共用一个变量时，可以声明为模块级变量；当多个模块需要共用一个变量传递数据时，可以声明为全局级变量。对于每一个变量所起的作用域在声明前一定要考虑清楚。

5.6 变量的生存期

变量是存放数据的单元，其中的数据随着程序的运行而变化。根据变量在程序运行期间的生命周期，局部变量可分为静态变量（Static）和动态变量（Dynamic）两种。

1. 动态变量

动态变量是指程序运行进入变量所在的过程时，才分配给该变量内存空间，退出该过程时，变量所占的内存空间自动释放，其值消失。

使用 Dim 语句在过程中声明的局部变量就属于动态变量，在过程执行结束后，变量的值不被保留，在每一次重新执行过程时，变量重新声明并分配存储空间，在本书前面几章过程中声明的变量都是动态变量。

如下面的 Form_Click( ) 事件过程，当窗体启动后，无论用户单击 Command1 多少次，显示的数据总是 1。因为每一次单击，变量 n 重新声明，重新给 n 分配内存空间，初值为 0，当运行到 End Sub，n 内存空间被释放。

```
Private Sub Form_Click()
    Dim n As Integer
    n = n + 1
    Print n
End Sub
```

2. 静态变量

静态变量是指程序运行期间虽然退出变量所在的过程，其值仍被保留的变量，即变量所占的内存空间没有释放。当以后再次进入该过程时，继续使用变量的值。

使用 Static 语句在过程中声明的局部变量就属于静态变量。静态变量只能在过程中声明，而不能在通用对象声明部分声明。声明格式：

```
Static <变量名> As <类型说明>
```

为使过程中所有的局部变量都为静态变量，可在过程头部加上关键字 Static。如：

```
Private Static Sub ff()
```

这样，在 Sub 过程 ff 中，无论用 Static、Dim 或 Private 声明的变量，还是隐式声明的变量，都成为静态变量。

函数过程、自定义过程均可以在过程头部加上关键字 Static，不再赘述。

【例 5-11】 程序运行时,连续单击 Command1 按钮 4 次,写出窗体上的输出结果。

程序

```
Dim a As Integer
Private Sub Command1_Click()
    Static b As Integer
    Dim c As Integer
    a = a + 1
    b = b + 1
    c = c + 1
    Print "a = "; a, "b = "; b, "c = "; c
End Sub
```

运行结果

程序运行结果如图 5.14 所示。

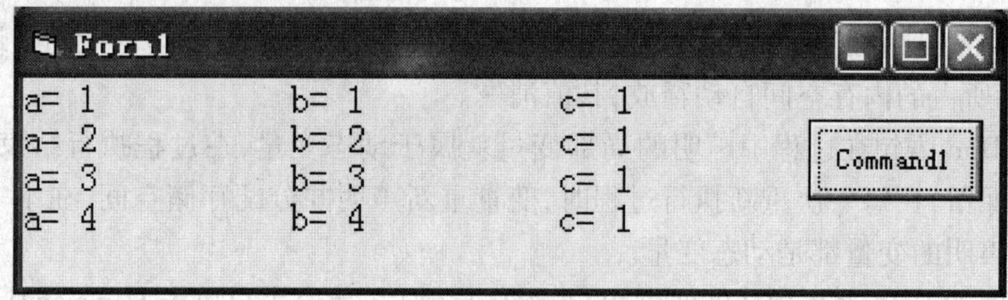

图 5.14 例 5-11 的运行结果

说明

a 是模块级变量,b 是静态变量,c 是动态变量,每一次单击结束, a 和 b 的值被保留, c 所占的内存空间被释放。

习 题

一、判断题

1. 在窗体或模块文件中声明为 Private 的过程,只能被本窗体或模块中的过程所调用。

2. 在自定义函数过程中,函数名必须被赋值。

3. 模块级变量的作用域限于它们所在的模块,不能被其他窗体的过程调用。

4. 过程中的静态变量的作用是:当过程再次被执行时,静态变量的初值是上一次过程调用后的值。

5. 用 Dim 定义的变量就是局部变量。

6. 全局变量用 Global 或 Public 关键字声明,且仅在通用声明段处定义。

7. 如果用户不需要函数的返回值,可以用调用过程的相同方法调用函数。

8. 过程中的静态变量与局部变量的区别是,静态变量可以被别的过程存取,而局部变量只在本过程有效。

9. Sub 过程中的语句 Exit Sub，使控制返回到调用处。

二、单选题

1. Function 过程有别于 Sub 过程的最主要特点是________。

A. Function 有形参而 Sub 没有　　B. Function 有实参而 Sub 没有

C. Function 可数值运算而 Sub 不能　　D. Function 要返回函数值而 Sub 没有

2. 用 Static 关键字定义过程是指________。

A. 声明过程名是静态的　　B. 声明形参是静态的

C. 声明过程中的局部变量是静态的　　D. 声明过程的返回值是静态的

3. 若某过程声明为 Sub aa(n As Integer)，则以下调用正确的是________。

A. `Call aa(y)`　　B. `Call aa()`　　C. `aa(y)`　　D. `z = aa(y)`

4. 在 Form2 中引用 Form1 中的全局变量 x，写作________。

A. `x`　　B. `Form1.x`

C. `Form2.x`　　D. `Form1_Public.x`

5. Sub 过程与 Function 过程最根本的区别是________。

A. 前者可以使用 Call 或直接使用过程名调用，后者不可以

B. 后者可以有参数，前者不可以

C. 两种过程参数的传递方式不同

D. 前者无返回值，但后者有

6. 编写一个对 Single 类型一维数组排序的 Sub 过程，该过程只能被本模块中其他过程所调用，其首句为________。

A. `Sub f(a() As Single,n As Integer)`

B. `Public Sub f(a() As Single)`

C. `Private Sub f(a(n) As Single,n As Integer)`

D. `Public Sub f(a() As Single,n As Integer)`

7. 下面子过程语句说明合法的是________。

A. `Sub f1(ByVal n() As Integer)`

B. `Sub f1(n() As Integer)As Integer`

C. `Function f1(f1 As Integer) As Integer`

D. `Function f1(ByVal n As Integer)`

8. 以下叙述中错误的是________。

A. 如果过程被定义为 Static 类型，则该过程中的局部变量都是 Static 类型

B. Sub 过程中不能嵌套定义 Sub 过程

C. Sub 过程中可以嵌套调用 Sub 过程

D. 事件过程可以像通用过程一样由用户定义过程名

三、程序填空题

1. 本程序是通过调用子过程实现将一个一维数组中数组元素从大到小排序的功能。请填入适当的内容，将程序补充完整。

```
Private Sub pf(__________)
```

```
    Dim i As Integer , j As Integer, t As Single
    For i = 1 To m-1
        For j = __________
            If __________then t = a(i) : a(i) = a(j) : a(j) = t
    Next j i
End Sub
Private Sub Form_Click()
    Dim b(10) As Single, n As Integer
    n = InputBox("请输入 n( < =10):")
    For i = 1 To n
        b(i) = InputBox("")
    Next i
    __________
    For i = 1 To n
        Print b(i)
    Next i
End Sub
```

2. 产生 10 个[30,50]的随机整数,并按从小到大的顺序打印出来,要求调用 Swap 子过程。请填入适当的内容,将程序补充完整。

```
Private Sub Form_Click()
    Dim a(10) As Integer
    Dim i As Integer, j As Integer
    For i = 1 To 10
        a(i) = __________
    Next i
    For i = 1 To 9
        __________
            If a(i) > a(j) Then
                __________
            End If
        Next j
        Form1.Print a(i);
    Next i
    Form1.print __________
End Sub
Public Sub Swap(a As Integer, b As Integer)
    Dim temp As Integer
    temp = a:a = b:b = temp
End Sub
```

3. 证明一个偶数可以分解为两个素数之和。从键盘输入一个大于 4 的偶数,将它所有不重复的分解式求出。请填入适当的内容,将程序补充完整。

```
Option Explicit
Private Sub Form_Click()
    Dim x As Integer
    Dim i As Integer
    Do Until x >4 and x Mod 2 =0          '保证 x 是大于 4 的偶数
        x = Val(InputBox("x ="))
    Loop
    For i = 3 To x /2 Step 2              '在不大于 x 的奇数中找素数
        __________
            Form1.Print x; " = "; i; " + "; x - i
        End If
    Next i
End Sub
Public Function Isprime(x As Integer) As Boolean
    Dim i As Integer
    __________
    For i = 2 To sqr(x)
        __________
            Isprime = False
            Exit For
        End If
    Next i
End Function
```

四、程序阅读题

1. 阅读下列程序,单击命令按钮时,写出窗体显示的结果。

```
Private Sub Command1_Click()
    Dim x As Integer, y As Integer
    x = 89: y = 76
    Call Proc1(x, y)
    Print x; y
End Sub
Public Sub Proc1(n As Integer, ByVal m As Integer)
    n = n Mod 10
    m = m \10
End Sub
```

2. 下面程序运行时,单击窗体后,写出窗体上显示的结果。

```
Private Sub Form_Click()
    Dim A As Integer, B As Integer
    A = 5: B = 2
    Print F(A, B) + 2 * A
    Print F(A, B) + 2 * A
```

```
End Sub
Function F(X As Integer, Y As Integer) As Integer
    X = X - 2 * Y
    If X < 0 Then
        F = X
    Else
        F = Y
    End If
End Function
```

3. 程序运行时，写出第二次单击窗体后的显示结果。

```
Dim x As Integer
Private Sub Form_Load()
    x = 2
End Sub
Private Sub Form_Click()
    Static a As Integer
    Dim b As Integer
    b = b + x ^2
    abc x, b
    a = a + x
    Print a, b, x
End Sub
Sub abc(ByRef y As Integer, ByVal z As Integer)
    y = y + z
    z = y - z
End Sub
```

4. 程序运行时，单击 Command1 按钮，写出窗体上的输出结果。

```
Private Sub Form_Click()
    Dim a As Integer, b As Integer
    a = 5
    b = 8
    Print f2(a, b)
    Print f2(b, a)
End Sub
Public Function f2(ByVal n1 As Integer, n2 As Integer) As Integer
    Dim i As Integer
    Do While n2 >= n1
    f2 = f2 + n2
    n2 = n2 - 1
    Loop
End Function
```

五、程序设计题

1. 输入 n 后，再输入 n 个数 $a_1, a_2, \ldots, a_n$，按照下列公式计算 s 的值并显示。

$$v = \frac{a_1 + a_2 + \cdots + a_n}{n} \qquad s = \frac{\sqrt{(a_1 - v)^2 + (a_2 - v)^2 + \cdots + (a_n - v)^2}}{n}$$

已知求 v 值的函数过程 f 程序如下。编写事件过程 Command1_Click( )，计算 s 值，其中 v 值要求调用函数过程 f 来完成。

```
Private Function f (x() As Single, n As Integer) As Single
    Dim i As Integer
    For i = 1 To n: f = f + x(i): Next i
    f = f /n
End Function
```

2. 编制通用函数过程 fsum，计算 Single 类型一维数组所有元素的和。

3. 编制通用 Sub 过程，在一个 m 行 n 列二维数组中查找绝对值最大的元素，以及该元素的行号、列号（提示：Sub 过程的形参列表：x( ) As Single, m As byte, n As Byte, xmax As Single, ki As Byte, kj As Byte）。

第 6 章

基本控件设计

前面几章介绍了 VB 的编程思想。VB 是面向对象的程序设计语言,提供了许多制作用户界面的控件,这些控件是构成用户界面的基本元素。

从本章开始,将学习 VB 面向对象程序设计知识,学习 Visual Basic 的基本控件及其使用方法,并用它们来编写一些简单的应用程序。

在第 1 章的工具箱介绍中,已经对 Visual Basic 的基本控件有了大概的了解,工具箱如图 6.1 所示。本章主要介绍的控件有:命令按钮、标签控件、文本框、复选框、单选按钮、框架控件和滚动条。

图 6.1　Visual Basic 基本控件

6.1　命令按钮

用户在运行应用程序时往往使用单击命令按钮来执行指定的操作。

6.1.1 命令按钮的建立

在建立命令按钮前，首先必须选取工具箱内的命令按钮图标。选取方法是单击该图标，然后在窗体上拖曳（即按住鼠标左键不放，移动至合适位置，然后松开鼠标）鼠标的方法画出命令按钮，如图 6.2 所示。

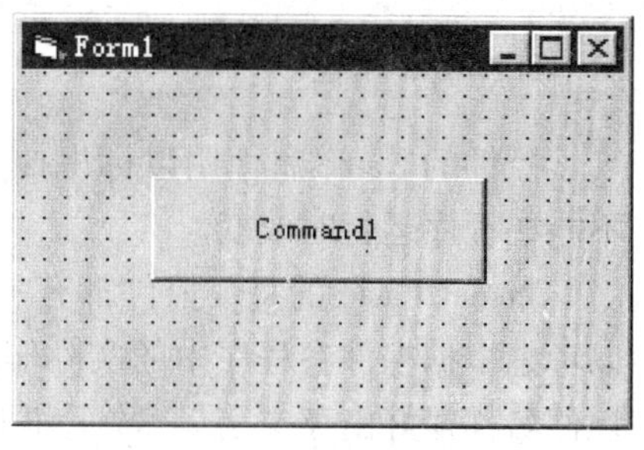

图 6.2 窗体上建立命令按钮示例

其次，调整好命令按钮在窗体上的位置和调整它本身的大小。除了用鼠标调整外，还可以修改命令按钮的属性参数来改变命令按钮的位置和大小。Visual Basic 中的每一个控件（也有称对象）都有属性，窗体有与之对应的属性，命令按钮也有对应的属性。有些属性在设计时可以修改其参数。操作时可先选中控件（如单击命令按钮），再在属性窗口（即 Properties 窗口，如图 6.3 所示）找到要修改的属性并输入属性内容，即属性值。

例如，可以修改命令按钮的 Top 和 Left 属性值来调整它在窗体上的位置，修改 Width 和 Height 属性值来调整它的大小。

接下来，设定好命令按钮的位置和大小后，设定它的标题。例如将命令按钮的标题改成"Exit"，只需在属性窗口找到 Caption 属性并将"Command1"改成"Exit"即可。此时，可看到命令按钮的标题已是 Exit，且新标题自动位于命令按钮的中间。

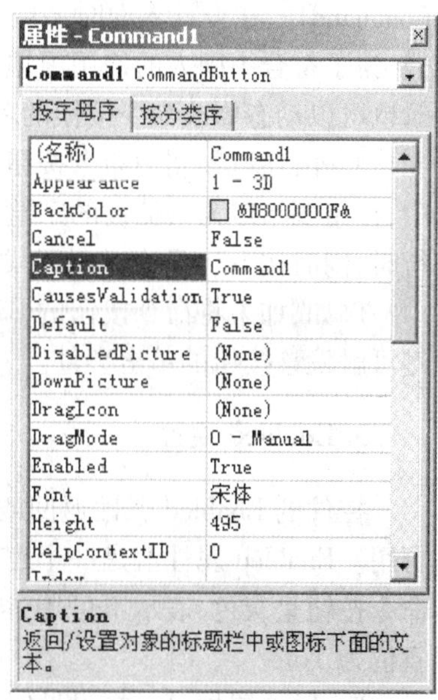

图 6.3 命令按钮属性窗口

最后，需要给命令按钮加上程序代码，这样，程序在运行时，当用户按此命令按钮就能产生相应的动作。Visual Basic 应用程序代码内各个事件过程的结构为如下所示的格式：

```
Private Sub 控件名称_事件名称()
  …
End Sub
```

如果要输入命令按钮的程序代码，只要在窗体中双击该命令按钮，就自动进入命令按钮的代码编写窗口，然后添加程序代码。

```
Private Sub Command1_Click()
    …
End Sub
```

6.1.2 命令按钮的常用属性

1. Name 属性

控件的 Name 属性用以标识控件，具有惟一性。Name 属性只能在属性窗口中设置，不能在程序运行时改变。

Visual Basic 的每个控件都有一个缺省的名称，为了操作方便、提高程序的可读性，可以考虑根据控件在程序中的实际作用，为其另取一个合适的名称，为方便编写程序代码，控件名称最好由英文字母、数字和下划线组成，并能见名知意。

本书中，控件名称一般采用缺省的名称。名称为 Command1、Command2……

2. Caption 属性

Caption 属性返回或设置显示在控件上的标题。Caption 属性的缺省值与控件的 Name 属性缺省值相同，如新建名称属性为 Command1 的命令按钮，其 Caption 属性的初值也是 Command1。在设计界面时一般都要重新设置命令按钮的 Caption 属性，说明该按钮的功能，为了符合中国人的使用习惯，命令按钮的 Caption 属性通常用中文描述。在程序运行时也可以动态修改命令按钮的名称。

此外，还可以利用命令按钮控件的 Caption 属性为该按钮设置一个快捷键。在Caption 中，在想要指定为快捷键的字符前加一个"&"符号，该字符就带有一个下划线。在程序运行时，同时按下〈Alt〉键和带下划线的字符，就相当于单击命令按钮。

例如，如果将命令按钮的 Caption 属性设置为"退出(&X)"，效果为，按下〈Alt〉+〈X〉键可触发该按钮的单击事件。

3. Enabled 属性

控件的 Enabled 属性返回或设置控件是否响应用户生成的事件，也就是该控件是否可用。Enabled 属性值是一个逻辑常量，为 False 或 True。当 Enabled 属性值为 False 时，命令按钮呈灰色，表示不可用；当 Enabled 属性值为 True 时，控件可用。Enabled 属性的缺省值为 True。

Enabled 属性可以在设计时设置，也可以在运行时用赋值语句为其赋值。

4. Visible 属性

返回或设置一个值，决定控件运行时是否可见。当命令按钮的 Visible 值设置为 True (缺省值)时，命令按钮可见；当 Visible 值设置为 False 时，命令按钮不可见。

5. Default 属性和 Cancel 属性

Default 属性返回或设置一个值，用来指示窗体中命令按钮是否为缺省命令按钮。

Cancel 属性返回或设置一个值，用来指示窗体中命令按钮是否为取消命令按钮。

在窗体上有一组命令按钮，除了通过鼠标选择操作外，对于其中两个“缺省”和“取消”操作的按钮，还可以通过使用〈Enter〉键和〈Esc〉键来进行选择，为用户操作提供方便。在应用软件开发中经常使用这两个按钮。

通过将一个命令按钮的 Default 属性设置为 True，使其成为“缺省”按钮。此时，窗体上不管哪一个非命令按钮控件具有焦点，只要用户按〈Enter〉键，就相当于单击该按钮。

通过将一个命令按钮的 Cancel 属性设置为 True，使其成为“取消”按钮。此时，窗体上不管哪一个非命令按钮控件具有焦点，只要用户按〈Esc〉键，就相当于单击该按钮。

注意：

①窗体中只能有一个命令按钮为“缺省”命令按钮，当某个命令按钮的 Default 属性设置为 True 时，窗体中其他的命令按钮的 Default 属性自动设置为 False。对于“取消”命令按钮也是同样。

②如果焦点在某命令按钮上，按回车就执行该命令按钮的单击事件，不会去执行 Default属性设置为 True 的命令按钮。

6. BackColor 属性

BackColor 属性返回或设置控件中文字或图形的背景色。

7. Style 属性

Style 属性用来设置命令按钮是标准的还是图形的。当 Style 属性设置为 0（缺省值）时，命令按钮是标准 Windows 按钮，只能显示文字；如果将 Style 属性设置为 1，则文字、图形均可显示。

8. Picture 属性

Picture 属性返回或设置控件中显示的图形，此属性只有当 Style 属性设置为 1 时才有效。

9. FontName 属性

设定控件标题的字体名称。

10. FontSize 属性

设定控件标题的字体大小。

11. FontBold 属性

设定控件标题是否以粗体字显示。

12. FontItalic 属性

设定控件标题是否以斜体字显示。

13. FontStrikethru 属性

设定控件标题上是否加删除线。

14. FontUnderline 属性

设定控件标题上是否加下划线。

15. Index 属性

如果有值,表示此控件为控件数组的成员,该值就是控件的下标值。

16. TabIndex 属性

此值与控件的建立顺序有关,第 1 个控件的值为 0,第 2 个控件的值为 1,以此类推。该值决定用户按 Tab 键时控件的焦点顺序,可以在编辑状态修改。通常将程序运行后第一个自动获得焦点的控件的 TabIndex 设置为 0。

6.1.3 命令按钮的常用事件

命令按钮的常用事件是 Click 事件,命令按钮的功能是通过编写命令按钮的 Click 事件程序代码实现的。

用户触发命令按钮事件的方式有以下几种:

(1)鼠标单击命令按钮。

(2)在命令按钮获得焦点时,按〈Enter〉键。

(3)对于设计了访问键的命令按钮,按〈Alt〉+访问键。

【例 6-1】 在窗体上设计两个命令按钮“开始”和“退出”。程序开始时,“退出”按钮呈灰色;当按“开始”钮后,计算 $S=1+2+3+\cdots+10$,输出该值并使“退出”按钮能响应,而“开始”按钮不能响应,两个命令按钮设置的快捷键是〈K〉和〈T〉。

分析

通常情况下,控件的初始化处理放在 Form_Load( )事件中,当然,也可以在编辑状态进入属性窗口时设置;通过一个 For 语句就可以计算 S 的值。

程序

```
Private Sub Form_Load()
    Command1.Caption = "开始(&K)"
    Command2.Caption = "退出(&T)"
    Command2.Enabled = False                  '使“退出”按钮不能响应
End Sub
Private Sub Command1_Click()
    Dim i As Integer, S As Integer
    For i = 1 To 10: S = S + i: Next i
```

```
    Print "1 +2 +3 + ... +10 = "; S
    Command1.Enabled = False                 '使"开始"按钮不能响应
    Command2.Enabled = True                  '使"退出"按钮能响应
End Sub
Private Sub Command2_Click()
    End
End Sub
```

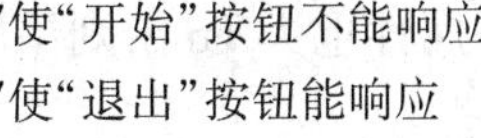

运行结果

程序启动后，命令按钮"退出"呈灰色不可用，按"开始"按钮后，出现如图 6.4 所示的结果，按"退出"按钮结束程序。

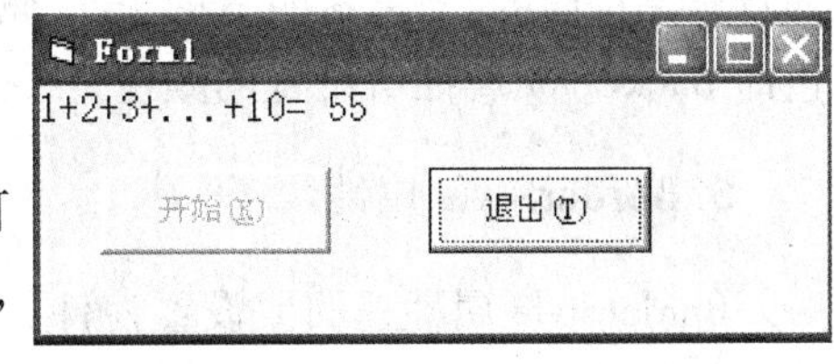

图 6.4　例 6-1 的运行界面

6.2　标签

标签用来显示用户不能直接改变的文本，比如用作标注其他控件、用作程序代码执行时改变 Caption 属性来显示程序结果等信息。

工具箱中标签控件的图标为 A。

在窗体上建立标签的操作步骤与建立命令按钮的操作基本相同，而且它们的常用属性（如 Name，Caption，Left，Top，Height，Width）的含义也一样，本节不再赘述。缺省的 Name 及 Caption 是 Label1，Label2……

6.2.1　标签的常用属性

1. Alignment 属性

Alignment 属性返回或设置标签中文本的对齐方式。当 Alignment 属性值为 0（缺省值）时，文本在标签中左对齐；当 Alignment 属性值为 1 时，文本在标签中右对齐；当 Alignment 属性值为 2 时，文本在标签中居中对齐。

2. AutoSize 属性

AutoSize 属性返回或设置控件是否自动改变大小以显示所有内容。

3. WordWrap 属性

WordWrap 属性返回或设置控件是否扩大以显示所有内容。

当 Caption 的文本超过标签的宽度时，若标签的 Autosize 属性值为 False（缺省值），则保持标签的大小不变，超出部分不予显示；若标签的 Autosize 属性值为 True，且 WordWrap 属性为 False(缺省值),则自动增加标签的宽度以显示全部内容;若标签的 Autosize 属性值为 True,且 WordWrap 属性也为 True,则保持标签的宽度不变增加标签的高度以显示全部内容。

4. BackStyle 属性

BackStyle 属性返回或设置控件的背景样式。当标签的 BackStyle 属性值为 0 时,标签的背景是透明的;当标签的 BackStyle 属性值为 1(缺省值)时,标签的背景不透明。背景色即 BackColor 属性所设置的颜色。

5. BorderStyle 属性

BorderStyle 属性返回或设置控件的边框样式。标签的 BorderStyle 属性值为 0(缺省值)时,无边框;标签的 BorderStyle 属性值为 1 时,有边框。

【例 6-2】　当标签的 AutoSize 和 WordWrap 属性设置不同时,观察运行结果。设计界面如图 6.5 所示。

程序

```
Private Sub Form_Load()
    Label1.Caption = "在程序设计中,习惯上还是将标签作为文本显示使用"
    Label2.Caption = "在程序设计中,习惯上还是将标签作为文本显示使用"
    Label3.Caption = "在程序设计中,习惯上还是将标签作为文本显示使用"
End Sub
Private Sub Form_Click()
    Label2.AutoSize = True
    Label3.WordWrap = True
    Label3.AutoSize = True
End Sub
```

运行结果

程序运行界面如图 6.6 所示。

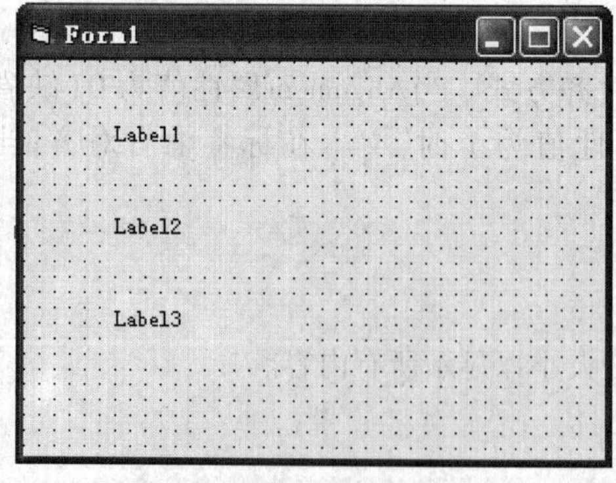

图 6.5　例 6-2 的设计界面

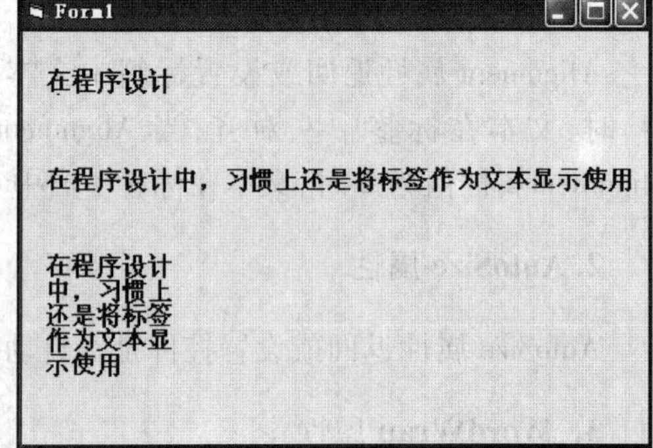

图 6.6　例 6-2 的运行界面

说明

程序启动前,3 个标签的属性设置相同,运行 Form_Click( )后,AutoSize 和 WordWrap 属性设置不同,所以产生了图 6.6 的运行结果。

6.2.2 标签的常用事件

在程序设计中,习惯上还是将标签作为文本显示使用,很少设计标签的事件过程。

6.3 文本框

文本框控件处理的是字符型数据。它通常用于在程序运行时输入文本、编辑文本和输出文本,是计算机与用户进行信息交互的控件。

工具箱中文本框控件的图标为[abl]。

文本框控件的缺省名称为 Text1、Text2……

6.3.1 文本框的常用属性

1. Text 属性

Text 属性返回或设置文本框中的文本。Text 属性是文本框控件最重要的属性之一,可以在设计时设置 Text 属性,也可以在运行时直接在文本框内输入,或通过程序代码对 Text 属性重新赋值来改变 Text 属性的值。

2. MaxLength 属性

MaxLength 属性返回或设置在文本框控件中能够输入的最大字符数。MaxLength 属性的取值范围为 0 ~ 65535。默认值为 0,与 65535 等价。若在其取值范围内设定了一个非 0 值,则尾部多出的部分被截断。

例如,将文本框 Text1 的 MaxLength 设置为 6,那么程序运行时 Text1 只接受 6 个字符;又如执行下列语句后,窗体上文本框内只显示"abcdefghij"。

```
Text1.MaxLength = 10
Text1.Text = "abcdefghijk12345"
```

3. MultiLine 属性

MultiLine 属性返回或设置文本框是否接受多行文本。

当 MultiLine 属性值为 False(缺省值)时,文本框中的字符只能在一行中显示。

当 MultiLine 属性值为 True 时,则可以在文本框的 Text 属性中加入换行符使文本多行显示。换行符加入的方法有:

①设计时,在属性窗口中设置 Text 属性时,在需要换行时直接按〈Ctrl〉+〈Enter〉键进行换行。

②在程序代码中用赋值语句修改 Text 属性,在需要换行时加入回车符(Chr(13)或 vbCr)和换行符(Chr(10)或 vbLf)才可换行,也可以将回车换行符连起来用 vbCrLf 表示。

③在程序运行时,当 MultiLine 属性值为 True 时,在文本框中输入的正文超出显示框时,会自动换行。按〈Enter〉键可插入一空行。

4. ScrollBars 属性

ScrollBars 属性返回或设置文本框是否有垂直或水平的滚动条。当文本过长,可能超过文本框的边界时,应该为该控件添加滚动条。具体说明如下:

①ScrollBars 属性值为 0(缺省值)时,无滚动条。

②ScrollBars 属性值为 1 时,加水平滚动条。

③ScrollBars 属性值为 2 时,加垂直滚动条。

④ScrollBars 属性值为 3 时,同时加水平、垂直滚动条。

需要注意的是,必须将文本框的 MultiLine 属性设置为 True,ScrollBars 属性设置为 1、2、3 时才会出现滚动条。

5. PasswordChar 属性

PasswordChar 属性用于掩盖文本框中输入的内容,常用于输入密码。如果将 PasswordChar设置为某个字符,文本框将所有的输入都显示为该字符。

虽然能够使用任何字符,但是大多数基于 Windows 的应用程序都使用星号(*)。

例如文本框 Text1 的 PasswordChar 属性设置为“*”,程序运行后如果输入“123456”,Text1 中显示的内容是“******”。

6. Locked 属性

默认情况下 Locked 属性为 False,如将文本框的 Locked 属性设为 True,文本框的 Text 属性为只读、不能修改。

【例 6-3】 设计一个银行账务处理初始界面,检查口令的程序,界面如图 6.7 所示。用于输入密码的文本框的长度为 6 个字符。程序运行后,账号已刷卡确定,不能修改,在第二个文本框中输入密码,单击“确定”按钮,检查密码是否正确。若正确,则进入第二个窗体;否则显示一个信息框,重新输入,这样允许重输 3 次,超过 3 次,则结束程序。

程序

```
Const passwd = "654321"                   '模块级变量,预设密码
Dim n As Integer                          '模块级变量,用于计数
Private Sub Form_Load()
   Text1.Text = "Z001"
```

```
        Text1.Locked = True                    '账号不能修改,也可以设置 Enabled 属性
        Text2.Text = ""
        Text2.MaxLength = 6                    '长度为 6 个字符
        Text2.PasswordChar = "*"
    End Sub
    Private Sub Command1_Click()
        If Text2.Text = passwd Then            '判断密码是否正确
            MsgBox ("密码正确! 继续下一步操作")
            Form2.Show
            Form1.Hide
        Else
            MsgBox ("密码错误!")
            n = n + 1                          '计数密码错误的次数
            If n = 3 Then MsgBox ("已经 3 次未通过密码校验,非法用户!"): End
        End If
    End Sub
```

运行结果

密码输入正确时的运行界面如图 6.7 所示。

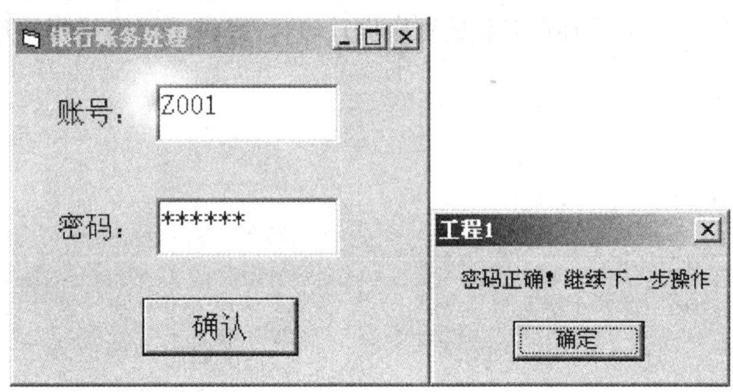

图 6.7　例 6-3 的运行界面

说明

程序启动后,运行 Form_Load()的代码,当然,这些属性也可以在编辑时进行设置。

程序中设了 2 个模块级变量,要判断的密码是预先约定好的,所以作为模块级变量。

每一次单击命令按钮,如果密码错误,需要保留密码错误的次数,所以 n 设为模块级变量。

7. 文本编辑属性

共 3 个属性,是文本框文本的编辑属性。

(1) SelStart 属性。该属性用来返回或指定选定文本框的起始位置。若 SelStart 值为 0,则所指示的起始位置是文本框的第一个字符;若 SelStart 值为 1,则所指示的起始位置是文本框的第 2 个字符,依此类推。

(2) SelLength 属性。该属性用来返回或指定所选的字符个数。

(3) SelText 属性。该属性用来返回或指定选定的字符。

注意:以上 3 个与文本选定操作有关的属性只能在程序代码中进行读写操作,设计时不可用。

设置了 SelStart 和 SelLength 属性后,VB 会自动将选定的文本送入 SelText。这些属性配合剪贴板对象(ClipBoard)提供的方法可以对选定的文本进行“复制”、“剪切”和“粘贴”的操作。具体程序设计见例 6-6。

【例 6-4】 建立两个文本框,有关属性如表 6-1 所示,阅读程序代码,观察运行结果。

表 6-1 文本框属性

控件名	属性	属性值
Text1	MultiLine	True
Text1	ScrollBars	2
Text2	MultiLine	True
Text2	ScrollBars	2

程序

```
Private Sub Form_Load()
    Text1.Text = "VB是面向对象的程序设计语言,提供了许多制作用户界面的控件,是构成用户界面的基本元素。"
    Text2.Text = ""
End Sub
Private Sub Form_Click()
    Text1.SelStart = 3
    Text1.SelLength = 11
    Text2.Text = Text1.SelText                '将选中内容放入 Text2
    Text1.SetFocus                            '文本框获得焦点
End Sub
```

运行结果

程序启动后,单击窗体,出现如图 6.8 所示结果。

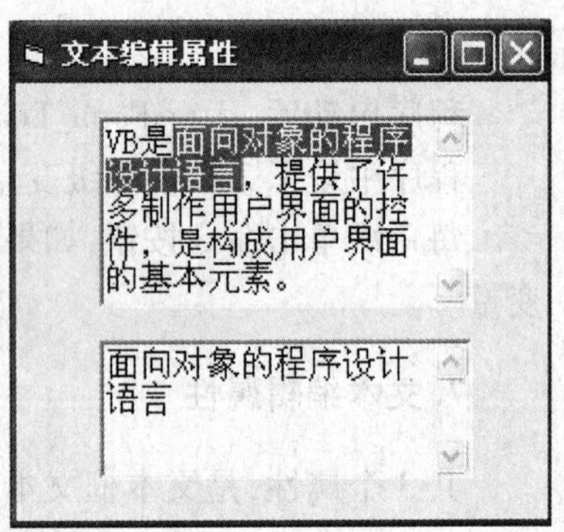

图 6.8 例 6-4 的运行界面

说明

如果要对任意选中文本进行复制,在 Form_Click() 中删除前两句即可,运行时,先选定要复制的文本,然后单击窗体,实现代码为:

```
Private Sub Form_Click()
    Text2.Text = Text1.SelText
    Text1.SetFocus
End Sub
```

6.3.2　文本框的常用方法

文本框有多个方法,可以通过对象浏览器查看,主要方法是设置焦点的 SetFocus 方法,功能是将光标移动到指定的文本框中去。

格式如下:

```
文本框名称.SetFocus
```

6.3.3　文本框的常用事件

1. Change 事件

一旦文本框中的 Text 属性发生改变,将触发文本框的 Change 事件。当用户输入一个字符,就会触发一次 Change 事件。如果输入 5 个字符,比如“Hello”,就会触发 5 次 Change 事件。

【例 6-5】　窗体上有一文本框,阅读程序代码,写出当在文本框输入“1234”后的运行结果。

程序

```
Private Sub Form_Load()
    Text1.Text = ""
End Sub
Private Sub Text1_Change()
    Print Text1.Text
End Sub
```

运行结果

程序启动后,输入“1234”,出现如图 6.9 所示结果。

说明

Text1_Change()事件被触发 4 次。

图 6.9　例 6-5 的运行界面

2. KeyPress 事件

KeyPress 事件是在文本框获得焦点并且用户按下了键盘上的按键后被触发,此事件会返回一个 KeyAscii 参数到 KeyPress 事件过程中。例如,当用户输入“A”字符,返回的 KeyAscii 参数值是 65,通过 Chr(KeyAscii)可以将 ASCII 码转换为“A”;当用户按下回车键,返回的 KeyAscii 参数值是 13。同 Change 事件一样,用户输入一个字符,就会触发一次 KeyPress 事件。

KeyPress 事件过程在测试文本框中所输入什么键时是非常有用的,如果在程序中改变 KeyAscii 的值将会改变文本框显示的字符。文本框的 KeyPress 事件语法格式为:

```
Private Sub <文本框名称>_KeyPress(KeyAscii As Integer)
```

例如,要设计一个只接受数字键的文本框,可以编写以下程序代码:

```
Private Sub Text1_KeyPress(KeyAscii As Integer)
    If KeyAscii < Asc("0") Or KeyAscii > Asc("9") Then    '判断为非数字键
        KeyAscii = 0            '改变键入文本框的显示为空字符,即不显示
    End If
End Sub
```

【例 6-6】 设计一个简易的文本编辑器,参考图 6.10 所示界面,可以对文本进行剪切、复制和粘贴操作。这些操作通过 ClipBoard 实现。

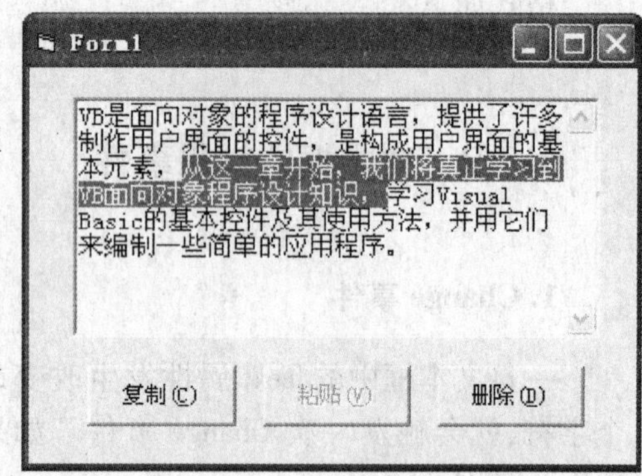

图 6.10　例 6-6 的运行界面

3 个命令按钮名称依次为 Command1、Command2 和 Command3。

在阅读源程序前,先学习应用剪贴板对象(ClipBoard)的 3 种方法:

①Clipboard. Clear:清除剪贴板原有的内容;

②Clipboard. SetText Text1. SelText:将文本框 Text1 中选定的内容送入剪贴板;

③Text1. SelText = Clipboard. GetText:将剪贴板的内容放入文本框 Text1 中插入点所在位置,或替换文本框中当前已选中的文字。

程序

```
Private Sub Form_Load()
    Command1.Enabled = False
    Command2.Enabled = False
    Command3.Enabled = False
End Sub
Private Sub Command1_Click()                    '复制操作
    Clipboard.Clear
    Clipboard.SetText Text1.SelText
    Command2.Enabled = True
    Text1.SetFocus
End Sub
Private Sub Command2_Click()                    '粘贴操作
    Text1.SelText = Clipboard.GetText
    Text1.SetFocus
End Sub
Private Sub Command3_Click()                    '删除操作
    Text1.SelText = ""
    Command1.Enabled = False
    Command3.Enabled = False
```

```
Text1.SetFocus
End Sub
Private Sub Text1_MouseUp(Button As Integer, Shift As Integer, X As Single, Y As Single)
    If Text1.SelLength <> 0 Then          '选定了一段文本
        Command1.Enabled = True
        Command2.Enabled = False
        Command3.Enabled = True
    Else
        Command1.Enabled = False
        Command3.Enabled = False
    End If
End Sub
```

说明

在文本编辑的剪切、复制和粘贴操作中，一旦选定了第一步操作，就基本上选定了下一步可能的操作，所以代码中对 3 个命令按钮的 Enabled 属性设置比较多。

程序中，Text1_MouseUp( ) 是鼠标事件，释放鼠标时发生，以下章节会详细讲解。

6.4 复选框

许多应用程序的用户界面提供多种选项，需要从多个选项中选择一个或多个选项来实现某一问题。

复选框控件就是提供选择项的控件，如果窗体上有多个复选框，每个复选框之间都是相互独立的，用户可以同时选中多个复选框。例如，图 6.11 是爱好调查程序的运行情况，其中选项应用了复选框控件。

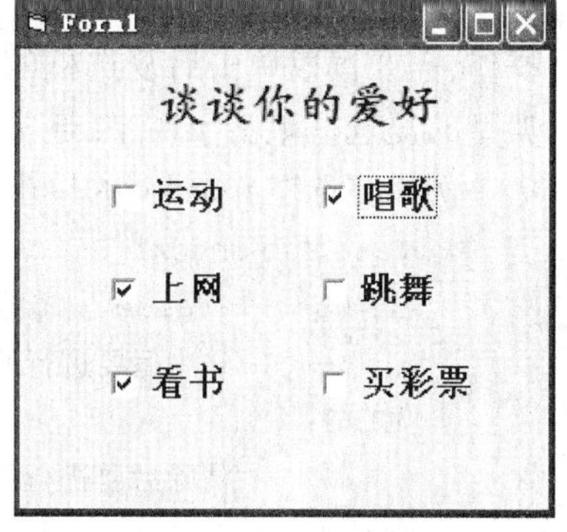

图 6.11 复选框控件举例

"复选框"在 Visusl Basic 工具箱中的图标形状为☑。

复选框控件的缺省名称为 Check1、Check2……

6.4.1 复选框的常用属性

1. Caption 属性

Caption 属性返回或设置复选框控件的标题，用于给出选项提示。

2. Alignment 属性

Alignment 属性返回或设置复选框的对齐方式。

Alignment 属性值为 0(缺省值)时,复选框的方框在标题文字的左边;Alignment 属性值为 1 时,复选框的方框在标题文字的右边。

3. Value 属性

Value 属性返回或设置复选框的选中状态。

(1) Value 属性值为 0(缺省值)时,复选框控件为未选中;Value 属性值为 1 时,复选框控件的方框内显示选中标记(√);Value 属性值为 2 时,复选框控件的方框内显示灰色的选中标记(√)。

(2) 运行时单击复选框。如果原先 Value 属性值为 0(复选框控件未选中),单击后 Value 属性值变为 1(同时复选框控件的方框内显示"√"标志)。

如果原先 Value 属性值为 1 或 2(复选框控件的方框内为黑色或灰色的选中标记(√)),单击后 Value 属性值变为 0(同时复选框控件变为未选中)。

运行时反复单击同一复选框控件时,其 Value 属性值只能在 0 和 1 之间交替变换。

6.4.2 复选框的常用事件

复选框控件的常用事件为 Click 事件,复选框不支持鼠标双击事件,系统把一次双击解释为两次单击事件。

复选框控件在程序中是为用户提供选择项目的,为了判断用户是进行选中还是清除操作,需要读取单击后复选框的 Value 属性值,从而为程序的进一步运行提供依据。所以典型的复选框单击事件中,通常都有选择结构。

例如复选框 Check1 的单击事件的典型程序结构通常为:

```
Private Sub Check1_Click()
    If Check1.Value = 1 Then
        …    '选中后要进行的操作
    Else
        …    '清除后要进行的操作
    End If
End Sub
```

或

```
Private Sub Check1_Click()
    Select Case  复选框控件名.Value
        Case 0
                语句
        Case 1
                语句
```

```
    End Select
End Sub
```

【例 6-7】　本例是复选框控件示例程序，该程序运行结果如图 6.12 所示，在文本框中输入一些文本，当用鼠标单击粗体、斜体或下划线选项时，可以在文本框中看到效果，单击“结束”按钮则程序终止。

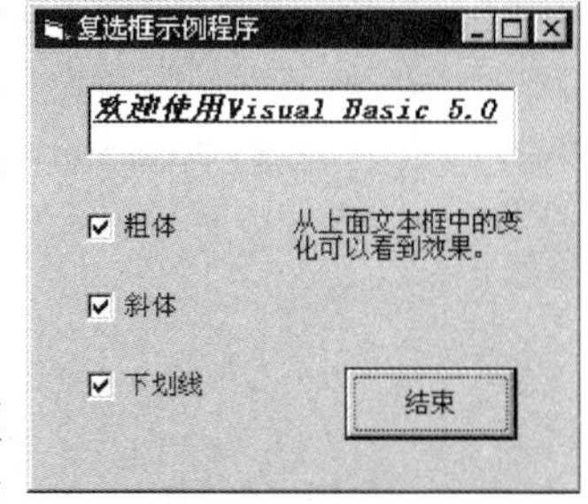

图 6.12　例 6-7 的运行界面

分析

首先，新建一个工程，在窗体 Form1 上添置 1 个文本框(Text)、3 个复选框(CheckBox)和 1 个命令按钮(Command1)和 1 个标签框(Label1)。属性设置如表 6-2 所示。

表 6-2　属性设置表

对　象	属　性	设　置
窗体 Form1	Caption	复选框示例程序
命令钮 Command1	Caption	结束
复选框 Check1	Caption	粗体
	Value	0
复选框 Check2	Caption	斜体
	Value	0
复选框 Check3	Caption	下划线
	Value	0
标签框 Label1	Caption	从上面文本框中的变化可以看到效果

程序

```
Private Sub Check1_Click()
    If  Check1.Value = 1  Then              '判断是否选中粗体选项
        Text1.FontBold = True               '设置文本框字体为粗体
    Else
        Text1.FontBold = False              '取消粗体
    End If
End Sub
Private Sub Check2_Click()
    If Check2.Value = 1 Then                '判断是否选中斜体选项
        Text1.FontItalic = True             '设置文本框字体为斜体
    Else
        Text1.FontItalic = False            '取消斜体
    End If
End Sub
Private Sub Check3_Click()
    If Check3.Value = 1 Then                '判断是否选中下划线选项
        Text1.FontUnderline = True          '给文本框文本加下划线
```

```
    Else
        Text1.FontUnderline = False     '取消下划线
    End If
End Sub
Private Sub Command1_Click()
    End                                 '结束程序
End Sub
```

6.5 单选按钮

单选按钮用来显示一组互相排斥的选项,在一个容器内所有单选按钮所提供的选项中,用户只能选中其中的一个。当用户单击单选按钮时,就选中了这个选项,在单选按钮的圆形框内会出现选中标记"·",同时自动取消这组按钮中其他单选按钮的选中标记。图6.13是一个填表程序,其中男、女选项就是应用了单选按钮控件,用户只能选择其中的一项。

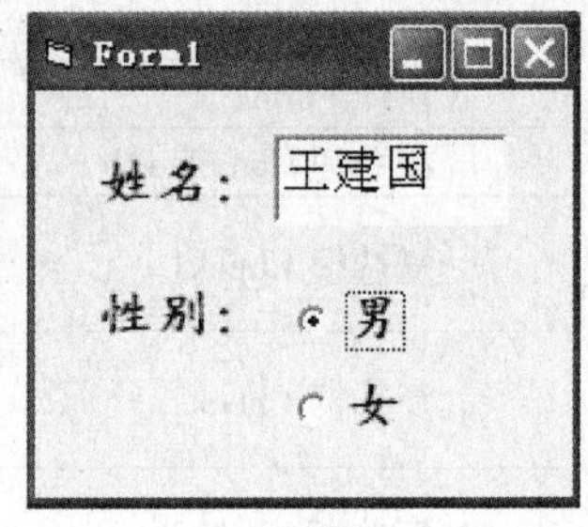

图6.13 单选按钮示例

工具箱中单选按钮控件的图标为◉。

单选按钮控件的缺省名称为Option1、Option2……

6.5.1 单选按钮的常用属性

与复选框控件含义相同的属性,Caption属性、Alignment属性、Enabled属性不再赘述。

Value属性返回或设置单选按钮的选中状态。Value属性值为False(缺省值)时,单选按钮控件的圆形框内为空白;Value属性值为True时,单选按钮控件的圆形框内显示选中标记"·"。

运行时单击单选按钮后其Value值变为True,同时单选按钮控件的圆形框内显示选中标记"·"。与复选框不同的是,在运行时反复单击同一单选按钮控件时,其Value属性值只能取True。只有单击了其他的单选按钮才会使这个单选按钮的Value属性值变为False。

6.5.2 单选按钮的常用事件

单选按钮的常用事件是Click事件。由于单选按钮不具有像复选框一样的开关性能,单击操作就是选定操作,所以单选按钮的Click事件中要执行的代码段不需要选择结构控制。

【例6-8】 窗体上有3个单选按钮控件组成了控件数组,取名为Option1,其Index属性值分别为0、1、2,对应的Caption属性分别为10点、18点、36点 。其他控件的说明参见例6-7,程序运行界面如图6.14所示。

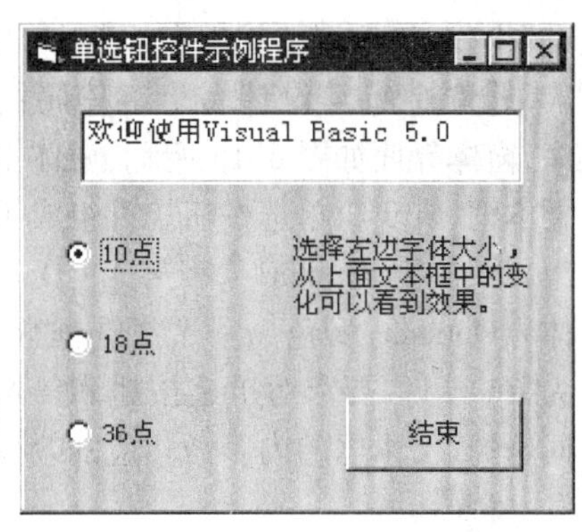

图6.14　例6-8的运行界面

分析

对3个单选按钮可以采用控件数组,编写语句就只需在一个Click事件中完成。若不采用控件数组,则需对每个单选按钮控件的Click事件编写代码。

程序

```
Private Sub Option1_Click(Index As Integer)
'判断是否选择了选项
    Select Case Index
      Case 0                    '选择了第一个单选按钮
        Text1.FontSize = 10
      Case 1                    '选择了第二个单选按钮
        Text1.FontSize = 18
      Case 2                    '选择了第三个单选按钮
        Text1.FontSize = 36
    End Select
End Sub
Private Sub Command1_Click()
    End                         '结束程序
End Sub
```

6.6　框架

当窗体上有许多单选按钮选项时,所有单选按钮自动构成一个组,即只有一个单选按钮被选中。当需要将单选按钮分成相互独立的两组时,就要使用框架控件。

框架控件的主要作用是对窗体上的控件进行分组,它是一个容器控件。当移动框架时,框架内的控件也随之移动。

工具箱中框架控件的图标为[图标]。

框架控件的缺省名称为Frame1、Frame2……

框架的Caption属性设置框架的标题,对框架的内容进行说明。

向框架内添加控件的方法有两种:

(1) 先建立框架控件,然后选定工具箱中的控件,在框架内进行拖画。

(2) 已分别建立了控件和框架,可以选定控件进行“剪切”操作,再选定框架进行“粘贴”操作,最后调整控件在框架中的位置。

【例 6-9】 设计一个字体属性设置程序,窗体界面如图 6.15 所示,窗体上有一个文本框,有 3 组单选按钮控件组成了控件数组,取名为 Option1(字号)、Option2(字体)、Option3(颜色),一个复选框数组,取名为 Check1。要求对单选按钮和复选框的不同选择,文本框的内容做相应的改变。

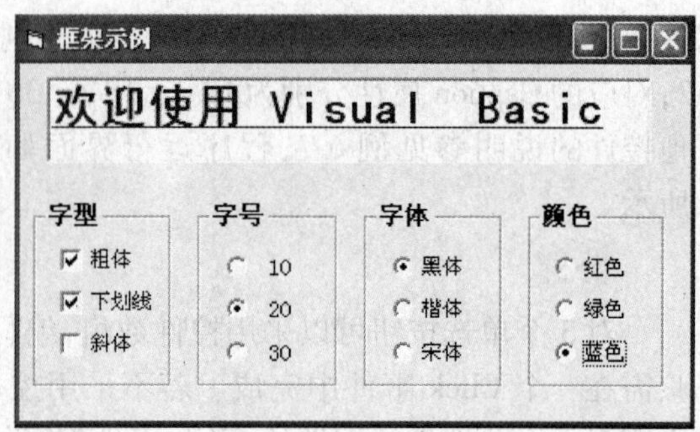

图 6.15　例 6-9 的运行界面

程序

```
Private Sub Form_Load()
    Text1.Text = "欢迎使用 Visual Basic"
    Text1.FontSize = 20
End Sub
Private Sub Check1_Click(Index As Integer)
    Select Case Index
        Case 0                                          '判断粗体
            If Check1(0).Value = 1 Then
                Text1.FontBold = True
            Else
                Text1.FontBold = False
            End If
        Case 1                                          '判断下划线
            If Check1(1).Value = 1 Then
                Text1.FontUnderline = True
            Else
                Text1.FontUnderline = False
            End If
        Case 2                                          '判断斜体
            If Check1(2).Value = 1 Then
                Text1.FontItalic = True
            Else
                Text1.FontItalic = False
            End If
    End Select
End Sub
Private Sub Option1_Click(Index As Integer)     '设置字号
    Select Case Index
        Case 0
            Text1.FontSize = 10
        Case 1
```

```
            Text1.FontSize = 20
        Case 2
            Text1.FontSize = 30
    End Select
End Sub
Private Sub Option2_Click(Index As Integer)    '设置字体
    Select Case Index
        Case 0
            Text1.FontName = "黑体"
        Case 1
            Text1.FontName = "楷体_GB2312"
        Case 2
            Text1.FontName = "宋体"
    End Select
End Sub
Private Sub Option3_Click(Index As Integer)    '设置颜色
    Select Case Index
        Case 0
            Text1.ForeColor = vbRed            '红色
        Case 1
            Text1.ForeColor = vbGreen          '绿色
        Case 2
            Text1.ForeColor = vbBlue           '蓝色
    End Select
End Sub
```

6.7　程序举例

【例 6-10】　设计一个家电提货单管理程序，运行界面如图 6.16 所示。具体要求如下：

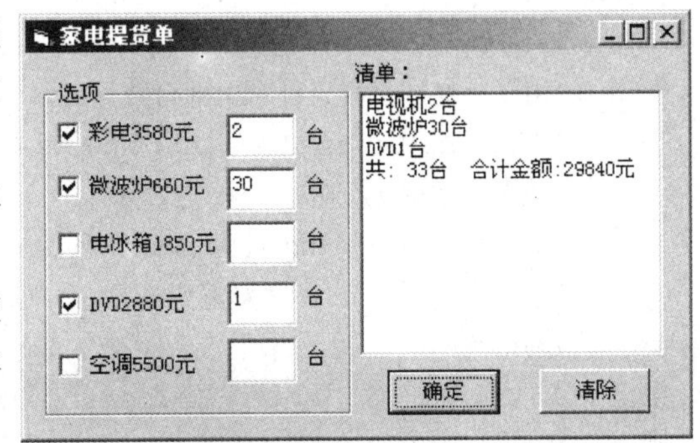

图 6.16　例 6-10 的运行界面

(1)单击“确定”按钮后，将选择的清单及总价在文本框中列出。

(2)每选择一种家电，光标自动定位在相应的文本框中，取消选择时，相应的文本框自动清空，而且不可用。

(3)“清除”按钮用于清空“清单”文本框中的项目。

(4)所有文本框只接受数字键，并且只有选取了一种家电后才可以继续输入；如果没有选取,那么文本框不能编辑并清空。

分析

首先设计界面,本例并没有要求建立控件数组,但因5个文本框和5个复选框的操作是一样的,所以为5个文本框和5个复选框建立控件数组 Text1 和 Check1,下标范围为0~4;Text2 用于显示清单,设置 Multiline = True;建立2个命令按钮 Command1 和 Command2 用于“确定”和“清除”。

程序

```
Private Sub Form_Load()
    Text2.Text = ""
    For i = 0 To 4                          '文本框控件数组清空、不可输入
            Text1(i).Text = ""
            Text1(i).Enabled = False
    Next i
End Sub
Private Sub Text1_KeyPress(Index As Integer, KeyAscii As Integer)
    '所有文本框只接受数字键
    If KeyAscii < Asc("0") Or KeyAscii > Asc("9") Then KeyAscii = 0
End Sub
Private Sub Check1_Click(Index As Integer)
    '复选框控件数组名是 Check1
    If Check1(Index).Value = 1 Then         '文本框可用,光标自动定位
          Text1(Index).Enabled = True
          Text1(Index).SetFocus
    Else                                    '文本框清空,不可用
          Text1(Index).Text = ""
          Text1(Index).Enabled = False
    End If
End Sub
Private Sub Command1_Click()
    '用 5 个变量存放 5 种家电的台数
    Dim n0 As Long, n1 As Long, n2 As Long, n3 As Long, n4 As Long
    If Check1(0).Value = 1 Then
        n0 = Val(Text1(0).Text)
        Text2.Text = "彩电" + Text1(0).Text + "台" + Chr(13) + Chr(10)
    End If
    If Check1(1).Value = 1 Then
        n1 = Val(Text1(1).Text)
        Text2.Text = Text2.Text + "微波炉" + Text1(1).Text + "台" + Chr(13) + Chr(10)
    End If
    If Check1(2).Value = 1 Then
```

```
        n2 = Val(Text1(2).Text)
        Text2.Text = Text2.Text + "电冰箱" + Text1(2).Text + "台" + Chr(13) + Chr(10)
    End If
    If Check1(3).Value = 1 Then
        n3 = Val(Text1(3).Text)
        Text2.Text = Text2.Text + "DVD" + Text1(3).Text + "台" + Chr(13) + Chr(10)
    End If
    If Check1(4).Value = 1 Then
        n4 = Val(Text1(4).Text)
        Text2.Text = Text2.Text + "空调" + Text1(4).Text + "台" + Chr(13) + Chr(10)
    End If
    Text2.Text = Text2.Text + "共:" + Str(n0 + n1 + n2 + n3 + n4) + "台 合计金额:" +
    Str(n0 * 3580 + n1 * 660 + n2 * 1850 + n3 * 2880 + n4 * 5500) + "元"
End Sub
Private Sub Command2_Click()
      Text2.Text = ""
End Sub
```

说明

本例操作要求很多,这些功能的实现放到了 5 个事件过程中。通过本例可以看到使用控件数组大大简化了编程的工作量。

当文本框设置为多行时,常常会用到类似的语句:

```
Text2.Text = Text2.Text + …+ Chr(13) + Chr(10)
```

习　题

一、判断题

1. 标签和文本框控件都能显示字符,其显示的内容都是该控件的 Caption 属性值。

2. 要使按钮 Command1 在运行时不可见,在编程中应写入代码:“Command1.Enabeld =False”。

3. 文本框的内容可以通过它的 Caption 属性修改。

4. 文本框控件的 MaxLength 属性值为 0 时,在文本框内不可以输入任何字符。

5. Label 控件的 ForeColor 属性用于设置标签标题文字的颜色。

6. 复选框和按钮都有 Value 属性,当 Value 属性值为 True 时,都表示被选中。

7. 某窗体上有两个命令按钮 Command1 和 Command2,其中 Command1 的 Default 属性为 True, 那么任何时刻按键盘〈Enter〉键,都相当于用鼠标单击 Command1。

8. 当 Text1. SelStart 和 Text1. SelLength 都设为 1 时,Text1 的第一个字符被选中。

9. 单选钮能响应 Click 事件,但不能响应 KeyPress 事件。

10. 如果一标签控件的 Caption 属性设为 Name(&N),则在程序运行时按键盘的〈Alt〉+〈N〉键就可以将焦点移到该标签控件。

二、单选题

1. 以下能够触发文本框 Change 事件的操作是________。

A. 文本框失去焦点 B. 文本框获得焦点

C. 设置文本框的焦点 D. 改变文本框的内容

2. 复选框被选中时,Value 属性的值为________。

A. True B. False C. 0 D. 1

3. 将文本框控件的 ________ 属性设置为 False,可正常显示文本但不可编辑。

A. Locked B. Enabled C. MultiLine D. Visible

4. 将命令按钮 Command1 设置为缺省的活动按钮可修改该控件的________属性。

A. Enabled B. Value C. Default D. Cancel

5. 在界面设计时标签控件的各属性用默认值,则标签控件的 Name 属性和 Caption 属性的默认值分别为________。

A. Label、Label B. Label1、Caption

C. Label1、Label1 D. Caption、Label

6. 文本框中可以输入多行文字,这时必须将文本框的________属性设置为 True。

A. Visiable B. Enabled C. Caption D. Multiline

7. 命令按钮能以图片的形式出现,必须同时设置 Picture 属性和________属性。

A. Apperance B. Caption C. Style D. BackStyle

8. 要使文本框控件不能输入文字,在下列方法中,不能使用________。

A. 将 Locked 属性设为 True

B. 将 Enabled 属性设为 False

C. 编写文本框的 KeyPress 事件,加入代码:KeyAscii = 0

D. 将文本框的 MaxLength 设为 0。

9. 复选框被选中时,Value 属性的值为________。

A. True B. False C. 0 D. 1

10. 标签控件的标题和文本框控件的显示文本的对齐方式由________属性来决定。

A. WordWrap B. AutoSize C. Alignment D. Style

11. 将焦点主动设置到指定的控件或窗体上,应采用________方法。

A. SetDate B. SetFocus C. SetText D. GetGata

12. 按〈Tab〉键时,焦点在各个控件之间移动的顺序是由________属性来决定的。

A. Index B. TabIndex C. TabStop D. SetFocus

13. 要使文本框显示滚动条,除了设置 ScrollBars 属性外还必须设置________属性。

A. AutoSize B. MultiLine C. Alignment D. Visible

14. 若要在同一窗体中安排两组单选钮,可用________控件予以分隔。

A. 文本框 B. 框架 C. 列表框 D. 组合框

三、程序填空题

1. 程序界面设计如图 6.17 所示,程序运行时要求完成以下功能:

(1)按 Command1(出题)后随机生成两个两位正整数存入模块级变量 a、b,且 a > b,

并分别在 Label1、Label2 中显示，此后 Command1 不可用；

(2)在 Text1 中输入结果、按回车键后，以消息框显示运算正确与否、累计所完成题数以及做错的题数，Command1 恢复为可用；

(3)按 Command2(退出)后以消息框显示所完成题数以及做错的题数，退出。

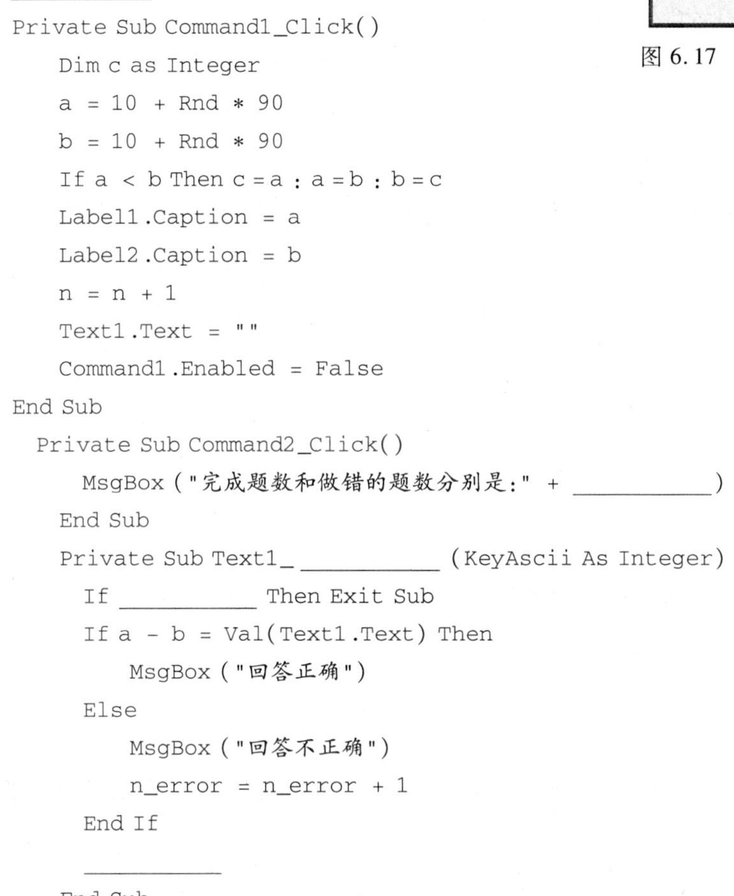

图 6.17　程序填空题 1 的设计界面

请填入适当的内容，将程序补充完整。

```
Dim n As Integer, n_error As Integer
__________
Private Sub Command1_Click()
    Dim c as Integer
    a = 10 + Rnd * 90
    b = 10 + Rnd * 90
    If a < b Then c = a : a = b : b = c
    Label1.Caption = a
    Label2.Caption = b
    n = n + 1
    Text1.Text = ""
    Command1.Enabled = False
End Sub
  Private Sub Command2_Click()
     MsgBox ("完成题数和做错的题数分别是:" + __________)
    End Sub
    Private Sub Text1_ __________ (KeyAscii As Integer)
      If __________ Then Exit Sub
      If a - b = Val(Text1.Text) Then
          MsgBox ("回答正确")
      Else
          MsgBox ("回答不正确")
          n_error = n_error + 1
      End If
      __________
    End Sub
```

2. 窗体上有两个命令按钮：Command1(显示)和 Command2(退出)。下列程序运行时，"显示"按钮能响应，"退出"按钮不能响应；单击"显示"按钮后，在窗体上显示一个用字符"＊"组成的 5 层金字塔，同时"显示"按钮不能响应，"退出"按钮能响应。请填入适当的内容，将程序补充完整。

```
Private Sub Command1_Click()
    Dim i As Integer, j As Integer
    For i = 1 To 5
      Print Spc(5 - i);
      For j = __________ : Print "*"; : Next j
```

```
        Print
      Next i
      Command1.Enabled = False
      __________
End Sub
Private Sub Command2_Click()
      End
End Sub
Private Sub Form_Load()
      Command1.Enabled = True
      __________
End Sub
```

四、程序阅读题

1. 在第一个文本框中输入“ABCDEFG”（不包括引号），按回车键后，写出在 Text2 文本框中显示的结果。

```
Private Sub Form_Load()
    Text1.Text = ""
End Sub
Private Sub Text1_KeyPress (KeyAscii As Integer)
    Dim n As Integer ,i As Integer , str1 As String
    If KeyAscii = 13 Then
      N = Len (Text1.Text)
      For i = n To 1 Step - 1
        Str1 = str1 & Mid (Text1.Text , i ,1)
      Next i
      Text2.Text = str1
    End If
End Sub
```

2. 请写出在文本框中输入“小李”(2 个汉字)并按下回车键后，窗体上显示的结果。

```
Private Sub Text1_Change()
    Print Text1.Text; ",你好!"
End Sub
```

3. 写出程序运行时，单击 Option1(2)后，窗体上的显示结果。

```
Private Sub Form_Load()
    Option1(0).Value = False
    Option1(1).Value = False
    Option1(2).Value = False
End Sub
Private Sub Option1_Click(Index As Integer)
  Select Case Index
    Case 0
```

```
        Check1(0).Value = 1: Check1(1).Value = 0
      Case 1
        Check1(0).Value = 0: Check1(1).Value = 1
      Case 2
        Check1(0).Value = 1: Check1(1).Value = 1
    End Select
    If Check1(0).Value = 1 Then Print "您好"
    If Check1(1).Value = 1 Then Print "欢迎使用 Visual Basic!"
End Sub
```

五、程序设计题

1. 小学四则运算模拟。设计一个窗体,在窗体上画 4 个标签框,2 个文本框,4 个命令按钮。2 个文本框只能接受数字键,当输入 2 个数后,单击命令按钮,结果显示在最下面的标签框中。编写适当的事件过程。运行界面如 6.18 所示。

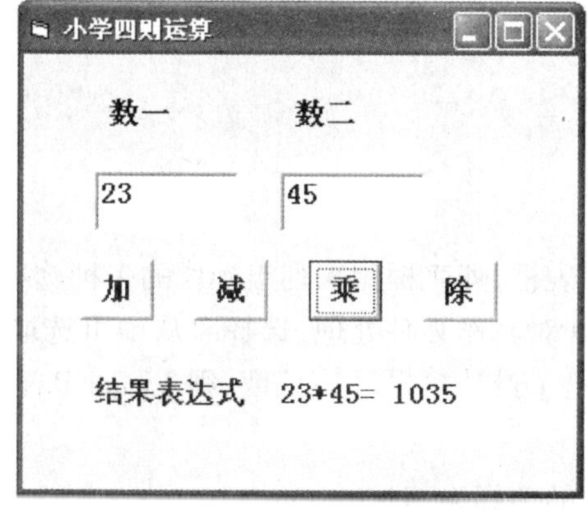

图 6.18 程序设计题 1 的运行界面

2. 用单选钮设置文本框的背景颜色和字体属性。背景颜色可选红色、绿色或蓝色,字体可选楷体、黑体或隶书。界面如下:

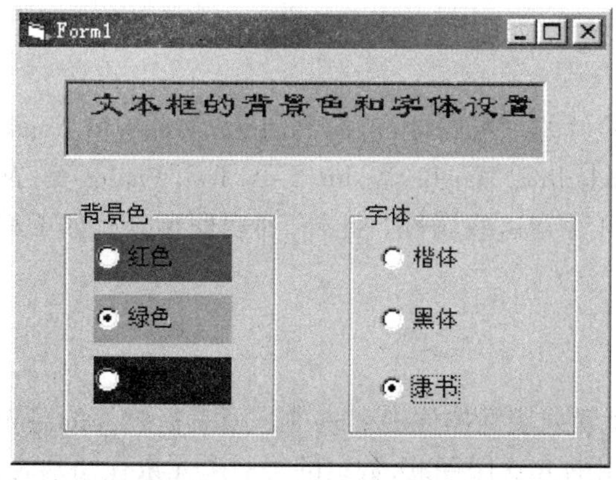

图 6.19 程序设计题 2 的运行界面

第 7 章

列表框和定时器控件设计

本章主要介绍列表框、组合框、滚动条和定时器控件。

7.1 列表框

许多工程中都用到列表框，列表框用来列出操作的多种选项，用户可以通过单击某一项，选择自己需要的选项并对其作某种处理，选择时从中可选取一项，也可选取多项。如果供选择的项目太多，超出了设计时设计的长度，则 Visual Basic 会自动给列表框加上垂直滚动条。

工具箱中列表框控件的图标为 。

列表框控件的缺省名称为 List1、List2……

图 7.1 为列表框示例。

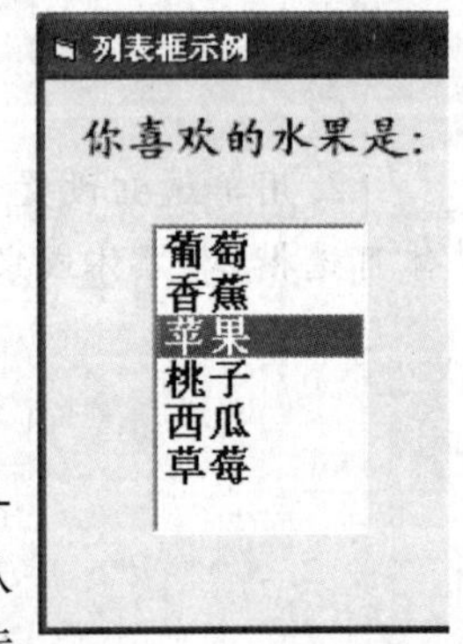

图 7.1　列表框示例

7.1.1 列表框的常用属性

列表框支持所有控件的一般属性，包括 Enabled，FontBold，FontItalic，FontName，FontUnderline，Height，Width，Left，Top，Visible 等，从列表框的属性窗口就可看到这些属性。此外，列表框还具有如下特殊属性。

1. List 属性

List 属性返回或设置列表框控件的列表项。列表框控件的各个列表项是以字符串数组的方式保存的，数组的每一个元素存储列表框控件的一个列表项。因此，利用索引可以访问列表项，列表框中第一个列表项的索引为 0，第二个列表项的索引为 1……以此类推。

例如，图 7.1 所示的列表框控件名称为 List1，那么表达式“List1. List(0)”的值为“葡萄”,“List1. List(1)”的值为“香蕉” ……执行赋值语句“List1. List(2) = "芒果" ”后会使第三个列表项“苹果”变为“芒果”。

在属性窗口中设置列表框的 List 属性时,两个列表项之间用〈Ctrl〉+〈Enter〉键换行,如果按〈Enter〉键将退出 List 属性的设置。

2. ListCount 属性

ListCount 属性返回列表框中列表项的个数,ListCount 属性是只读属性,不能对该属性进行赋值操作。由于列表项的索引值从 0 开始计数,所以列表框中最后一个列表项的索引值是列表框名称. ListCount - 1,共有列表框名称. ListCount 项。因此,List 属性下标值的范围也就是 0 ~ ListCount - 1。

图 7.1 所示列表框 List1 的索引范围为 0 ~ 5,List1. ListCount 为 6。

3. ListIndex 属性

ListIndex 属性设置或返回列表框中最后一次单击所选中的选项的索引值,如果没有选中任何一项,则该属性值为 - 1。

例如,图 7.1 的 List1. ListIndex 的值是 2,执行 X = List1. List(List1. ListIndex)后,X 的值就是列表框 List1 中被选中的表项值“苹果”。

4. MultiSelect 属性

MultiSelect 属性返回或设置一个值,该值指示是否能够在列表框控件中进行多选。MultiSelect 属性在运行时是只读的。

①MultiSelect 属性值为 0(缺省值):只能单选,若选中一个列表项则其他列表项取消突出显示。

②MultiSelect 属性值为 1:简单复选,鼠标单击或按下〈Space〉(空格)键在列表中选中或取消选中项,被选中的列表项都被突出显示。

③MultiSelect 属性值为 2:扩展复选,连续相邻的列表项选定可以按住〈Shift〉键并单击鼠标将在以前选中项的基础上扩展选择到当前选中项;或者直接用鼠标在列表框内拖动选中相邻的若干个列表项;不连续的多个列表项的选定操作可以按住〈Ctrl〉键并单击鼠标。

5. Text 属性

Text 属性返回列表框中最后一次选中的列表项的内容。列表框的 Text 属性是只读属性。

值得注意的是,列表框的 Text 属性的返回值总是与列表框名称. List(列表框名称. ListIndex)的返回值相等。

如图 7.1 所示的列表框 List1 中,List1. Text 的值是“苹果”,List1. List(List1. ListIndex)即 List1. List(2)也是“苹果”。

6. Selected 属性

Selected 属性返回或设置列表框中的每个列表项的选择状态,用在列表框多选时。该属性是一个与 List 属性一样、有相同项数的逻辑值数组,数组的索引值也是 0 ~ 列表框名称. ListConut - 1。当列表项被选中时,该列表项索引所对应的 Selected 属性值为 True,否则为 False。Selected 属性在设计时是不可用的。

7. SelCount 属性

SelCount 属性返回列表框控件中被选中列表项的个数。

8. Sorted 属性

Sorted 属性返回或设置一个值,用来确定列表框中的表项是否按照字母数字升序排列。

9. Style 属性

取值是整数类型(0, 1),用来确定列表框的外观。列表框控件的 Style 属性值为 1,无论 MultiSelect 属性取何值,该列表框都可以复选。

7.1.2 列表框的常用方法

1. AddItem

AddItem 功能是将列表项文本添加到列表框中,语法格式如下:

```
<列表框控件名>.AddItem <列表项文本>[,<索引值>]
```

索引值可以指定列表项文本的插入位置,省略索引值则将列表项文本追加到列表框末尾。

索引值必须是一个有效值,即索引值取值范围是 0 ~ 列表框控件名. ListCount - 1,超出范围则出现错误。

例如,程序启动前列表框控件 List1 中没有内容,运行以下程序代码后,就会出现图 7.1 所示的结果。

```
Private Sub Form_Load()
  List1.AddItem "香蕉"
  List1.AddItem "苹果"
  List1.AddItem "桃子"
  List1.AddItem "西瓜"
  List1.AddItem "草莓",4
  List1.AddItem "葡萄",0
  'List1.List(5) = "哈密瓜"
End Sub
```

若去掉最后一句的注释符号,则最后一项不是“草莓”,而是“哈密瓜”。

注意:在程序运行过程中,一旦列表项中的表项个数发生变化,列表框控件名.Listcount将自动做相应改变。

2. RemoveItem

RemoveItem 功能是删除列表框中索引值指定的列表项,语法格式如下:

```
<列表框控件名>.RemoveItem <索引值>
```

索引值必须是一个有效值,即索引值取值范围是 0～列表框控件名.ListCount－1,超出范围则出现错误。如图 7.1 所示的列表框 List1,执行语句“List1.RemoveItem 4”将删除“西瓜”列表项,这时后面各项自动前移,List1.ListCount 也自动变为 5。

假如要删除列表框中全部表项,可以在事件过程中编写以下代码:

```
For i = List1.ListCount - 1 To 0 Step -1
    List1.RemoveItem i
Next i
```

考虑上面的循环语句为什么不写成 For i = 0 To List1.ListCount。

3. Clear

Clear 功能是清除列表框所有选项,语法格式如下:

```
<列表框控件名>.Clear
```

7.1.3　列表框的常用事件

1. Click 单击事件

运行时单击列表框控件的某一列表项,可以使该表项从未选中状态转到选中状态,或从选中状态转到未选中状态,同时触发该列表框控件的 Click 事件。

2. DblClick 事件

DblClick 事件是在运行时双击列表框控件的某一列表项时触发的。

根据 Windows 应用程序的操作习惯,对于列表项的操作通常是采用双击进行的,如打开一个文件列表中的文件。单击通常是进行选定操作,然后按“确定”按钮进行确认后操作。因此,在设计程序时,要对选中的列表项进行相应操作时,更多的是设计列表框的 DblClick 事件,或者是设计命令按钮的 Click 事件,较少直接设计列表框的 Click 事件。

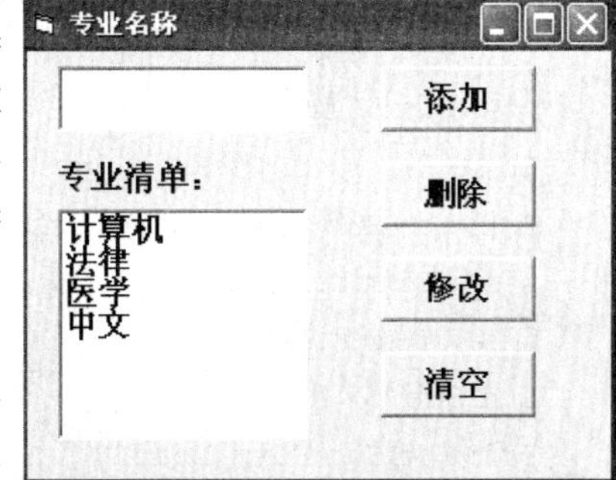

图 7.2　例 7-1 的运行界面

【例 7-1】　本例是列表框控件的 AddItem、RemoveItem和 Clear 方法的应用。在程序主窗体上有 1 个文本框 Text、1 个列表框 List 和 4 个命令按钮,如图 7.2 所示。该程序要求先在文本框中输入文本,当单击“添加”按钮时，文本框中的内容被添加进列表框尾部；选择列表框中某选项，单击“删除”按钮，该选项将被删除；选择列表框中某选项，在文本框中输入文本，当单击“修改”按钮时，列表框中某选项的内容被文本框中的内容替换；单击“清空”按钮时，列表框中的所有内容将被清除。

分析

设计时将控件的属性做适当设置，文本框取名为 Text1，内容清空；列表框取名为 List1；4 个命令按钮分别取名：“添加”按钮取名 Command1、“删除”按钮取名 Command2、“修改”按钮取名为 Command3 及“清空”按钮取名为 Command4；然后针对每一命令按钮编写相应代码。

程序

```
Private Sub Command1_Click()
    If Len(Text1.Text) <> 0 Then
        List1.AddItem Text1.Text          '用 AddItem 方法将文本框中内容加入到列表框
        Text1.Text = ""
    End If
End Sub
Private Sub Command2_Click()
    If List1.ListIndex = -1 Then
        MsgBox "先选择,再删除!"
    Else
        List1.RemoveItem List1.ListIndex
                                          '用 RemoveItem 方法删除列表框中被选定的选项
    End If
End Sub
Private Sub Command3_Click()
    If List1.ListIndex = -1 Then
        MsgBox "先选择,再修改!"
    Else
        If Len(Text1.Text) < > 0 Then
            List1.List(List1.ListIndex) = Text1.Text
        End If
    End If
End Sub
Private Sub Command4_Click()
    List1.Clear                           '用 Clear 方法清除列表框全部内容
    Text1.Text = ""
End Sub
Private Sub Form_Load()
    List1.Clear
    List1.AddItem "计算机"
```

```
        List1.AddItem "法律"
        List1.AddItem "医学"
        List1.AddItem "中文"
    End Sub
```

【例 7-2】　如图 7.3 所示，有 2 个列表框控件，左边是 List1，右边是 List2，从上到下 4 个命令按钮分别是 Command1、Command2、Command3、Command4，用户可以从 List1 中挑选喜爱的项目到 List2 中，同时删除 List1 中挑选的项目；如果选错，可以重新放回 List1 中；可以一次选中所有项目。

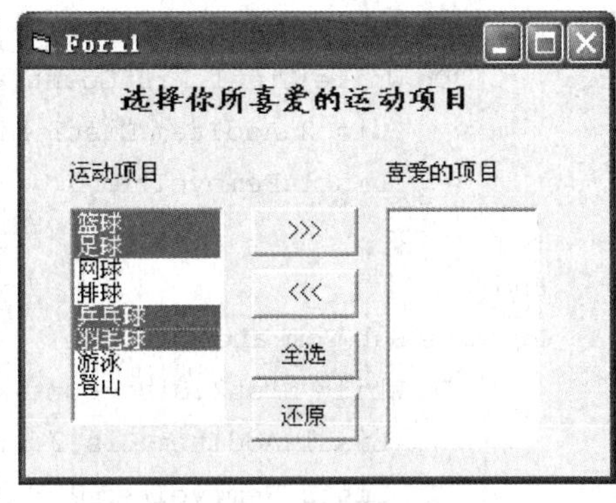

图 7.3　例 7-2 的运行界面

分析

编辑时的属性设置参见图 7.3，由于 List1 可以多选，所以在属性窗口中设置（只读属性不能在代码中设）参数：

```
    List1.MultiSelect = 2
    List2.MultiSelect = 0
```

程序

```
    Private Sub Form_Load()
        List1.AddItem "篮球"
        List1.AddItem "足球"
        List1.AddItem "网球"
        List1.AddItem "排球"
        List1.AddItem "乒乓球"
        List1.AddItem "羽毛球"
        List1.AddItem "游泳"
        List1.AddItem "登山"
    End Sub
    Private Sub Command1_Click()
        For i = List1.ListCount - 1 To 0 Step -1
            If List1.Selected(i) Then                     '判断是否选中
                List2.AddItem List1.List(i), 0            '语句①
                List1.RemoveItem i                        '将选定项删除
            End If
        Next i
    End Sub
    Private Sub Command2_Click()
        If List2.ListIndex < 0 Then
            MsgBox ("先选择右边列表框中的某项,再移至左边")
        Else
```

```
        List1.AddItem List2.Text                    '将选定项移到左边列表框
        List2.RemoveItem List2.ListIndex            '将右边列表框选定项删除
    End If
End Sub
Private Sub Command3_Click()
    Do While List1.ListCount < > 0
        List2.AddItem List1.List(0)                 '将最前面的表项移动到 List2
        List1.RemoveItem 0
    Loop
End Sub
Private Sub Command4_Click()
    Do While List2.ListCount < > 0
        List1.AddItem List2.List(0)                 '将最前面的表项移动到 List1
        List2.RemoveItem 0
    Loop
End Sub
```

考虑:语句①如果改为“List2. AddItem List1. List(i)”结果会如何?

7.2 组合框

组合框控件也是提供选项的控件,组合框是列表框和文本框组合起来的控件,组合框中的列表框部分提供选择列表项,文本框部分显示选定列表项的内容或进行输入。

工具箱中组合框控件的图标为 。

组合框控件的缺省名称为 Combo1,Combo2……

组合框具有列表框和文本框的大多数属性、方法和事件。

7.2.1 组合框的常用属性

组合框的属性类似于列表框和文本框。除了具有一般的属性,如 Name,Width,Height,Left,Top,Visible,Enabled 等属性;它还具有文本框的属性,如 Text,SelLength,SelStart,SelText 等;以及列表框的属性,如 List,ListIndex,ListCount,Sorted,ItemData,Selected,MultiSelect 等。另外,它也有自己的一些属性,如 Style,Text,NewIndex 属性等。

1. Style 属性

组合框按其特性与功能,可以分为“下拉式组合框”、“简单组合框”和“下拉式列表框”3 种不同样式。通过组合框的 Style 属性取 0、1、2 三个值来设置组合框的样式,这 3 种类型的组合框如图 7.4 所示。

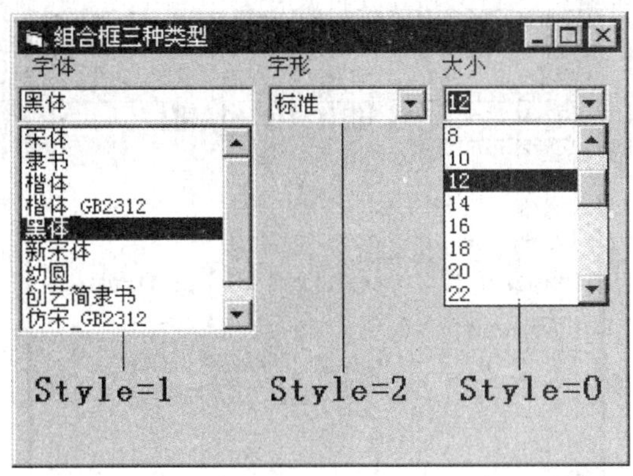

图 7.4 Style 取不同值时的显示效果

当 Style 值为 0 时,组合框称为“下拉式组合框”(Dropdown Combo)。控件由下拉清单和文本框构成,用户可以在清单中选择项目,还可以向文本框输入新项目。

当 Style 值为 1 时,组合框称为“简单组合框”(Simple Combo)。控件由可输入文本的编辑区和一个标准列表框组成。列表框不是下拉式的,一直显示在屏幕上,可选择表项,也可在编辑区中输入文本。设计时,应适当调整组合框大小,否则,执行时有些表项可能显示不出来。

当 Style 值为 2 时,组合框称为“下拉式列表框”(Dropdown List Box)。它产生下拉列表,用户可以从中选择项目。和下拉式组合框一样,右边也有箭头,可以用鼠标单击箭头“拉下”或“收起”列表框。

2. Text 属性

该属性值是用户所选择项目的文本或直接从编辑区输入的文本,即直接显示在文本区中的内容。

7.2.2 组合框的常用方法

和列表框一样,组合框也可用 AddItem 方法加入数据项,使用 Clear 和 RemoveItem 方法清除组合框中的数据,它们的用法与列表框相同。

7.2.3 组合框的常用事件

与列表框相似,组合框的常用事件有 Click 事件和 DblClick 事件。在组合框控件的文本框中输入新的内容时触发组合框的 Change 事件或 KeyPress 事件。

【例 7-3】 本例为一个简单的演示设置字体、字形、字体大小的程序。程序运行后的窗体如图 7.5 所示。窗体中有 3 个组合框,分别表示了 3 种类型的组合框。设计时,在窗体上添置 3 个组合框、1 个框架,在框架中加上 1 个标签用以显示其中字体、字形的变化情况,另外再放上 6 个标签框用于标识其他控件信息和 1 个命令按钮用于结束程序。

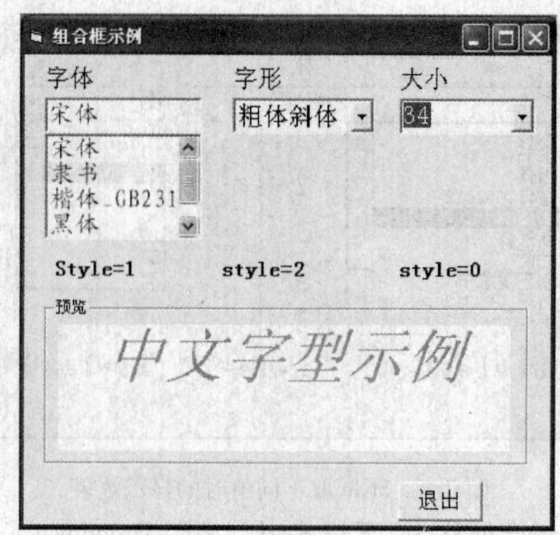

图 7.5 例 7-3 的运行界面

设置属性如表 7-1 所示。

表 7-1 例 7-3 的属性设置

对 象	属 性	属性设置
组合框 Combo1	Style	1
组合框 Combo2	Style	2
组合框 Combo3	Style	0
标签 Label1	Caption	字体
标签 Label2	Caption	字形
标签 Label3	Caption	大小
标签 Label4	Caption	Style = 1
标签 Label5	Caption	Style = 2
标签 Label6	Caption	Style = 0
标签 Label7	Caption	中文字型示例
框架 Frame1	Caption	预览
命令钮 Command1	NameCaption	Command1 退出

程序

```
Private Sub Form_Load()
        '定义字体表项
    Combo1.AddItem "宋体"
    Combo1.AddItem "隶书"
    Combo1.AddItem "楷体_GB2312"
    Combo1.AddItem "黑体"
    Combo1.AddItem "幼圆"
```

```
        '定义字形表项
    Combo2.AddItem "标准"
    Combo2.AddItem "粗体"
    Combo2.AddItem "斜体"
    Combo2.AddItem "粗体斜体"
        '定义字号大小表项
    For i = 8 To 72 Step 2
    Combo3.AddItem i
    Next i
        '初始化组合框
    Combo1.Text = "宋体"
    Combo2.Text = "标准"
    Combo3.Text = 12
        '初始化演示标签框
    Label7.Font = "宋体"
    Label7.FontSize = 12
End Sub
Private Sub Combo1_Click()
        '改变字体
    Label7.Fontname = Combo1.Text
End Sub
Private Sub Combo2_Click()
        '改变字型
    Select Case Combo2.Text
        Case "粗体"
            Label7.FontBold = True
            Label7.FontItalic = False
        Case "斜体"
            Label7.FontBold = False
            Label7.FontItalic = True
        Case "粗体斜体"
            Label7.FontBold = True
            Label7.FontItalic = True
        Case "标准"
            Label7.FontBold = False
            Label7.FontItalic = False
    End Select
End Sub
Private Sub Combo3_Click()
        '改变字号大小
    Label7.FontSize = Val(Combo3.Text)
End Sub
```

```
Private Sub Combo3_KeyPress(KeyAscii As Integer)
      If KeyAscii = 13 Then
          If Val(Combo3.Text) > = 8 And Val(Combo3.Text) < = 72 Then
               Label7.FontSize = Val(Combo3.Text)
          End If
      End If
End Sub
Private Sub Command1_Click()
      End
End Sub
```

说明

Combo3_KeyPress()事件功能是通过输入改变预览文字大小,当然,也可以使用Combo3_Change()来达到同样目的。Combo3_Change()事件代码如下:

```
Private Sub Combo3_Change()
    If Val(Combo3.Text) >= 8 And Val(Combo3.Text) <= 72 Then
        Label7.FontSize = Val(Combo3.Text)
    End If
End Sub
```

组合框的事件、属性、方法和列表框、文本框类似,使用时一般要看是哪种类型的组合框。组合框的事件往往依赖于 Style 属性值。例如,只有"简单组合框"(Style 值为 1)才有 DblClick 事件,其他两种组合框可识别 Click 和 Dropdown 事件。简单组合框和下拉式组合框可以接受文本的输入和编辑,当编辑区中的文本发生变化时将会产生 Change 事件。另外,一般情况下,用户选择组合框数据项后,需要读取的数据是组合框的 Text 属性值。

7.3 滚动条

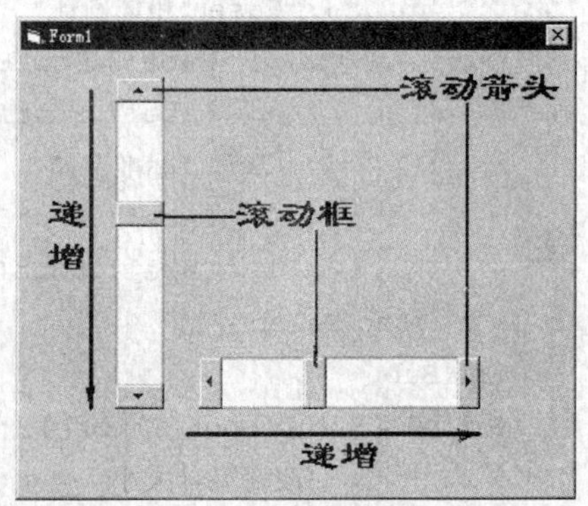

图 7.6 滚动条图示

许多应用程序中都可以看到滚动条的应用,如 Windows 中的资源管理器、Word、Excel 等应用程序中都有滚动条。它是一种很有用的工具,当数据信息量超过窗口范围时,就需要使用滚动条翻滚查看。但是,是否可以在自己编写的Visusl Basic程序中加入滚动条呢?当然可以。Visual Basic 6.0 提供了两种滚动条:水平滚动条◀▶和垂直滚动条▲▼。

这两种滚动条除了方向不同外,其属性、方法和事件都是相同的,操作是一样的。滚动条的两端各有一个滚动箭头,滚动箭头之间有一个滚动框。如图 7.6 所示。

水平滚动条控件名称的缺省值为 HScroll1,HScroll2……

垂直滚动条控件名称的缺省值为 VScroll1,VScroll2……

7.3.1 滚动条的常用属性

1. Value 属性

Value 属性返回或设置滚动条上的滚动滑块所处的位置。

2. Max 和 Min 属性

Max 和 Min 属性返回或设置 Value 属性的最大值和最小值,默认值分别是 32767 和 0。

这两个属性指定了滚动条值的变化范围,滚动框从一端移动到另一端,其值不断变化。垂直滚动条的最上端代表最小值,最下端代表最大值。水平滚动条的最左端代表最小值,最右端代表最大值。Visual Basic 6.0 规定 Value 值的范围为 -32768 ~ 32767。滚动框从一端移动到另一端,其值不断变化,但怎样知道滚动条当前具体值是多少呢? Value属性值指定了滚动条的当前值,如图 7.7 所示。

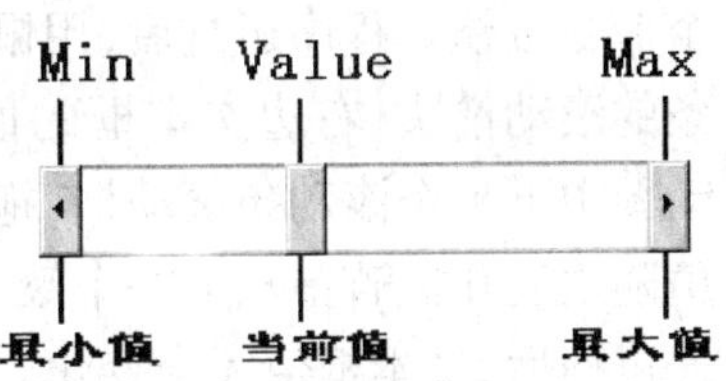

图 7.7 滚动条的属性说明

3. SmallChange 属性和 LargeChange 属性

使用滚动条时,可以使用鼠标单击滚动条两边的滚动箭头或者单击滚动箭头与滚动框之间的任意位置来改变它的值,也可以用鼠标拖动滚动条滚动框来改变滚动条的值。SmallChange 属性值指定了用户在每单击一次滚动条的滚动箭头时,滚动条的值增加或减少的量;LargeChange 属性值指定了用户在每单击一次滚动条滚动箭头与滚动框之间某位置时,滚动条的值增加或减少的量。

7.3.2 滚动条的常用事件

滚动条支持 Change 事件和 Scroll 事件。

1. Change 事件

运行时,改变滚动条控件的 Value 属性值,会触发滚动条的 Change 事件。用户单击滚动条两端的滚动箭头或单击滚动箭头和滚动滑块之间的区域,或者通过程序代码对滚动条的 Value 属性重新赋值,都会触发滚动条的 Change 事件。要利用滚动条进行位置调整、音量调节、速度控制等模拟输入,都要编写滚动条的 Change 事件程序代码。

2. Scroll 事件

该事件过程只有在拖动滚动滑块时被触发。

用户可以按住鼠标键拖动滚动条的滚动滑块来改变滚动条的值,在移动滚动滑块时,产生 Scroll 事件。在用户按住鼠标键移动滚动滑块,未释放鼠标键之前,Scroll 事件接连不断地发生。这样就可以在移动滚动滑块的同时更新或改变窗体上的其他控件。实际上,若释放鼠标键,则不再产生 Scroll 事件,而产生 Change 事件,因为此时 Value 属性值发生了改变。

【例 7-4】 本例演示滚动条 Change 和 Scroll 事件的区别。程序运行后的窗体如图7.8所示。

设计要求:新建工程 1,在窗体上加上 2 个框架、2 个标签、2 个文本框(从上到下分别是 Text1 和 Text2)、2 个滚动条控件(从上到下分别是 Hscroll1 和 Hscroll2)、1 个命令按钮。程序运行后,用鼠标单击图中上一个滚动条的滚动箭头,右边文本框的值随之变化;再用鼠标拖动图中下一个滚动条滚动框,拖动的同时右边文本框的值随之变化。若拖动上一个滚动条滚动框,则只有在放开鼠标后,文本框值才会变化。

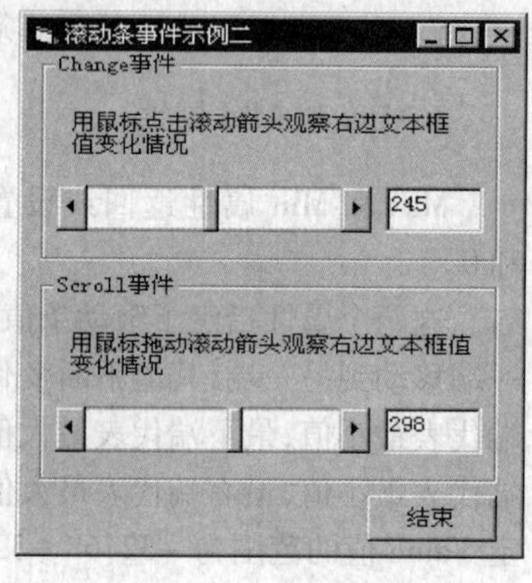

图 7.8 例 7-4 的运行界面

程序

```
Private Sub Command1_Click()
    End                                      '结束程序
End Sub
Private Sub Form_Load()
    '初始化滚动条 Hscroll1
    Hscroll1.Min = 0                         '指定滚动条最小值
    Hscroll1.Max = 500                       '指定滚动条最大值
    Hscroll1.Value = 200                     '设置滚动条当前值
    Hscroll1.SmallChange = 5                 '指定较小变化值为5
    Hscroll1.LargeChange = 10                '指定较大变化值为10
    Text1.Text = Str(Hscroll1.Value)         '设置文本框初始值
    '初始化滚动条 Hscroll2
    Hscroll2.Min = 0
    Hscroll2.Max = 500
    Hscroll2.Value = 200
    Hscroll2.SmallChange = 5
    Hscroll2.LargeChange = 10
    Text2.Text = Str(Hscroll2.Value)         '设置文本框初始值
End Sub
Private Sub Hscroll1_Change()
```

```
    Text1.Text = Str(Hscroll1.Value)        '改变文本框值为滚动条当前值
End Sub
Private Sub Hscroll2_Scroll()
    Text2.Text = Str(Hscroll2.Value)        '改变文本框值为滚动条当前值
End Sub
```

说明

本例中滚动条的 Min, Max, LargeChange, SmallChange, Value 属性值均在程序运行中自动给定。从本例可以看出,Scroll 事件常用于跟踪滚动条的动态变化,Change 事件用于得到滚动条的最后值。

滚动条常常与其他控件结合使用,如可以控制不能一页显示的文本(与文本框控件结合,控制文本的滚动显示),还可以控制一幅不能一页显示的大图像。另外,滚动条还用于许多应用程序,如在 Windows 应用程序中常用滚动条来调整声音的大小,很多乐曲播放器程序常采用滚动条显示歌曲播放的进度。

【例 7-5】 设计一个窗体上的图像定位程序。程序运行后的窗体如图 7.9 所示。

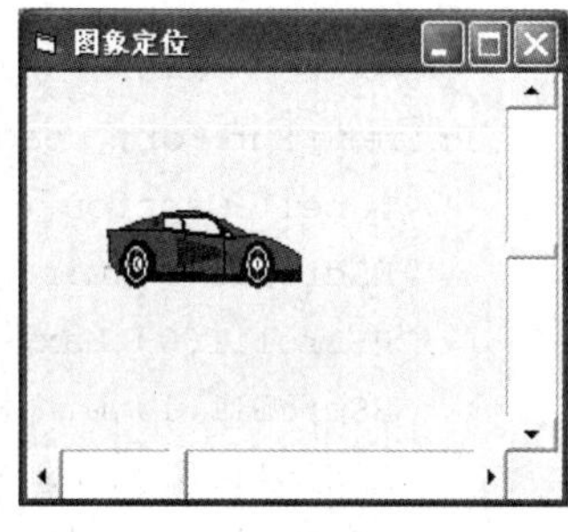

图 7.9 例 7-5 的运行界面

设计要求:在窗体上添加 2 个滚动条(Hscroll1 和 Vscroll1)和一个影像框 Image1(放置一幅图片)。

程序

```
Private Sub Form_Load()
    '设置滚动条的初值
    VScroll1.Max = VScroll1.Height - Image1.Height
    VScroll1.Min = 0
    HScroll1.Max = HScroll1.Width - Image1.Width
    HScroll1.Min = 0
    VScroll1.LargeChange = 100
    HScroll1.LargeChange = 100
    VScroll1.SmallChange = 20
    HScroll1.SmallChange = 20
    Image1.Left = HScroll1.Value
    Image1.Top = VScroll1.Value
End Sub
Private Sub HScroll1_Change()
    Image1.Left = HScroll1.Value
End Sub
Private Sub HScroll1_Scroll()
    Image1.Left = HScroll1.Value        '连续拖动水平滚动条时图片的移动可以反映
End Sub
Private Sub VScroll1_Change()
    Image1.Top = VScroll1.Value
```

```
End Sub
Private Sub VScroll1_Scroll()
    Image1.Top = VScroll1.Value          '连续拖动垂直滚动条时图片的移动可以反映
End Sub
```

说明

通常情况下,同一滚动条的 Change 事件和 Scroll 事件的内容是一样的。

【例 7-6】 设计一个调色板程序,程序运行界面如图 7.10 所示。3 个滚动条组成了控件数组,3 个反映颜色值标签框 Label2 也组成控件数组,当鼠标单击或拖动滚动条时,标签框 Label1 的背景颜色不断发生变化。

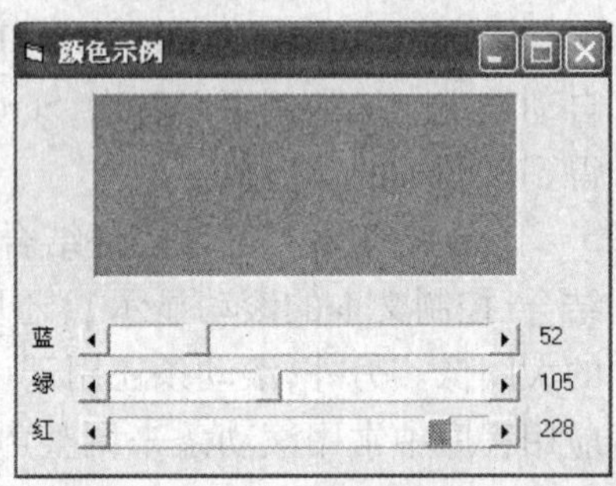

图 7.10 例 7-6 的运行界面

程序

```
Private Sub Form_Load()
    Label1.Caption = ""
    HScroll1(0).Min = 0
    HScroll1(0).Max = 255
    HScroll1(1).Min = 0
    HScroll1(1).Max = 255
    HScroll1(2).Min = 0
    HScroll1(2).Max = 255
End Sub
Private Sub HScroll1_Change(Index As Integer)
    Label1.BackColor = RGB(HScroll1(0).Value,HScroll1(1).Value,
        HScroll1(2).Value)
    Label2(index).Caption = HScroll1(Index).Value
End Sub
Private Sub HScroll1_Scroll(Index As Integer)
    Call HScroll1_Change(Index)
End Sub
```

说明

本小节 3 个例题均是在 Form_Load()事件中设置滚动条的初值,滚动条在使用前总是要先考虑它的取值范围,当然也可以在属性窗口中设置。

如果不使用控件数组,本例的程序应该是怎样呢?

7.4 定时器

定时器,顾名思义,它应具有定时功能,可以直接与时间打交道。日常生活中常常见到具有计时功能的东西,如手表、时钟以及秒表等。Visual Basic 6.0 提供了一种专门用于控制时间的控件，称为定时器控件(Timer)。

定时器控件是运行中不可见(或者说是被隐藏起来)的控件，这种控件在 Visusl Basic 中为数不多。建立定时器控件非常简单，只需将定时器放在窗体任意位置即可。

工具箱中定时器控件的图标为 。

定时器控件的缺省名称为 Timer1，Timer2……

7.4.1 定时器的常用属性

定时器控件运行时隐藏，它没有 Visible 属性。它的大小不可改变，也没有 Width 和 Height 属性。虽然它有 Left 和 Top 属性，但是由于它运行时不可见，所以这两个属性并不重要。

1. Interval 属性

决定连续发生两次 Timer 事件之间的时间间隔，即 Timer 事件被激活执行的频率。因此，设定定时器控件的时间可以通过设置 Timer 控件的 Interval 属性来确定。

Interval 属性的取值范围为 0 ~ 65535。当 Interval 属性值为 0(缺省值)时，定时器不起作用；当 Interval 属性为 1000 时，时间间隔是 1 秒。要注意的是，定时器的时间间隔并不精确，特别是当 Interval 属性设得太小时，甚至会影响系统的性能。

2. Enabled 属性

当 Enabled 属性值为 True(缺省值)时，激活定时器开始计时；当 Enabled 属性值为 False 时，定时器处于休眠状态，不计时。

7.4.2 定时器的常用事件

定时器控件并没有像命令按钮等其他控件那样有许多的属性、事件和方法。它只有一个 Timer 事件，没有任何方法。Timer 控件通过引发 Timer 事件，可以有规律地隔一段时间执行一次其中的代码。

【例 7-7】 本例为一简单时钟程序，用于显示当前时间。在窗体 Form1 上放置 1 个 Text 框 Text1、1 个 Timer 控件 Timer1 和 1 个命令按钮 Command1。文本框用于显示时间，命令按钮用于关闭程序。设计界面如图 7.11 所示。

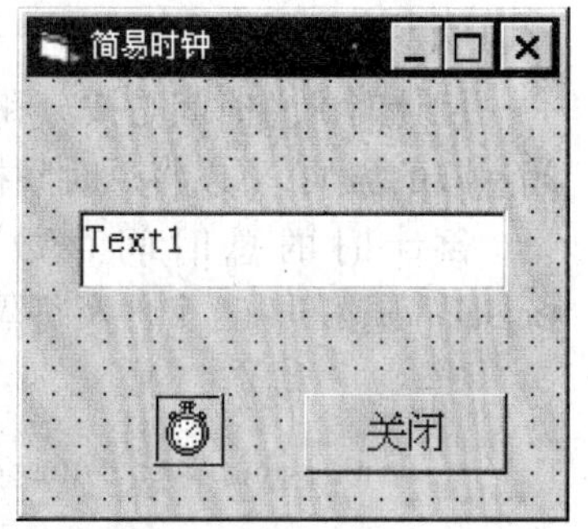

图 7.11 例 7-7 的设计界面

程序

```
Private Sub Form_Load()
    Timer1.Interval =1000
End Sub
Private Sub Command1_Click()
```

```
    End                                 '结束程序
End Sub
Private Sub Timer1_Timer()
'显示当前时间,VB 自动将日期型数据转换成与赋值左边变量或属性类型一致的数据
    Text1.Text = Time                   'Time 是 VB 内部函数
End Sub
```

说明

因为 Interval 属性设置为 1000,所以程序运行时每 1 秒发生一次 Timer 事件,即执行 Timer 事件中包含的代码,刷新改变文本框的值为当前时间。函数 Time 直接返回系统当前时间。

【例 7-8】 设计一个倒计时程序。设计界面如图 7.12 所示,程序运行后,用于打字的文本框 Text1 不可用,在两个文本框(Text2 、Text3)中输入自己规定的打字计时时间,然后单击“开始”计时,变化的倒计时间显示在黑底色的标签框中,打字开始后,“开始”命令按钮不可用,定时器开始工作。倒计时间到,定时器停止工作,文本框 Text1 不可用,按“退出”命令按钮退出程序运行,运行界面如图 7.13 所示。

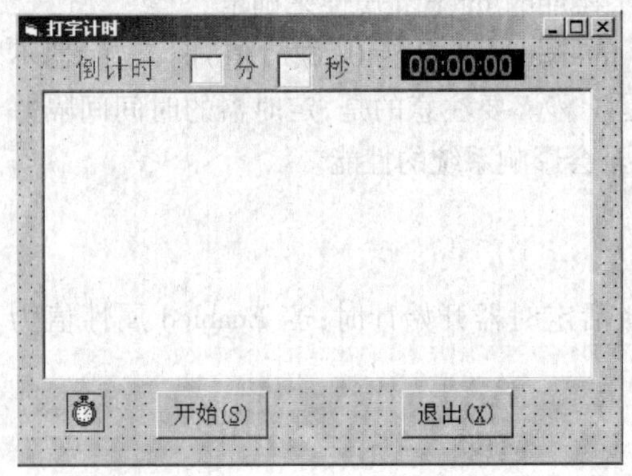

图 7.12　例 7-8 的设计界面

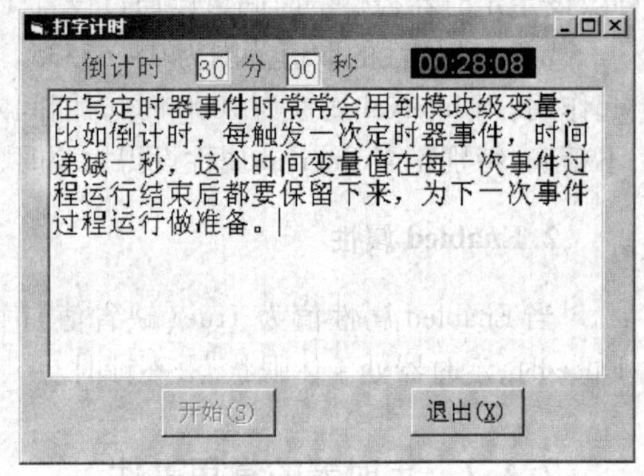

图 7.13　例 7-8 的运行界面

分析

倒计时的总时间是按分和秒输入的,定时器每隔一秒,使总时间减少一秒,为了总时间递减的方便,可以将总时间换算成秒,显示时再反向换算回分和秒。

倒计时的总时间存放在 icount 模块级变量中,单击“开始”按钮运行的 Command1_Click()事件及每隔一秒触发的 Timer1_Timer()事件都要用到 icount。

程序

```
Private icount As Integer               'Private 可以声明模块级变量
                                        'icount 用来记录总时间
Dim ff As Integer, mm As Integer        'ff 记录分钟的值,mm 记录秒的值
Private Sub Form_Load()
    Timer1.Interval = 1000
    Timer1.Enabled = False              '定时器不工作
    Text1.Enabled = False               '用于打字的文本框不可用
```

```
        Text1.Text = ""
        Text2.Text = ""
        Text3.Text = ""
    End Sub
    Private Sub Command1_Click()
        icount = Val(Text2.Text) * 60 + Val(Text3.Text)    '计算总时间
        If icount > 0 And icount < 3600 Then
            Timer1.Enabled = True          '定时器开始工作
            Text1.Enabled = True           '用于打字的文本框可用
            Command1.Enabled = False
            Text1.Text = ""
            Text1.SetFocus
            ff = icount \60                'icount 换算出分和秒
            mm = icount Mod 60
            Label2.Caption = " 00:" + Format(ff, "00:") + Format(mm, "00")  '显示时间
        Else
            MsgBox ("倒计时总时间必须 >0 且<3600 秒!")
        End If
    End Sub
    Private Sub Timer1_Timer()
        icount = icount - 1
        ff = icount \60                    'icount 换算出分和秒
        mm = icount Mod 60
        Label2.Caption = " 00:" + Format(ff, "00:") + Format(mm, "00")
        If icount = 0 Then
            Timer1.Enabled = False         '定时器停止工作
            Text1.Enabled = False
            MsgBox "输入时间到,谢谢使用!"
        End If
    End Sub
    Private Sub command2_Click()
        End
    End Sub
```

【例 7-9】 设计一个字幕滚动程序。设计界面如图 7.14 所示,程序运行后,点击"开始"命令按钮,标签每隔 0.1 秒从左向右移动一次(100 缇),移出窗体右边界后重新从窗体的左边界进入(尾部先进入),同时每隔 0.1 秒标签中文字的颜色发生随机变化。

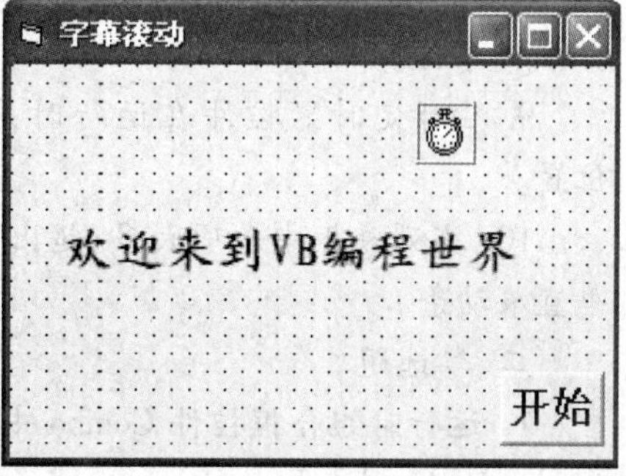

图 7.14 例 7-9 的运行界面

分析

标签在窗体坐标系的坐标位置由标签的 Left

属性确定,当标签重新从窗体的左边界进入窗体时,Left 属性是小于 0 的值。

程序

```
Private Sub Form_Load()
    Timer1.Enabled = False
    Timer1.Interval = 100
End Sub
Private Sub Command1_Click()
    Timer1.Enabled = True                    '启动定时器
End Sub
Private Sub Timer1_Timer()
    If Label1.Left > = Form1.Width Then      '是否移出右边界
        Label1.Left = -Label1.Width          '从窗体左侧进入
    Else
        Label1.Left = Label1.Left + 100
    End If
    Label1.ForeColor = QBColor(Int(Rnd * 16))        '标签中文字颜色随机变化
End Sub
```

说明

颜色的随机变化可以用 QBColor()函数,也可以使用 RGB()函数。

习　题

一、判断题

1. 列表框控件只能设置为单选。
2. 滚动条控件可作为用户输入数据的一种方法。
3. 列表框控件 List1 的最后一个表项的内容存放在 List1. List(List1. ListCount)中。
4. 单击组合框中的任一表项,该表项的内容就会替换组合框控件的 Text 属性值。
5. 列表框的 Sorted 属性是只读属性。
6. 定时器控件的 Interval 属性值为 0 时,Timer 事件不会触发响应。
7. 从几十个项目中任选其中一项或多项时可选用列表框或组合框控件来实现。
8. 用户可拖动滚动条的滚动滑块来改变滚动条的 Value 值,在移动滚动滑块时,发生 Change 事件。
9. 由于定时器控件在运行时是不可见的,因此在设置时可将其放在窗体的任何位置。
10. 当列表框中表项太多、超出了设计时的长度时,Visual Basic 会自动给列表框加上垂直滚动条。

二、单选题

1. 运行时组合框控件 Combo 中所选择的表项,可以表示为________。

A. Combo. Text　　　　B. Combo. List

C. Combo. ListIndex　　　　D. Combo. ListCount

2. 以下使用方法的 VB 程序代码中，正确的是________。

A. Label1. SetFocus　　B. Form1. Clear
C. Text1. SetFocus　　D. Combo1. Cls

3. 执行下列语句后，列表框中各表项顺序为________。

```
List1.Clear
For i = 1 To 4: List1.AddItem i - 1, 0: Next i
```

A. 0、0、0、0　　B. 1、2、3、4　　C. 0、1、2、3　　D. 3、2、1、0

4. 滚动条控件的________属性用于指定用户单击滚动箭头时 Value 属性值的增量。

A. LargeChange　　B. Change　　C. SmallChange　　D. Value

5. 下面________对象在运行时一定不可见。

A. Line　　B. Timer　　C. Shape　　D. Frame

6. 单击滚动条两端的任一滚动箭头，将触发滚动条的________事件。

A. Scroll_KeyDown( )　　B. Scroll_Scroll( )
C. Scroll_GotFocus( )　　D. Scroll_Change( )

7. List1. Clear 中的 Clear 是________。

A. 方法　　B. 对象　　C. 属性　　D. 事件

8. 设计动画时通常用定时器控件________属性来控制动画速度。

A. Interval　　B. Timer　　C. Move　　D. Enabled

9. 以下________语句将删除列表框 List1 中的最后一项。

A. `List1.RemoveItem List1.ListCount`

B. `List1.Clear`

C. `List1.List(List1.ListCount -1) = ""`

D. `List1.RemoveItem List1.ListCount -1`

三、程序填空题

1. 单击 Command1 后，将所有在 List1，List2 中同时存在的表项添加到列表框控件 List3 中。请填入适当的内容，将程序补充完整。

```
Private Sub Command1_Click()
    Dim i As Integer, j As Integer
    __________
    For i = 0 To __________
        For j = 0 To __________
            If List1.List(i) = List2.List(j) Then __________
        Next j
        If __________ Then List3.AddItem List1.List(i)
    Next i
End Sub
```

2. 完成“字幕滚动”程序的设计，单击“开始”按钮，标签文字在定时器控制下自动地从左向右移动，移动速度为每个时间间隔右移 100 缇，当标签移出窗体右边界后，再从窗体的左边进入（标签右边尾部先进入）。定时器（Timer1）的时间间隔为 0.1 秒。程序界面如图 7.15 所示

(假设相关属性已在属性窗口设置好)。请填入适当的内容,将程序补充完整。

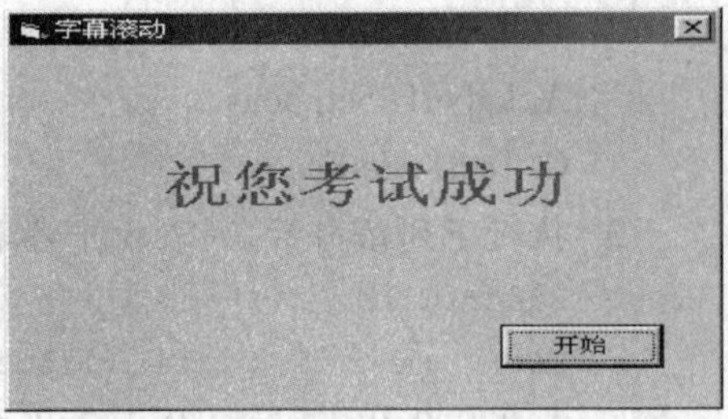

```
Private Sub Command1_Click()
    Timer1.Enabled = True
End Sub
Private Sub __________
    If Label1.Left > = Form1.Width Then
    __________
    Else
        Label1.Left = Label1.Left + 100
    End If
End Sub
```

图 7.15 字幕滚动的运行界面

四、程序阅读题

1. 窗体上有一个组合框 Combo1。阅读下列程序并回答问题。

```
Private Sub Form_Load()
    Combo1.AddItem "篮球"
    Combo1.AddItem "曲棍球"
    Combo1.AddItem "排球"
    Combo1.AddItem "网球", 0
    Combo1.List(3) = "羽毛球"
End Sub
Private Sub Combo1_KeyPress(KeyAscii As Integer)
    Dim i As Integer
    If KeyAscii = 13 Then
        For i = 0 To Combo1.ListCount - 1
            If Combo1.List(i) = Combo1.Text Then Exit For
        Next i
        If i = Combo1.ListCount Then
            Combo1.AddItem Combo1.Text, 0
        End If
        Combo1.Text = ""
    End If
End Sub
```

(1) 程序启动后,"曲棍球"位于 Combo1 中的第________项。

A. 1　　B. 2　　C. 3　　D. 4

(2)程序启动后,输入"排球"按回车键后,"排球"添加到组合框的________。

A. 第一项　　B. 最后一项　　C. 没有加入组合框　　D. 程序出现错误

(3)程序启动后,输入"篮球"按回车键后,"篮球"添加到组合框的________。

A. 第一项　　B. 最后一项　　C. 没有加入组合框　　D. 程序出现错误

2. 在窗体上有一定时器和一标签框,阅读下列程序并回答问题。

```
Dim m As Byte
Private Sub Form_Load()
      Label1.FontSize = 8
      m = 8
      Timer1.Interval = 2000: Form1.WindowState = 2
      Label1.AutoSize = True: Label1.Caption = "运行中..."
End Sub
Private Sub Timer1_Timer()
      m = m + 8: Label1.FontSize = m
      Timer1.Interval = Timer1.Interval \2
      If m > 80 Then Timer1.Enabled = False
End Sub
```

(1)程序运行后,事件过程 Timer1_Timer 自动执行的次数为________。

A. 9　　B. 10　　C. 11　　D. 0

(2)Label1 的标题在窗体上显示出多次变化,其规律为________。

A. 字体变大、变化减慢　　B. 字体变小、变化减慢

C. 字体变小、变化加快　　D. 字体变大、变化加快

(3)假如把"Dim m As Byte"语句放在 Timer1_Timer()事件中,程序运行后,会产生________。

A. 在程序终止前,定时器事件不停地被触发

B. 定时器事件不触发

C. 定时器事件触发次数和代码没有修改前一样

D. 定时器事件触发次数和代码没有修改前不一样(有限次)

(4)假如把"Dim m As Byte"语句放在 Timer1_Timer()事件中,Label1 的标题在窗体上显示的规律为________。

A. 字体变大　　B. 字体变小　　C. 标题消失　　D. 字体不变

3. 已知水平滚动条 HScroll1 的有关属性已经在属性窗口进行了如下的设置:

```
HScroll1.Min:1                    HScroll1.Max:10
HScroll1.SmallChange:1            HScroll1.LargeChange:2
HScroll1.Value:5
```

写出连续 3 次单击水平滚动条 HScroll1 右端箭头后,窗体上显示的结果。

```
Private Sub HScroll1_Change()
      Static y As Integer
      If HScroll1.Value Mod 2 = 0 Then
          y = y + HScroll1.Value
          Print "y ="; y
      End If
End Sub
```

4. 在窗体上有 2 个列表框 List1、List2,1 个名为 Command1 的命令按钮,List1 中有 6 个表项:12,16,33,45,11,14。阅读下列程序并回答问题。

```
Private Sub sort()
    Dim i As Integer, j As Integer, t As Integer
    For i = 0 To List1.ListCount - 2
        For j = i + 1 To List1.ListCount - 1
            If List1.List(i) > List1.List(j) Then
                t = List1.List(i)
                List1.List(i) = List1.List(j)
                List1.List(j) = t
            End If
    Next j, i
End Sub
Private Sub Command1_Click()
    Call Sort
    For i = List1.ListCount - 1 To 0 Step -1
        If List1.List(i) Mod 2 = 0 Then
            List2.AddItem List1.List(i)
            List1.RemoveItem i
        End If
    Next i
End Sub
```

(1)过程 Sort 的功能是________。

A. 用选择分类法对 List1 中的表项按值从小到大排序

B. 用选择分类法对 List1 中的表项按值从大到小排序

C. 用冒泡法对 List1 中的表项按值从小到大排序

D. 用冒泡法对 List1 中的表项按值从大到小排序

(2)单击 Command1 命令按钮后,List2 中的表项从上至下依次为________。

A. 16,14,12　　B. 12,14,16　　C. 11,33,45　　D. 14,16,12

(3)如果将语句"List2. AddItem List1. List(i)"后增加", 0", 单击 Command1 命令按钮后, List2 中的表项从上至下依次为________。

A. 16,14,12　　B. 12,14,16　　C. 11,33,45　　D. 12,16,14

(4)如果将语句"For i = List1. ListCount - 1 To 0 Step -1"改为"For i = 0 To List1. ListCount - 1", 单击 Command1 命令按钮后,List2 中的表项从上至下依次为______。

A. 16,14,12　　B. 12,14,16　　C. 11,33,45　　D. 程序出错

5. 窗体上有一个定时器 Timer1,写出程序运行后窗体上出现的结果。

```
Dim x As Integer
Private Sub Form_Load()
    Timer1.Interval = 1000
    Timer1.Enabled = True
End Sub
Private Sub Timer1_Timer()
```

```
        x = x + 2
        If x > = 7 Then Timer1.Enabled = False
        Call Subl(x)
    End Sub
    Public Sub Subl(n As Integer)
        n = n * 2
        Print "n = "; n
    End Sub
```

6. 在窗体上有 1 个列表框 List1 和 1 个文本框 Text1。程序运行后，在文本框中输入"789"，然后双击列表框中的"456"，写出窗体的输出结果。

```
Private Sub Form_Load()
        List1.Clear
        List1.AddItem "357"
        List1.AddItem "246"
        List1.AddItem "123"
        List1.AddItem "456"
        Text1.Text = ""
End Sub
Private Sub List1_DblClick()
        a = List1.Text
        Print a + Text1.Text
End Sub
```

7. 写出程序运行时，在窗体左边的组合框 Combo1 中输入文本"北京"，按回车键后，在右边列表框 List1 中的所有表项。

```
Private Sub Combo1_KeyPress(K As Integer)
    If  K = 13 Then
        Combo1.List(Combo1.ListCount) = Combo1.Text
        List1.Clear
        For i = 0 To Combo1.ListCount - 1
            If Len(Trim(Combo1.List(i))) Mod 2 = 0 Then
                List1.AddItem Combo1.List(i)
            End If
        Next i
    End If
End Sub
Private Sub Form_Load()
    Combo1.AddItem "青岛"
    Combo1.AddItem "哈尔滨"
    Combo1.AddItem "上海"
    Combo1.AddItem "乌鲁木齐"
    Combo1.AddItem "连云港"
```

```
    Combo1.AddItem "桂林"
    Combo1.List(0) = "秦皇岛"
    Combo1.List(5) = "浙江杭州"
End Sub
```

五、程序设计题

1. 窗体上有2个标签("新单词"和"单词表")、1个文本框(Text1)、2个命令按钮及1个列表框(List1),运行界面如图7.16所示。要求实现以下操作:

(1)"添加"按钮(Command1)的 Click 事件完成:查找文本框中的单词是否已在列表框中存在,若在则显示消息框:"单词已存在";若不在则添加到列表框中。最后删除文本框原有文字并将焦点定于文本框。

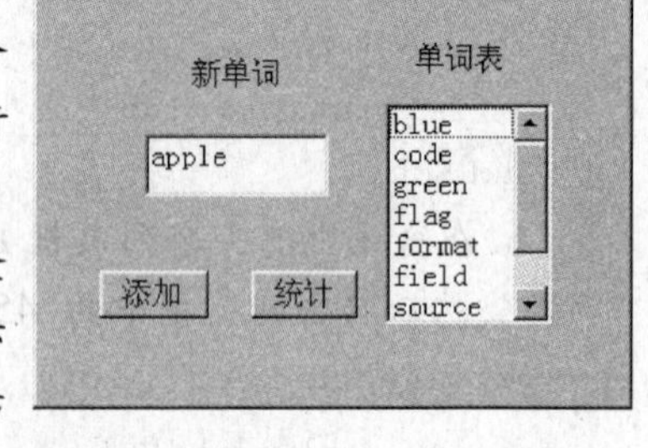

图7.16 程序设计题1的运行界面

(2)"统计"按钮(Command2)的 Click 事件完成:键盘输入(用 InputBox()函数)单个字母,统计以该字母开头的单词个数,结果以形式如"W:30个"显示在文本框中。

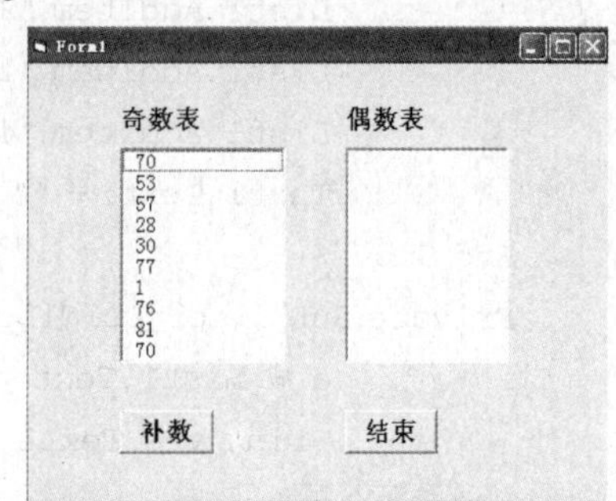

图7.17 程序设计题2的运行界面

2. 用户界面如图7.17所示。程序运行时,在奇数列表框(List1)中产生10个随机整数,现要求完成:

(1)单击奇数列表框中的偶数,将其移到偶数列表框(List2)中,在奇数列表框中只剩下奇数。

(2)单击"补数"按钮,产生若干个随机整数补足奇数列表框中的数(10个),重复(1)和(2)的操作,直至奇数列表框中剩下的10个数均为奇数为止。

(3)单击"结束"按钮,结束程序运行。

部分程序代码如下:

```
Private Sub Form_Load()
      Dim i as integer
      Command1.Caption ="补数"
      Command2.Caption ="结束"
      For i = 1 To 10
          List1.AddItem Str(Int(Rnd * 100))
      Next i
End Sub
```

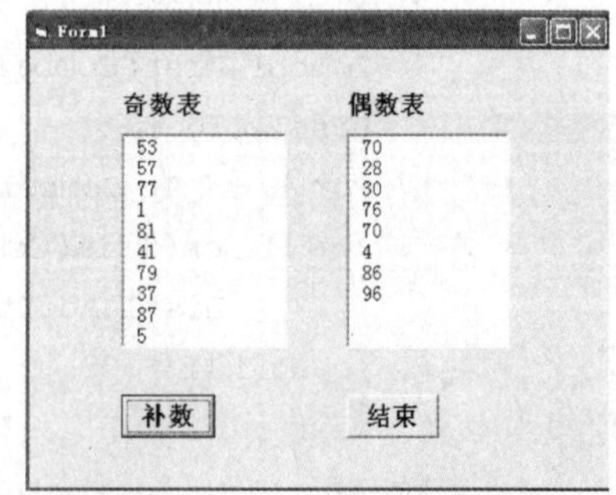

图7.18 程序设计题2的运行界面

图7.18是程序运行后的一种结果。

3. 设计一个字幕推出程序。程序设计界面如图7.19所示,标签的字号在定时器的控制下每个时间间隔放大2磅并且保持标签在窗体中水平居中,当标签的字号超过72磅时,定时器停止响应 Timer 事件。字号放大的速度由水平滚动条控制,部分程序已经设计如下:

```
Private Sub Form_Load()
    Label1.Left = Width /2 - Label1.Width /2
    Label1.AutoSize = True
    HScroll1.Min = 1: HScroll1.Max = 1000
    HScroll1.SmallChange = 10: HScroll1.LargeChange = 100
    HScroll1.Value = 500: Timer1.Interval = 500
End Sub
```

请设计其他事件过程。

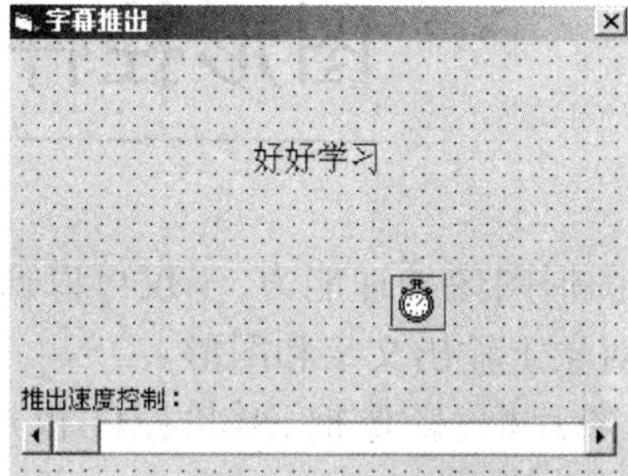

图 7.19　程序设计题 3 的设计界面

第 8 章

图形控件和图形方法

Visual Basic 具有丰富的图形图像处理能力,不仅可以通过图形控件进行绘图操作,还可以通过图形方法在一些对象上输出文字和图形。

本章学习的图形控件有图片框、影像框、形状控件和直线控件,图形方法有 Pset、Line、Circle;本章还介绍 VB 坐标系的概念。

8.1 图形控件

用户需要在界面上加载现成的图片、图像时,可使用图片框、影像框控件,本节介绍几个控件的使用方法。

8.1.1 图片框控件的常用属性

图片框控件用以显示图片,也可以作为其他对象的容器,显示图形方法的输出结果和 Print 方法输出的文本等。

工具箱中图片框控件的图标为 。

图片框控件名称的缺省值为:Picture1,Picture2……

1. Picture 属性

图片框控件的主要作用是为用户显示图片,图片框控件的 Picture 属性返回或设置图片框中的图片。

在图片框中加载图像有下列两种方式:

①设计时选取。界面设计时,在该图片框控件属性窗口中点击“Picture”属性,随之弹出“加载图片”对话框,选择所要显示的图片文件后,相应的图片被加载到图片框中(窗体对象也具有 Picture 属性,通过设置窗体的 Picture 属性可直接在窗体背景上显示图片)。

Visual Basic 可以用. bmp,. ico,. wmf,. jpg 和. gif 等多种图形文件。

②运行时载入。程序运行时,可用 LoadPicture( )函数将图片载入图片框控件中,格式如下:

```
<图片框控件名>.Picture = LoadPicture (Filename)
```

例如:

```
Picture1.Picture = LoadPicture("C:\feng\vangogh.bmp")
```

可以看出,Filename 是包含驱动器名、路径名的文件全名;当 Filename 为空字符串时,以上赋值语句用于删除 Picturel 的图片。

2. AutoSize 属性

AutoSize 属性值为 True 时,图片框的边界会随着载入图片的大小变化而变化。此时在设计窗体过程中就应特别小心。图片将不考虑窗体上其他控件的分布情况,而根据图片的大小自动调整图片框的大小,可能导致窗体上的其他控件被覆盖,所以应慎用,以免影响窗体界面的完整性。

3. Align 属性

图片框控件的Align属性值取 0 时为标准位置,图片框在原位置。图片框控件的 Align 属性值取 1 时,图片框贴紧到窗体的上边;Align 属性值取 2 时,图片框贴紧到窗体的下边;图片框控件的 Align 属性值取 3 时,图片框贴紧到窗体的左边;Align 属性值取 4 时,图片框贴紧到窗体的右边。

这种使图片框靠在窗体某一边缘的用法,是将它作为手工创建的工具栏(ToolBar)的容器或将它作为状态栏(StatusBar)。如作为工具栏时,可以将 Image 控件置于图片框中作为工具按钮;当作为状态栏时,可以在图片框中添加 Label 显示状态信息。

8.1.2 图片框控件的常用方法

1. Print 方法

图片框控件用 Print 方法输出文本,格式如下:

```
<图片框控件名>.Print [输出列表]
```

注意,在写代码时,如果省略对象名,Print 就会输出到窗体上。

2. Cls 方法

图片框上除了所装入的图片外,其他的所有由方法产生的文字、图形都可以用 Cls 方法擦除,格式如下:

```
<图片框控件名>.Cls
```

写代码时,如果省略对象名,Cls 擦除的是窗体上的信息。

8.1.3 图片框控件的常用事件

图片框控件的主要事件有 Click、DblClick、MouseDown、MouseMove、MouseUp 等,Click、DblClick 事件和本书前面章节讲到的使用方法相同,后 3 个事件将在第 9 章中介绍。

【例 8-1】 利用计时器设置程序,使 3 幅图片(其图片在 E 盘,名称分别为:Banner. gif、Clouds. bmp 和 Forest. jpg)在图片框中进行切换。

分析

首先,进行如图 8.1 所示的窗体设计,窗体属性如表 8-1 所示。

表 8-1 属性设置

对 象	属 性	设 置
窗体	Caption	图片案例
	Name	Form1
图片框	Name	Picture1
计时器	Name1	Timer1
	Interval	1000

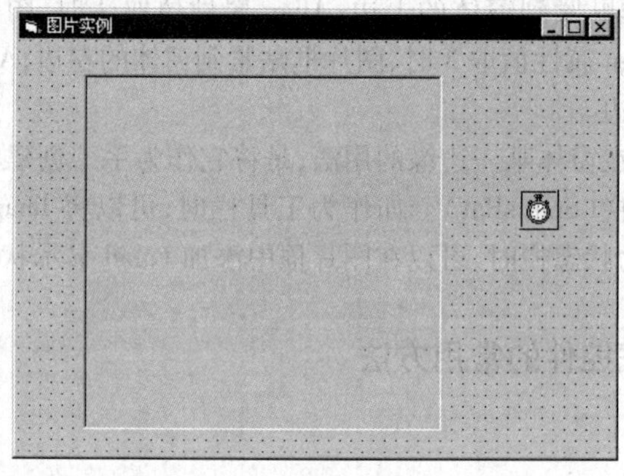

图 8.1 图片框实例

程序

```
Private Sub Timer1_Timer()
    Static intC As Integer
    If intC < 1 Then
        Picture1.picture = LoadPicture("E:\Banner.gif")
        intC = 1
    ElseIf intC = 1 Then
        Picture1.picture = LoadPicture("E:\Clouds.bmp")
        intC = 2
    Else
        Picture1.picture = LoadPicture("E:\Forest.jpg")
        intC = 0
```

```
    End If
End Sub
```

运行结果

程序启动后,图片框的内容在 3 幅图之间切换,如图 8.2 所示。

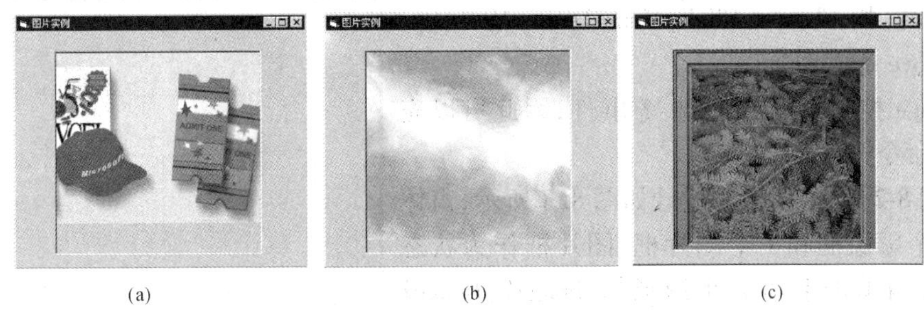

(a)　(b)　(c)

图 8.2　例 8-1 的运行界面

说明

定时器每触发一次,静态变量 intC 取值分别为 0、1 或 2,取值为 0 时放映第一幅图;取值为 1 时放映第二幅图;取值为 2 时放映第三幅图。

8.1.4　影像框控件的常用属性

影像框 Image 控件与图片框 PictureBox 控件相似,但它只用于显示图片,不能作为其他控件的容器,也不支持图形方法,只支持图片框属性和事件的一个子集。因此,影像框比图片框占用较少系统资源。

工具箱中影像框控件的图标为 。

影像框控件名称的缺省值为:Image1,Image2……

1. Picture 属性

与图片框控件的 Picture 属性一样,影像框控件中的 Picture 属性可以在设计时设置,也可以在程序运行时用 LoadPicture( )函数载入。

2. Stretch 属性

影像框控件调整大小的行为与图片框不同。它具有 Stretch 属性,而图片框使用 AutoSize属性。

图片框控件 AutoSize 属性为 True 时,根据图片实际大小调整图片框的大小;AutoSize 为 False 时,图片框可能远大于图片(若实际图片很小),也可能图片被剪切(只有一部分图片可见)。对 Image 控件,Stretch 属性为 False(缺省值)时,根据图片实际大小调整 Image控件的大小;设置 Stretch 属性为 True 时,根据 Image 控件的大小调整图片的大小,这有可能使图片变形。

8.1.5 影像框控件的常用事件

影像框控件与图片框控件可以响应的事件过程大体相同，如 Change，Click，MouseDown，MouseUp，MouseMove 等常用事件。

Image 控件可接受 Click 等事件，因此可以充当图形命令按钮。

【例 8-2】 窗体界面设计如图 8.3 所示，窗体上有 3 个影像框和 1 个图片框，图片框作为状态栏使用，当单击上面 2 个影像框 Image1、Image2 时，Image3 显示相应图片，同时在图片框中显示哪个图片被选中的文字信息。

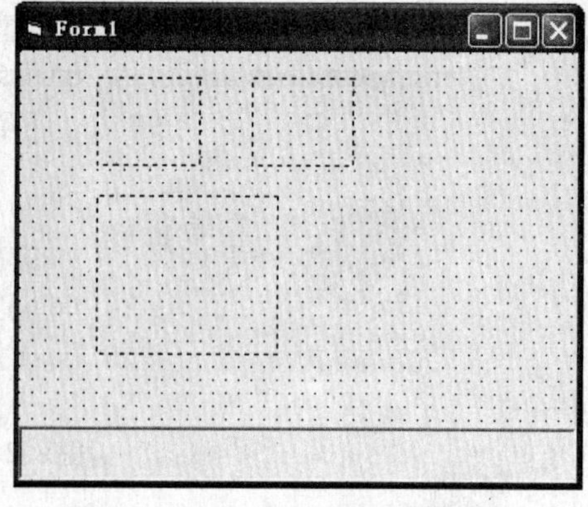

图 8.3 例 8-2 的窗体界面设计

程序

```
Private Sub Form_Load()
    Picture1.FontSize = 18
    Image1.Picture = LoadPicture("E:\icon\bfly1.bmp")        '加载图片
    Image2.Picture = LoadPicture("E:\icon\car1.wmf")         '加载图片
    Image1.Stretch = True
    Image2.Stretch = True
    Image3.Stretch = False     '根据图片实际大小调整 Image 控件的大小
End Sub
Private Sub Image1_Click()
    Image3.Picture = Image1.Picture
    Picture1.Cls
    Picture1.Print "左图被选中"
End Sub
Private Sub Image2_Click()
    Image3.Picture = Image2.Picture
    Picture1.Cls
    Picture1.Print "右图被选中"
End Sub
```

运行结果

程序运行结果如图 8.4 所示。

(a)

(b)

图 8.4　例 8-2 的运行界面

8.1.6　形状控件的常用属性

工具箱中形状控件的图标为 。

形状控件缺省的控件名称为:Shape1,Shape2……

形状控件可以直接在容器对象中绘制圆、椭圆、矩形,但这些形状(包括直线控件所画的线)不能用 Cls 方法清除。

利用形状控件,可以在界面设计时,通过对形状控件有关属性的设置直接得到相应的图形,也可以在程序中设置属性来获得所需要的图形。

形状控件常用属性有 Shape,BorderStyle,BorderColor,FillColor,BorderWidth 等。其具体说明如下。

1. Shape 属性

形状控件用于创建指定的图形,通过设置 Shape 属性来得到所需要的形状,画出正方形、矩形、圆和椭圆等。

在属性窗口选择 Shape 属性,单击下拉式列表框,在下拉式列表框中选择 Shape 属性,各 Shape 值的含义如表 8-2 所示。

表 8-2　Shape 属性设置值

常　数	值	描　述
VbShapeRectangle	0	(缺省值)矩形
VbShapeSquare	1	正方形
VbShapeOval	2	椭圆形
VbShapeCircle	3	圆形
VbShapeRoundedRectangle	4	圆角矩形
VbShapeRoundedSquare	5	圆角正方形

2. BorderStyle 属性

该属性定义图形边框样式,属性设置值如表 8-3 所示。

表 8-3 Line 和 Shape 控件的 BorderStyle 属性设置值

常 数	值	描 述	线条效果
VbTransparent	0	透明	不显示边框
VbBSSolid	1	(缺省值)实线。边框处于形状边缘的中心	
VbBSDash	2	虚线	
VbBSDot	3	点线	
VbBSDashDot	4	点划线	
VbBSDashDotDot	5	双点划线	
VbBSInsideSolid	6	内收(侧)实线。边框的外边界就是形状的外边缘,只有当边框线 BorderWidth 属性值大于1时,才可见效果	

3. FillStyle 属性

该属性用于指定图形的填充样式。属性设置值如表 8-4 所示。

表 8-4 Fillstyle 属性的设置值

常 数	值	描 述
VbFSSolid	0	实心
VbFSTransparent	1	(缺省值)透明
VbHorizontalLine	2	水平直线
VbVerticalLine	3	垂直直线
VbUpwardDiagonal	4	上斜对角线
VbDownwardDiagonal	5	下斜对角线
VbCross	6	十字线
VbDiagonalCross	7	交叉对角线

4. BorderColor 属性

设置边框颜色。

5. FillColor 属性

设置填充颜色。

6. BorderWidth 属性

设置边框宽度,单位为像素。当该属性值大于 1 时,只能显示实线。

【例 8-3】 在窗体上有 6 个形状控件构成了控件数组 Shape1,有 2 个命令按钮,当单击"开始" 命令按钮时,6 个形状控件因属性设置不同,显示出不同的效果,运行结果如图 8.5 所示。

程序

```
Private Sub Command1_Click()
    Dim i As Integer
    For i = 0 To 5
        If i <> 0 Then Shape1(i).Left = Shape1(i - 1).Left + 1100  '设置位置
        Shape1(i).Shape = i
        Shape1(i).FillStyle = i
        Shape1(i).FillColor = QBColor(i + 4)      '任意设置颜色
        Shape1(i).BorderWidth = i + 1             '任意设置宽度
    Next i
End Sub
Private Sub Command2_Click()
    End
End Sub
```

运行结果

程序运行结果如图 8.5 所示。

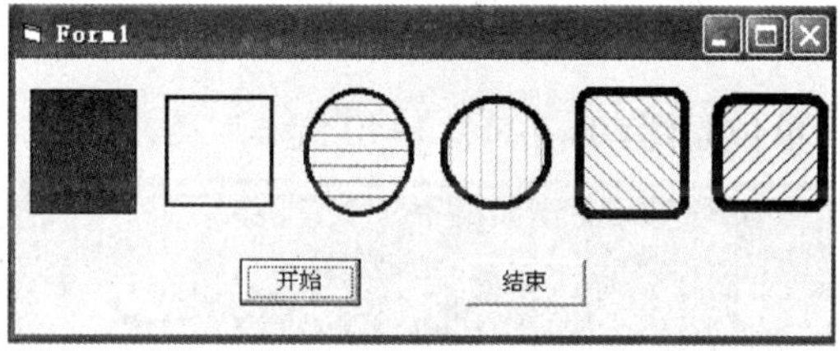

图 8.5 例 8-3 的运行界面

8.1.7 直线控件的常用属性

工具箱中直线控件的图标为 。

直线控件缺省的控件名称为:Line1,Line2……

直线控件与形状控件相似,但只用于画线。

界面设计时可以通过鼠标调整线段的位置、长短和颜色等属性;程序运行时,可以通过改变直线的端点坐标属性(x1,y1)、(x2,y2)来移动它或调整它的长短。

与形状控件的边框样式属性一样,直线控件通过对 BorderStyle 属性的设置定义该控件所显示的直线的线形,其不同取值表示不同的线形,分别为透明、实线、长虚线、虚线、点划线、双点划线等。

BorderWidth 属性的含义与形状控件一样。

8.2 容器坐标系

坐标系是绘图的基础,在分析坐标系前先理解一下容器的概念。

能够将其他控件放置于其中的对象控件称之为容器。窗体、框架、图片框都是容器,屏幕是窗体的容器。例如,在窗体上添加图片框,窗体是图片框的容器,再在图片框上添加命令按钮,图片框又成为了容器。

要注意的是,容器中的对象只能在容器范围内变动。移动容器时,容器内的对象也跟着移动,内部对象与容器的相对位置保持不变。

在 Visual Basic 中,每个容器都有一个缺省的坐标系统,左上角的坐标是(0, 0),坐标系中的 X 轴向右、Y 轴向下延伸,如图 8.6 所示为缺省的屏幕坐标系统、窗体坐标系统、框架坐标系统,框架容器上放置了一个文本框。

沿坐标轴定义位置的测量单位,称为刻度。在 Visual Basic 中,坐标系统的每个轴都有自己的刻度。除了屏幕坐标系统外,其他坐标系坐标轴的方向、起点和坐标系统的刻度,都是可以改变的。

坐标系统默认表示单位是缇(Twips)。1440 缇 =1 英寸,567 缇 =1 厘米。

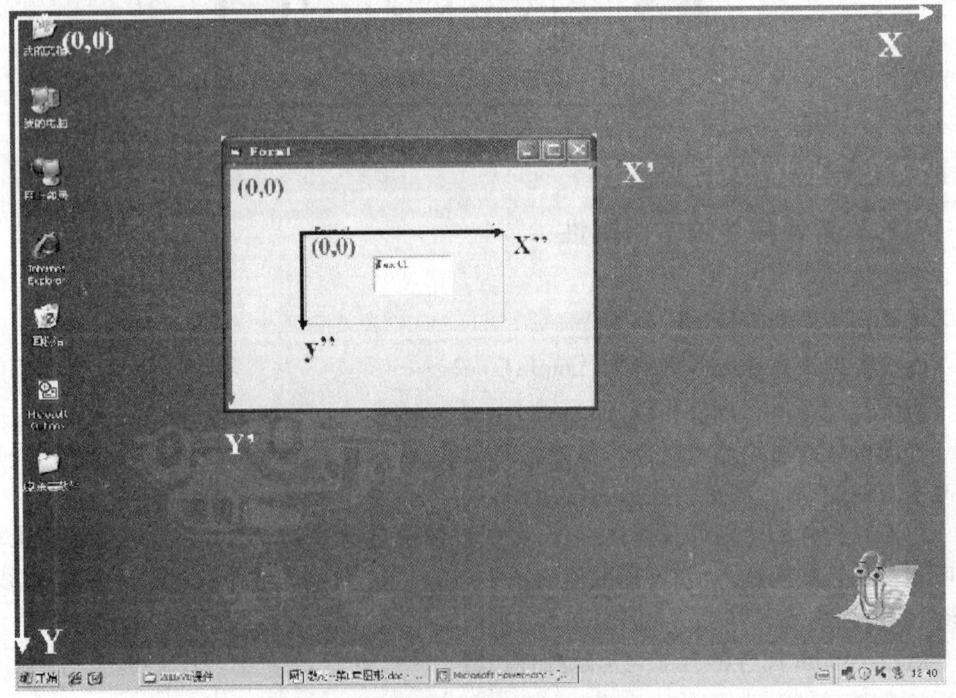

图 8.6 坐标系统

8.2.1　控件在容器中的属性

1. Top 属性

该属性值是控件左上角到所在容器上边沿的距离。如果控件外的容器为窗体,则控件的 Top 属性值为控件左上角到所在窗体标题栏下边沿的距离。

2. Left 属性

该属性值是控件左上角到所在容器左边沿的距离。

3. Width 属性

该属性值是控件本身的宽度。

4. Height 属性

该属性值是控件本身的高度。

在图 8.6 中,如果编写窗体的事件 Form_Click( )

```
Private Sub Form_Click()
    Print Left, Top                        '语句①
    Print Frame1.Left, Frame1.Top          '语句②
    Print Text1.Left, Text1.Top            '语句③
End Sub
```

那么,语句①输出的结果是窗体的左上角在屏幕坐标系中的坐标值,语句②输出的结果是框架的左上角在窗体坐标系中的坐标值,语句③输出的结果是文本框的左上角在框架坐标系中的坐标值。

8.2.2　容器(窗体、图片框)的坐标属性

1. ScaleLeft 属性

该属性值为容器左上角的横坐标,缺省值为 0。

2. ScaleTop 属性

该属性值为容器左上角的纵坐标,缺省值为 0。

3. ScaleWidth 属性

该属性值为容器内部的宽度值。

4. ScaleHeight 属性

该属性值为容器内部的高度值

图 8.7 是窗体坐标系的坐标属性图示，默认的单位是缇，原点(0,0)在左上角，容器的最小坐标值为左上角坐标，容器的最大坐标值为右下角坐标。通过下文介绍的ScaleMode属性可以改变坐标系的坐标刻度，通过 Scale 方法可以改变坐标系的坐标原点及纵横坐标值。

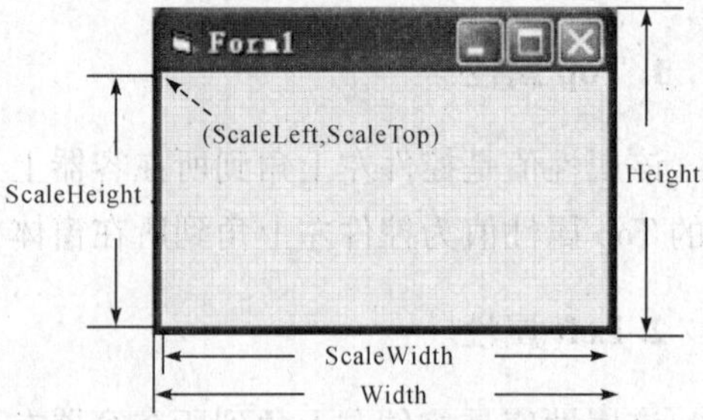

图 8.7　容器的坐标属性图示

5. CurrentX，CurrentY 属性

这两个属性分别表示当前点在容器内的横坐标、纵坐标。设置CurrentX、CurrentY 属性后，所设值就是下一个输出方法的当前位置。

【例 8-4】　在默认窗体的中心位置输出“中心”两字。

程序

```
Private Sub Form_Click()
    Form1.CurrentX = Form1.ScaleWidth /2
    Form1.CurrentY = Form1.ScaleHeight /2
    Print "中心"
End Sub
```

8.2.3　容器的 Scale 方法

Scale 方法的语法为：

```
[ <容器名 >.]Scale (x1, y1) - (x2, y2)
```

其作用是，在定义了新的坐标系统后，根据(x1，y1)和(x2，y2)的值，使用新的刻度，使得容器的左上角坐标为(x1，y1)，右下角坐标为(x2，y2)，将容器 X 轴方向分为 x2 − x1 等份、Y 轴方向分为 y2 − y1 等份，并将容器的 4 个坐标属性设置为：

```
<容器名 >.ScaleLeft = x1                <容器名 >.ScaleTop = y1
<容器名 >.ScaleWidth = x2 - x1          <容器名 >.ScaleHeight = y2 - y1
```

如：要使窗体的坐标系从图 8.8(a)，成为图 8.8(b)的形式，可以使用代码：

```
Form1.Scale ( -30, 20) -(30, -20)
```

该语句运行后，使得窗体的左上角坐标为(−30，20)，右下角坐标为(30， −20)，将窗体的数据区域(可供输出、绘图的地方)在 X 轴方向分为 60 等份、Y 轴方向分为 40 等份，刻度单位未知。

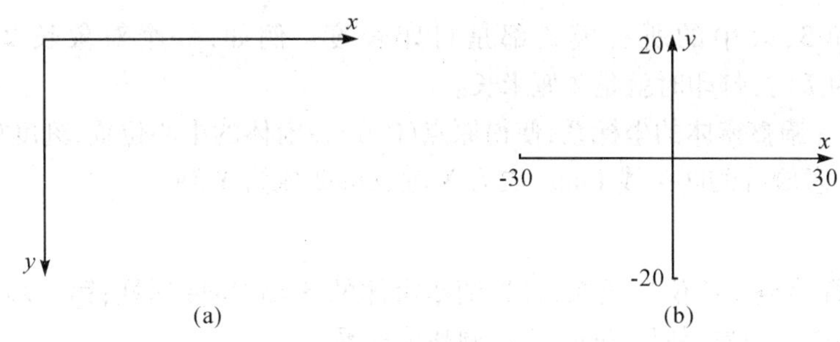

图 8.8 自定义坐标系统

或使用以下代码也同样达到改变坐标系的目的：

```
ScaleLeft = -30
ScaleTop = 20
ScaleWidth = 60
ScaleHeight = -40         '使用负数,则改变坐标轴方向
```

对于已定义过的坐标系统，若要恢复缺省刻度，可使用无参数的 Scale 方法。即使用：

```
[ <容器名 >.]Scale
```

8.2.4 容器的 ScaleMode 属性

通过设置容器的 ScaleMode 属性可以选择改变坐标系统的单位。

编程者在容器的属性窗口直接更改 ScaleMode 属性的值，也可以用代码设置对象的 ScaleMode 属性，定义标准刻度。属性设置如表 8-5 所示。

表 8-5 选择刻度的属性设置

ScaleMode	设置值描述
0	自定义刻度。若直接设置了 ScaleWidth、ScaleHeight、ScaleTop 或 ScaleLeft 属性值，或用 Scale 方法设置坐标系后，ScaleMode 属性自动设为 0
1	缇。这是缺省刻度。1440 缇等于 1 英寸。1 缇≈0.01764 毫米≈0.05 磅
2	磅。1 磅≈0.353 毫米
3	像素。像素是监视器或打印机分辨率的最小单位。每英寸中像素的数量由设备的分辨率决定
4	字符。打印时，一个字符有 1/6 英寸高、1/12 英寸宽
5	英寸
6	毫米
7	厘米

当选择标准刻度时，系统自动使 ScaleLeft，ScaleTop 值为 0，并设置 ScaleHeight，ScaleWidth值，使它们与新刻度保持一致。

无论是使用 Scale 方法，还是使用 ScaleMode 属性来改变容器的坐标系，容器坐标的最小值（左上角）、最大值（右下角）总是：

(ScaleLeft,ScaleTop)和(ScaleLeft + ScaleWidth,ScaleTop + ScaleHeight)。

除了 0 和 3,表中的所有模式都是打印长度。例如,一个对象长 2 个单位,当 ScaleMode设为 7 时,打印时就是 2 厘米长。

【例 8-5】 调整窗体的坐标系,使得原点(0,0)在窗体的中心位置,刻度单位是厘米,并使窗体上任意放置的两条线 Line1 成为 X 轴、Line2 成为 Y 轴。

分析

第一步,既然刻度单位是厘米,首先调整窗体的 ScaleMode 属性;第二步,原点(0,0)要移到窗体的中心位置,使用 Scale 方法调整坐标系。

程序

```
Private Sub Form_Click()
    Form1.ScaleMode = 7          '以厘米为刻度单位
    '(0,0)点在窗体中心
    Form1.Scale (-ScaleWidth /2, ScaleHeight /2)-(ScaleWidth /2, -ScaleHeight /2)
    Line1.X1 = -ScaleWidth /2
    Line1.Y1 = 0
    Line1.X2 = ScaleWidth /2
    Line1.Y2 = 0
    Line2.X1 = 0
    Line2.Y1 = ScaleHeight /2
    Line2.X2 = 0
    Line2.Y2 = -ScaleHeight /2
    CurrentX = 0: CurrentY = 0
    Print " (0,0)"
End Sub
```

运行结果

图 8.9(a)是设计界面,运行后单击窗体出现图 8.9(b)的结果。

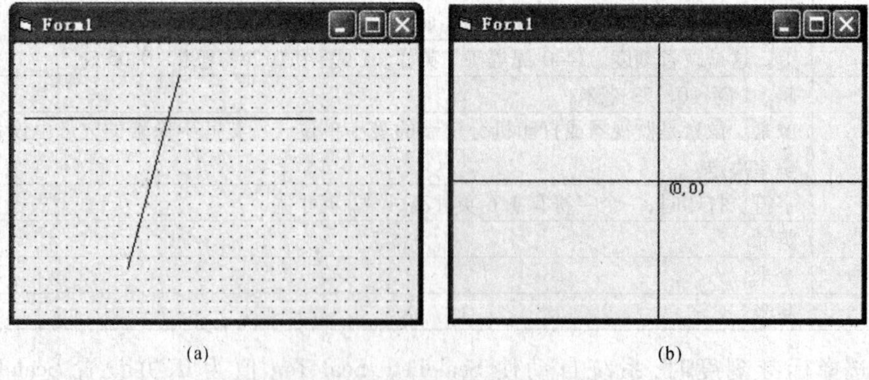

图 8.9 例 8-5 的设计界面和运行界面

8.3　图形方法

可以把图片框看做一块空画布,可以在它上面画画或打印,或者显示文本、图形,甚至是简单的动画。除了用 Print 方法向图片框控件输出文本之外,Circle、Line 和 Pset 方法可以在图片框中画图;Point 可以获得图片框中指定点的颜色。

8.3.1　画点方法 Pset

画点方法的格式如下:

```
[ <容器> .]Pset [step](x,y)[,color]
```

该方法在容器上(x,y)处以值为 color 的颜色画点。

说明

(1)x、y 是 Single 类型表达式,缺省容器则指当前窗体;缺省 color 则为容器前景色(ForeColor)。

(2)容器的当前输出位置坐标为(容器名. CurrentX,容器名. CurrentY),加 Step 关键字则在坐标(容器名. CurrentX + x,容器名. CurrentY + y)位置画点。

(3)该方法所画点的大小,取决于容器的 DrawWidth 属性值。DrawWidth 用来设置绘图点或线的宽度,值以像素为单位,取值范围是 1 ~ 32767,缺省值为 1,即一个像素宽度。

(4)Cls 方法可擦除绘图方法及 Print 方法的输出内容。

(5)在容器上擦除一个点,可采用背景色重画点。

【例 8-6】　利用 Pset 方法绘制 Cos(x)函数曲线。

程序

```
Private Sub Form_Click()
    Dim x As Integer,i As Integer
    For i =0 To 10000
        PSet (i,1200),vbRed      '用画点的方法连线,画一条红色水平线
    Next i
    For x =0 To 10000
        PSet(x,1000 * Cos(x * 3.1415926 /1800) +1200),vbBlue  '画一条蓝色 Cos 曲线
    Next x
End Sub
```

运行结果

程序运行结果如图 8.10 所示。

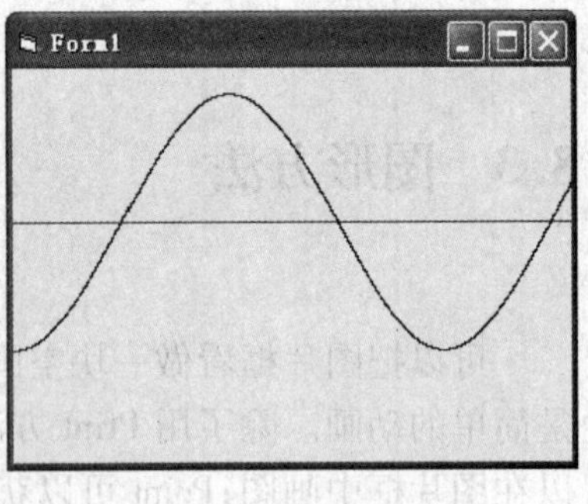

图 8.10 例 8-6 的运行界面

说明

"1000 * Cos(x * 3.1415926/1800)"中的振幅(1000 缇)和振频(3.1415926/1800)均可以调整,读者可以调整后观察运行结果。

【例 8-7】 "下雨了",在窗体上每隔 0.1 秒用随机色在随机位置画 1 个点,点的大小为 10 到 40 像素值的随机值。

程序

```
Private Sub PsetDemo()
    Dim r As Byte, g As Byte, b As Byte
    Randomize: r = 255 * Rnd                '画点的颜色值，红、绿、蓝的颜色值随机
    Randomize: g = 255 * Rnd
    Randomize: b = 255 * Rnd
    '画点的位置随机
    Form1.PSet (Rnd * Form1.ScaleWidth, Rnd * Form1.ScaleHeight), RGB(r, g, b)
End Sub
Private Sub Form_Load()
    Form1.WindowState = 2                   '装入窗体后,窗体最大化
    Timer1.Interval = 100
End Sub
Private Sub Timer1_Timer()
    Randomize
    Form1.DrawWidth = Int(31 * Rnd) + 10    '点的大小随机
    Call PsetDemo                           '调用一次子过程,画一个点
End Sub
```

运行结果

程序运行结果如图 8.11 所示。

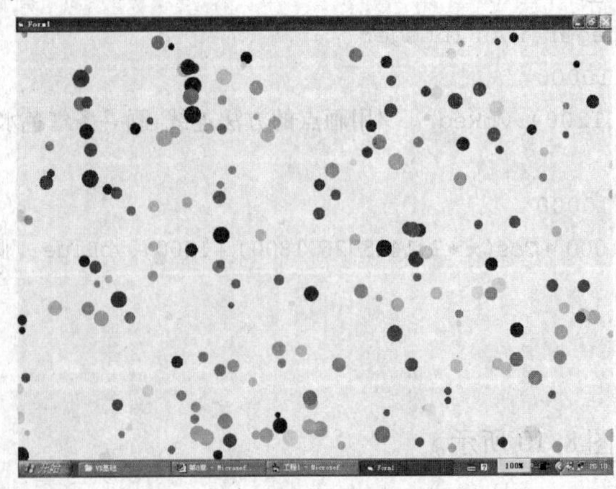

图 8.11 例 8-7 的运行界面

【例 8-8】 将 Picture1 的图像复制到 Picture2，要求保持色彩、纵横比例不变。程序运行效果如 8.12 所示。程序启动后，“复制”命令按钮Command1可用，“结束”命令按钮 Command2 不可用，点击 Command1，复制图片后，只有“结束”按钮可用。

图 8.12 例 8-8 的运行界面

分析

编程序前，先学习一个函数，返回某点颜色值的函数 Point。

该函数的返回值为点(x,y)的颜色值，格式如下：

```
[<容器>.]Point(x,y)
```

返回值的范围：0 ~ &HFFFFFF。如执行语句“C = Point(100,100)”，将窗体坐标(100,100)处点的颜色值存入变量 C。

根据 2 个图片框的长度和宽度，可以算出 Picture1 中任意一点在 Picture2 中对应点的位置，那么，只要将 Picture1 中每一点的颜色画到对应的 Picture2 的点上即可。

程序

```
Private Sub Form_Load()
    Command1.Enabled = True
    Command2.Enabled = False
End Sub
Private Sub Command1_Click()
    Dim x As Single, y As Single, bc As Long      '注意变量类型声明
    Dim i%, j%
    For i = 1 To Picture1.ScaleWidth
        For j = 1 To Picture1.ScaleHeight
            bc = Picture1.Point(i, j)              '读点的颜色值、赋值到 bc
            '将图片框 1 上点(i,j)对应在图片框 2 上的坐标(x,y),按比例算出
            x = Picture2.ScaleWidth / Picture1.ScaleWidth * i
            y = Picture2.ScaleHeight / Picture1.ScaleHeight * j
            Picture2.PSet (x, y), bc               '在图片框 2 上用颜色 bc 画点(x,y)
        Next j
    Next i
    Command1.Enabled = False
    Command2.Enabled = True
End Sub
Private Sub Command2_Click()
    End
End Sub
```

说明

因为 bc 存放颜色值，所以变量类型声明为长整型。

8.3.2 画线、矩形方法 Line

使用 Line 方法,可以画出直线或矩形。其语法格式为:

```
[<容器>.] Line [(x1,y1)] - [Step](x2,y2)[, Color] [, B/BF]
```

说明

(1)坐标点为 Single 类型表达式,缺省容器名指窗体;缺省起点坐标则以当前输出位置为起点;图形边框的颜色由 Color 表达式指定,缺省 Color 表达式则为容器的 ForeColor 属性。

例如,下列语句在 Picture1 控件上画一条蓝色线:

```
Picture1.Line(10,10) - (60,100),RGB(0,0,255)
```

又如,下面的语句是通过 3 点连接画出一个三角形,图 8.13为运行的结果,窗体缺省 ForeColor 通常是黑色。程序代码如下:

```
CurrentX = 1500       '设置起点的 x 坐标
CurrentY = 500        '设置起点的 y 坐标
Line -(3000, 2000) '向起点的右下方画一直线
Line -(1500, 2000) '向当前点的左方画一直线
Line -(1500, 500)  '向上方画一直线到起点
```

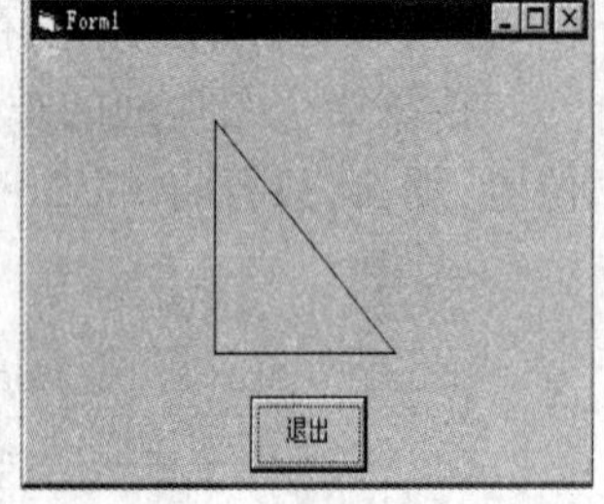

图 8.13 画线示例

(2)使用 Line 方法时,如果在坐标(x, y)前加上 Step,则表示所绘制直线的两个端点位置为(x1,y1)和(x1 +x2,y1 +y2)。

通过连续使用缺省起点、画两点连线的语句,可以绘制多点折线,每句的终点位置为下一句的起点位置。

例如,使用 Line 方法绘制方框。下面的程序画了一个红色方框,如图 8.14 所示。方框的左上角为(500, 500),每边长为 1000 缇,程序代码如下:

```
Private Sub Form_Click()
    Form1.ForeColor = vbRed
    Line (500, 500) - Step(1000, 0)
    Line - Step(0, 1000)
    Line - Step( -1000, 0)
    Line - Step(0, -1000)
End Sub
```

图 8.14 绘制方框

(3)在 Line 方法中使用 B 选项时,Visual Basic 把指定点作为矩形的对角点,画出一个矩形,以容器的 FillStyle 填充格式、FillColor 颜色在矩形内部填充。

所以,可用下面一条语句,代替上例中的 4 个画线语句:

```
Line (500, 500) - (1500, 1500), , B
```

在 B 的前面要有两个逗号,表示中间的 Color 参数被省略了。编程者只要不改变窗

体或容器控件的 FillStyle 属性值(FillStyle 的缺省值是 1,即透明),则所画的方框将是空心的。

如果将 FillStyle 设置为 0,就可以用 FillColor 属性的颜色,将方框填充为实心。

(4)另一种填充方框的方法是使用 BF 选项,方框被填充为实心,用边框的颜色填充矩形,忽略 FillColor 和 FillStyle 属性。

下面一条语句是画一个红色实心矩形:

```
Line (500, 500) - (1500, 1500), vbRed, BF          '画一个红色实心矩形
```

例如:执行下列语句后,在窗体上的输出结果说明在注释中。

```
Private Sub Form_Click()
    Form1.FillStyle = 0
    Form1.FillColor = vbBlue
    Form1.ForeColor = vbGreen
    Line (100, 100) - (1100, 1000), vbRed, B       '红色外框,蓝色实心填充的矩形
    Line (1600, 100) - (2500, 1000), , B           '绿色外框,蓝色实心填充的矩形
    Line (2800, 100) - (3800, 1000), , BF          '绿色实心矩形
End Sub
```

【例 8-9】　在窗体上演示颜色由深到浅的渐变过程,程序运行结果如图 8.15 所示。

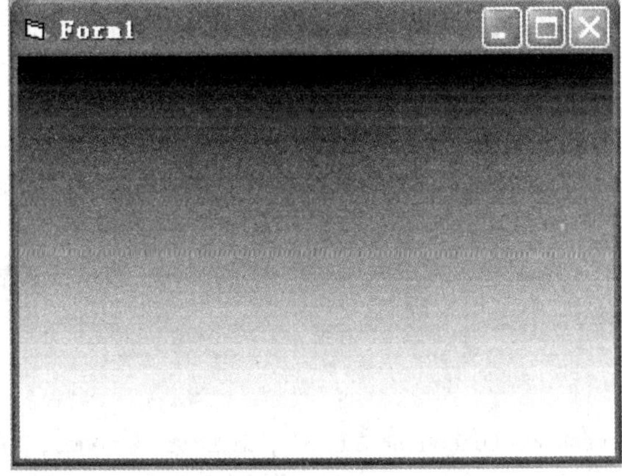

图 8.15　例 8-9 的运行界面

程序

```
Private Sub Form_Click()
    Dim i As Single, x As Single, y As Single
    x = Form1.ScaleWidth
    y = Form1.ScaleHeight
    For i = 0 To y
        Line (0, i) - (x, i), RGB(i * 255 /y, i * 255 /y, i * 255 /y)
    Next i
End Sub
```

说明

程序运行后，窗体从上至下画了 Form1. ScaleHeight + 1 条线，线的色彩从 RGB(0,0,0)变化到 RGB(255, 255, 255)，是由黑到白的渐变。

【例 8-10】 简易黑板，如图 8.16 所示。其功能是：当用鼠标左键在窗体上拖动时，将画出线条；当用鼠标右键在窗体上拖动时，将擦去线条。单击“清除”按钮将擦去窗体上所有痕迹。

图 8.16 例 8-10 简易黑板

分析

在鼠标拖动时画线或擦除线，需要用到鼠标事件；在鼠标事件中，通过 Line 方法画无数条相连的折线的方法，产生画图的效果；擦去线条的原理相同。

程序

```
Private Sub Command1_Click()            '擦“黑板”
    Cls
End Sub
Private Sub Form_load()                 '初始化
    Form1.Caption = "简易黑板"
    Form1.BackColor = RGB(0, 0, 0)
    Form1.ForeColor = RGB(255, 255, 255)
End Sub
Private Sub Form_MouseDown(Button As Integer, Shift As Integer, X As Single, Y As Single)
                                        '当按下鼠标时，画第一点
    If Button = 1 Then                  ' Button = 1 表示按下左键
       Form1.PSet (X, Y)
    End If
End Sub
Private Sub Form_MouseMove(Button As Integer, Shift As Integer, X As Single, Y As Single)
                                        '鼠标移动事件
    If Button = 1 Then                  '左键拖动画线
       Form1.Line -(X, Y)
    ElseIf Button = 2 Then              '右键拖动以黑色画实心方块，起擦除作用
       Form1.Line (X - 100, Y - 100)-(X + 100, Y + 100), RGB(0, 0, 0), BF
    End If
End Sub
```

8.3.3 画圆、画圆弧、画扇形和画椭圆方法 Circle

1. 画圆

语法格式为：

[容器名.]Circle [Step](x,y),radius[,Color]

以(x,y)为圆心(有 Step 关键字则以(CurrentX + x,CurrentY + y)为圆心)、以 radius 为半径画颜色值为 Color 的圆。

缺省容器名、Color 选项的有关规则同前,不再赘述。

【例 8-11】 在图片框中画内切圆。

程序

```
Private Sub Form_Click()
    Dim r As Integer
    r = Picture1.ScaleHeight
    If Picture1.ScaleHeight > Picture1.ScaleWidth Then
        r = Picture1.ScaleWidth
    End If
    Picture1.Circle ((Picture1.ScaleWidth + Picture1.ScaleLeft) /2,
    (Picture1.ScaleHeight + Picture1.ScaleTop) /2), r /2
End Sub
```

运行结果

运行结果如图 8.17 所示。

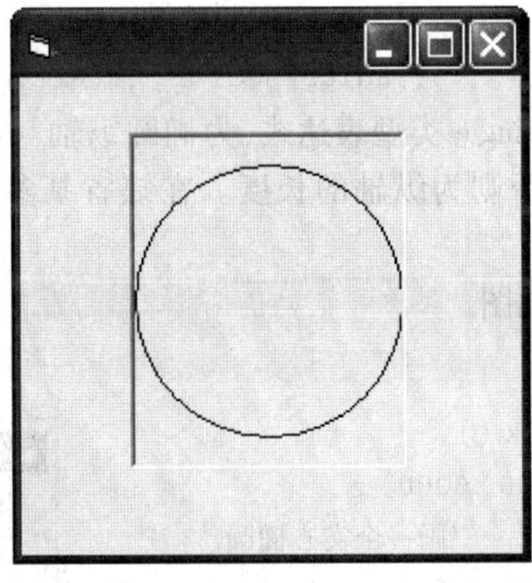

图 8.17　例 8-11 的运行效果

2. 画圆弧

语法格式为:

[容器名.]Circle [Step](x,y),radius[,Color],start,end

start、end 为 Single 类型表达式,该方法以 start 弧度为起点按逆时针方向到 end 弧度为止画一段圆弧(平行于 x 轴的正向为 0 弧度)。

若 start 为负值,该方法还画出 1 条从圆心到圆弧相应端点的连线,参数 end 也同样。

【例 8-12】 在窗体中画图。

程序

```
Private Sub Form_Click()
```

```
    Const PI = 3.14159265
    Form1.DrawWidth = 3          '线粗 3 像素
    Circle (1200, 1500), 1000, , PI /2, PI /6
    Circle (3500, 1500), 1000, , PI /2, -PI /6
    Circle (6000, 1500), 1000, , -PI /2, -PI /6
End Sub
```

运行结果

运行结果如图 8.18 所示。

图 8.18 例 8-12 的运行效果

3. 画椭圆

语法格式为:

[容器名.]Circle [Step](x,y),radius[,Color] ,start,end[,aspect]

画椭圆,aspect 是取正值的 Single 类型表达式,为椭圆纵轴与横轴之比。若 aspect 值小于 1,则 radius 为横轴的长度,否则为纵轴的长度。在缺省某参数前的参数时,不可以缺省“,”号。

【例 8-13】 在窗体中画图。

程序

```
Private Sub Form_Click ()
    Scale (0, 0) -(4000, 6000)
    FillStyle = 0          '画一个实心椭圆
    Circle (600, 2000), 800, , , , 3
    FillStyle = 1          '画一个空心椭圆
    Circle (1800, 2000), 800, , , , 1 /3
End Sub
```

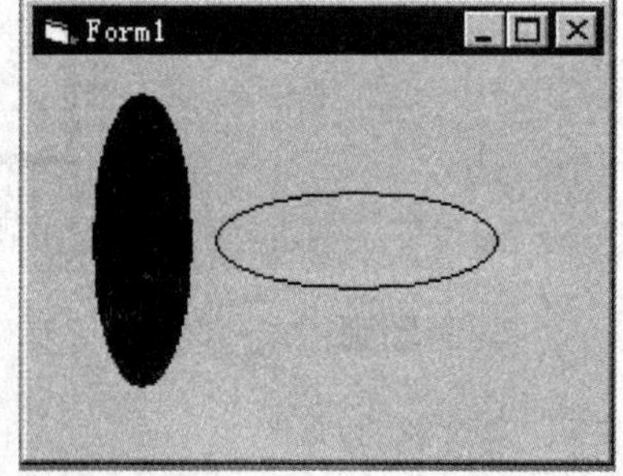

图 8.19 例 8-13 的运行效果

运行结果

运行结果如图 8.19 所示。

【例 8-14】 在窗体上画一个红、绿、蓝各占 1/3 的圆饼图,半径初值为 200 缇,随着滚动条的拖动,半径最大可以变化到窗体高度的 1/2;圆饼图随着滚动条的拖动而变化,圆心始终处于窗体的中心位置。运行界面如图 8.20 所示。

分析

滚动条初值的设置从题目中可以得到,写在 Form_Load( )事件中;工程启动后的圆饼图写在 Form_Load( )事件中无效,所以在 Form_Activate( )事件中画初始的圆饼图。

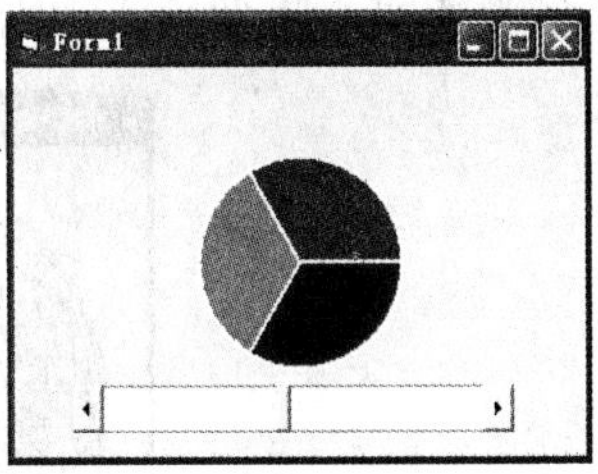

图 8.20 例 8-14 的运行效果

程序

```
Dim x As Double, y As Double
Const pi = 3.1415926535
Private Sub Form_Load()
    HScroll1.Min = 200
    HScroll1.Max = Form1.ScaleHeight /2
    Form1.DrawWidth = 2
    FillStyle = 0                    '实心填充
    x = ScaleWidth \2
    y = ScaleHeight \2
End Sub
Private Sub Form_Activate()
    FillColor = RGB(255, 0, 0)
    '因为 1 周 2pi,所以每份为 pi * 2 /3
    Circle (x, y), 200, RGB(255, 255, 255), -pi * 2, -pi * 2 /3     '红色圆饼
    FillColor = RGB(0, 255, 0)
    Circle (x, y), 200, RGB(255, 255, 255), -pi * 2 /3, -pi * 4 /3 '绿色圆饼
    FillColor = RGB(0, 0, 255)
    Circle (x, y), 200, RGB(255, 255, 255), -pi * 4 /3, -pi * 6 /3 '蓝色圆饼
End Sub
Private Sub HScroll1_Change()
    Call HScroll1_Scroll
End Sub
Private Sub HScroll1_Scroll()
    Form1.Cls
    FillColor = RGB(255, 0, 0)
    Circle (x, y), HScroll1.Value, RGB(255, 255, 255), -pi * 2, -pi * 2 /3
    FillColor = RGB(0, 255, 0)
    Circle (x, y), HScroll1.Value, RGB(255, 255, 255), -pi * 2 /3, -pi * 4 /3
    FillColor = RGB(0, 0, 255)
    Circle (x, y), HScroll1.Value, RGB(255, 255, 255), -pi * 4 /3, -pi * 6 /3
End Sub
```

考虑 3 个圆饼图的边线颜色。

8.4 程序举例

【例 8-15】 设计一个多种图形在窗体中交替显示的程序。运行界面如图 8.21 所

示。每隔2秒钟在窗体中分别画100个以窗体中心为圆心的多彩同心圆、弧、椭圆和多个多彩的实心矩形。

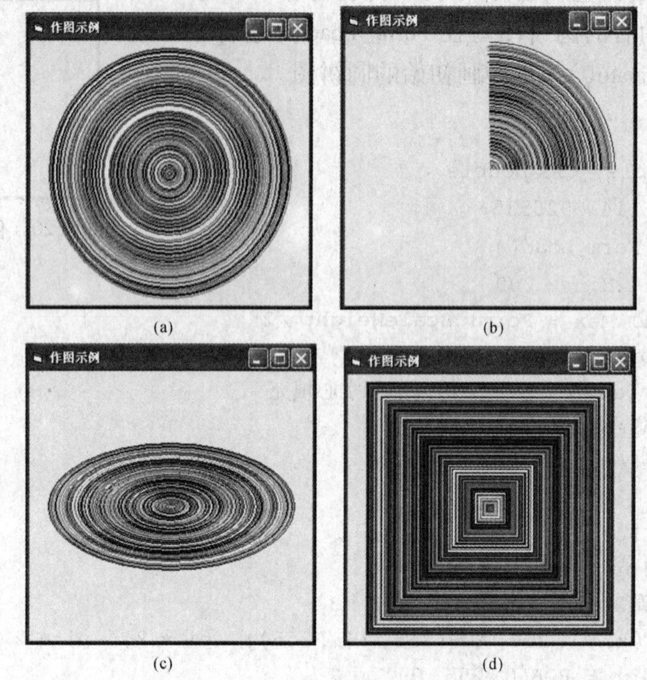

图8.21 例8-15运行效果

分析

由于4幅图每隔2秒钟交替显示，所以使用一个模块级变量n，在取值为0、1、2、3时，分别画圆、弧、椭圆和矩形。

程序

```
Dim n As Integer, x As Integer, y As Integer
Private Sub Form_Load()
    Timer1.Interval = 2000          '间隔2秒钟
    Timer1.Enabled = True
    x = Form1.ScaleWidth /2         '圆心坐标(x,y)
    y = Form1.ScaleHeight /2
End Sub
Private Sub Timer1_Timer()
Form1.Cls
If n = 0 Then
    For i = 1 To 100
        Form1.Circle (x, y), i * 20, QBColor(Int(Rnd * 16))     '随机色画图
    Next i
    n = 1
ElseIf n = 1 Then
    For i = 1 To 100
```

```
            Form1.Circle (x, y), i * 20, QBColor(Int(Rnd * 16)), 0, 1.5708
        Next i
        n = 2
    ElseIf n = 2 Then
        For i = 1 To 100
            Form1.Circle (x, y), i * 20, QBColor(Int(Rnd * 16)), , , 0.5
        Next i
        n = 3
    ElseIf n = 3 Then
        For i = 100 To 1 Step -1
            Form1.Line (x - i * 20, y - i * 20)-(x + i * 20, y + i * 20),
                QBColor(Int(Rnd * 16)), BF
        Next i
        n = 0
        End If
End Sub
```

说明

由于在画圆时程序规定了两相邻圆间半径相差20缇,最大圆半径是2000缇,为了把图形完整地显示到窗体上,窗体的宽度和高度在属性窗口可以设置大一些,比如5000缇。

在画实心矩形时,是从外向里画,先画最大的矩形,最后画最小的矩形。

习　题

一、判断题

1. 只有VB中的容器控件才能使用Scale方法。

2. 语句“Shape1. FillStyle = vbSolid”和“Shape1. FillStyle = 0”作用相同。

3. 窗体、图片框和列表框都具有Cls方法。

4. Picture图片框和Image影像框用来显示图片时,其效果一样。

5. 执行语句Form1. Picture = "C:\temp\a. bmp",可以为窗体背景加上一幅文件名为C:\temp\a. bmp的图形。

6. 影像框和图片框一样,当AutoSize属性设为True时,影像框的大小随加载图片的大小变化而变化。

7. 用Pset方法所画点的大小,取决于容器的DrawWidth属性值。

8. 无参数的Scale可以得到当前窗体坐标系统左上角与右下角的坐标。

9. 若将图片框控件的AutoSize属性设置为False,图片框的尺寸不会随图片的大小而变化。当图片尺寸超过图片框时,图片框会自动出现滚动条,以让用户浏览整个图片。

二、单选题

1. 改变了容器的坐标系后,该容器的________属性值不会改变。

A. Left　　B. ScaleLeft　　C. ScaleTop　　D. ScaleWidth

2. 在图片框控件 Picture1 上坐标（x,y）处画一个红色点,语句为________。

A. `Pset (x,y),RGB(255,0,0)` B. `Ptcture1.Pset (x,y),Red`

C. `Pset (x,y),vbRed` D. `Picture1.Pset (x,y),vbRed`

3. 不能使用图片框的 Cls 方法清除的是________。

A. 用鼠标在图片框内绘制的图形 B. 用 Print 语句在图片框上显示的文本

C. 用 LoadPicture 载入图片框的图片 D. 用 PSet 方法在图片框内放置的点

4. 将图片框在窗体中向右移动位置,应修改该图片框控件的________属性。

A. ScaleLeft B. Left C. Width D. Right

5. ________属性可以用来设置所绘线条宽度。

A. DrawStyle B. BorderStyle C. DrawWidth D. LineWidth

6. 返回图片框控件 P1 坐标(a,b)处颜色值的表达式为________。

A. `P1.SetColor(a,b)` B. `P1.GetColor(a,b)`

C. `P1.Pset(a,b)` D. `P1.Point(a,b)`

7. 下面________对象不能作为控件的容器。

A. Form B. PictureBox C. Shape(形状控件) D. Frame(框架控件)

8. 形状控件所显示的图形不可能是________。

A. 圆 B. 椭圆 C. 圆角正方形 D. 等边三角形

9. 将图片框 P 置于窗体 Fm 正中间的语句为________。

A. `P.Move (Fm.ScaleWidth - P.ScaleWidth)/2,(Fm.ScaleHeight - P.ScaleHeight)/2`

B. `P.Move(Fm.ScaleWidth - P.Width)/2,(Fm.SclaeHeight - P.Height)/2`

C. `P.Move(Fm.Width - P.ScaleWidth)/2,(Fm.Height - P.ScaleHeight)/2`

D. `P.Move(Fm.Width - P.Width)/2,(Fm.Height - P.Height)/2`

10. 语句 Circle(1000,1000),800,, -3.1415926/3, -3.1415926/2 绘制的图形是________。

A. 弧 B. 椭圆 C. 扇形 D. 同心圆

三、程序填空题

1. 本程序运行时,无论如何调整窗体的边界,单击窗体后都以窗体的中心位置为圆心、以30毫米为半径画出一个圆饼图。请填入适当的内容,将程序补充完整。

```
Private Sub Form_Load( )
    FillStyle = 0
    __________
End Sub
Private Sub Form_Click( )
    __________
    FillColor = RGB(255, 0, 0)
    Circle (0, 0), 30, , -3.14159 * 2, -3.14159 * 2 /3
    FillColor = RGB(0, 255, 0)
    Circle (0, 0), 30, , -3.14159 * 2 /3, -3.14159 * 4 /3
```

```
    FillColor = RGB(0, 0, 255)
    __________
End Sub
```

2. 下列程序运行时，先输入各公司月销售额，然后单击命令按钮，图片框中将显示各公司销售额的圆饼图（如图 8.22 所示）。要求：在文本框中只能输入数字字符；在圆饼图中分别用红、绿、蓝色显示 A、B、C 公司的扇区填充色。请填入适当的内容，将程序补充完整。

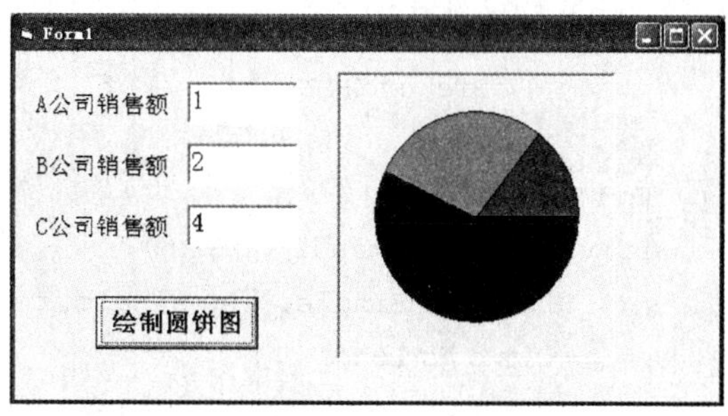

图 8.22　程序填空题 2 的运行效果

```
    Private Sub Command1_Click()
            '绘制圆饼图
    Const PI = 3.141593
    Dim a As Single, b As Single, c As Single, x As Single
    Picture1.Scale (-8, -8)-(8, 8)
    __________
    a = Text1(0).Text: b = Text1(1).Text
    c = Text1(2).Text
    x = 2 * PI /(a + b + c)     '计算每个单位在圆饼图中所占圆心角的弧度值
    Picture1.FillColor = RGB(255, 0, 0)
    Picture1.Circle (0, 0), 6, 0, __________
    Picture1.FillColor = RGB(0, 255, 0)
    Picture1.Circle (0, 0), 6, 0, -a * x, -(a + b) * x
    Picture1.FillColor = __________
    Picture1.Circle (0, 0), 6, 0, -(a + b) * x, -(a + b + c) * x
End Sub
Private Sub Form_Load()
    Picture1.Width = Picture1.Height
End Sub
Private Sub Text1_KeyPress(Index As Integer, K As Integer)
    If __________ Then K = 0
End Sub
```

3. 程序完成两个功能：点到点的图片复制与图片的“灰度化”处理。

单击“复制”按钮(Command1)把 Picture1 中的彩色图片复制到 Picture2 中；单击“灰度化”按钮(Command2)把 Picture2 中的彩色图片中的每个彩色点变成灰度值。每个彩色点的颜色值为 RGB(r,g,b)，转换为灰度值 Grey = 0.299 * r + 0.587 * g + 0.114 * b。请填入适当的内容，将程序补充完整。

```
Private Sub Command1_Click()
    Dim i As Single, j As Single, x As Single, y As Single, b As Long
    For i = 0 To Picture1.ScaleWidth
```

```
        For j = 0 To Picture1.ScaleHeight
        x = i * Picture2.ScaleWidth / Picture1.ScaleWidth
        y = j * Picture2.ScaleHeight / Picture1.ScaleHeight
        __________
        Picture2.PSet (x,y), b
    Next j, i
End Sub
Private Sub Command2_Click()
    Dim i As Single, j As Single, c As Long, Grey As Long, r As Long, g As Long,
    Dim b As Long
    For i = 0 To Picture2.ScaleWidth
        For j = 0 To Picture2.ScaleHeight
            c = Picture2.Point(i,j)
            b = Int(c/256/256)
            g = Int((c - b * 256 * 256)/256)
            r = __________
            Grey = 0.299 * r + 0.587 * g + 0.114 * b
            Picture2.PSet(i,j), RGB(Grey, Grey, Grey)

            __________
End Sub
```

四、程序阅读题

1. 写出程序运行后，在窗体上出现的结果。

```
Private Sub Form_Load()
    Picture1.Height = Picture1.Width
End Sub
Private Sub Form_Click()
    Picture1.Scale ( -10, 10) - (10, -10)
    Picture1.Line ( -10, 0) - (10, 0)
    Picture1.Line (0, 10) - (0, -10)
    For i = 1 To 10 Step 2
        Picture1.Circle (0, 0), i
    Next i
End Sub
```

2. 执行下列过程时，单击窗体后，画出图片框控件 pic1 上的图案。

```
Private Sub Form_Click()
    Dim x As Double
    Dim y As Double
    x = pic1.ScaleWidth /2
    y = pic1.ScaleHeight /2
    pic1.FillStyle = 0
    pic1.Line (x /2, y - x /2) - Step(x, x), , B
```

```
        pic1.FillColor = pic1.BackColor
        pic1.Circle (x, y), x /2
    End Sub
```

3. 窗体上有 4 个图片框组成的控件数组和一个水平滚动条，程序运行时单击滚动条右端箭头，画出 HScroll1. Value 的值依次为 1、2、3、4 时，4 个图片框控件上图案的形状。

```
    Private Sub Form_Load()
        For i = 0 To 3
            Picture1(i).Height = 1000
            Picture1(i).Width = Picture1(i).Height
        Next i
        HScroll1.Min = 0
        HScroll1.Max = 4
        HScroll1.Value = 0
    End Sub
    Private Sub HScroll1_Change()
        If HScroll1.Value = 0 Then Exit Sub
        Picture1(HScroll1.Value - 1).Cls
        Picture1(HScroll1.Value - 1).Scale (0, 0) -(HScroll1.Value, HScroll1.Value)
        Picture1(HScroll1.Value - 1).Line (0, 0) -(1, 1), , BF
    End Sub
```

4. Imgeh 和 Imgmn 为影像框控件名，定时器的 Interval 为 100，moon. ico 和 earth. ico 是月亮和地球的图标，写出以下程序的运行结果。

```
    Private Sub Form_ Load ()
        Imgeh.Top = ScaleHeight /2 - Imgeh.Height /2
        Imgeh.Left = ScaleWidth /2 - Imgeh.Width /2
        Imgmn.Picture = LoadPicture("c:\moon.ico")
        Imgeh.Picture = LoadPicture("c:\earth.ico")
    End Sub
    Private Static Sub Timer1_Timer()
        a = 1600
        x = Sin(i) * a + ScaleHeight /2
        y = Cos(i) * a + ScaleWidth /2
        Imgmn.Move x, y
        i = i + 0.2
    End Sub
```

五、程序设计题

1. 创建汽车跑动的动画，程序的设计界面如图 8.23 所示。

(1) 窗体中包括 1 个 PictureBox 控件，4 个 Image 控件和 1 个 HScrollbar 控件。4 个 Image 控件中的图片文件名依次为 car0. jpg，car1. jpg，car2. jpg，car3. jpg。HScrollBar 控件的 Min 属性为 1，Max 属性为 300，Value 属性为 100。

(2) 程序启动后，图片交替显示，并且汽车从左至右跑动，要求跑的速度由

Hscro11Bar 控件控制。

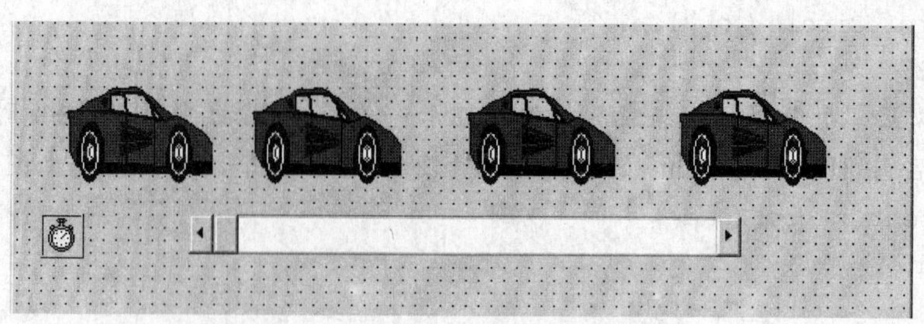

图 8.23 程序设计题 1 的设计界面

2. 窗体上放置一图片框,通过鼠标在图片框内的拖动画红色的实心圆。鼠标按下点为圆心,鼠标释放点到鼠标按下点所拖动的距离为半径。程序运行后的界面如图 8.24 所示。

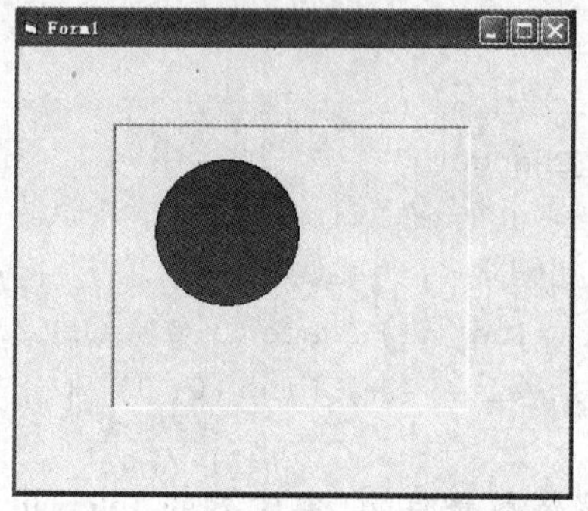

图 8.24 程序设计题 2 的运行界面

3. 编程,以毫米为刻度单位、以窗体中心点为坐标原点,以窗体的高与宽中最小值的 1/3 为半径画一个圆(轮廓线为黄色、线粗 2 毫米,以蓝色填充)。

4. 编程,以缇为窗体刻度的初值、窗体中心点为坐标原点,在列表框中选取刻度其他单位的同时画一个半径为 50 的圆,观察圆的大小的变化。

第 9 章

对话框和菜单

使用 VB 语言能够十分方便快捷地设计出标准的 Windows 界面,这也是 Visual Basic 的一大特色。事实上,Windows 环境下开发应用程序的一个主要任务,就是设计出友好的人机交互界面。Windows 应用程序通常提供两种典型的人机交互工具——对话框和菜单。

其实,可以把对话框看做是一种特殊的窗体。对话框的大小一般不可改变,通过它既可以输入信息,也可以显示信息。在 VB 应用程序中,可以使用下列 3 种对话框:系统预定义对话框(InputBox 和 MsgBox)、用户自定义对话框和通用对话框。

菜单是 Windows 应用程序的重要组成部分。通过菜单可以给命令进行分组,使用户能更方便、直观地使用命令。菜单有两种基本类型:下拉式菜单和弹出式菜单。

本章主要介绍 Visual Basic 应用程序中对话框及菜单的设计和应用。

9.1 用户自定义对话框

【例 9-1】 设计一个程序,求应发工资总和。数据主要有:基本工资、工资津贴、职务岗贴、住房补贴、工会经费、医疗保险这几项,界面设计参照图 9.1 所示的输入对话框。当输入各项数据后,单击“计算”按钮算出实发工资数。

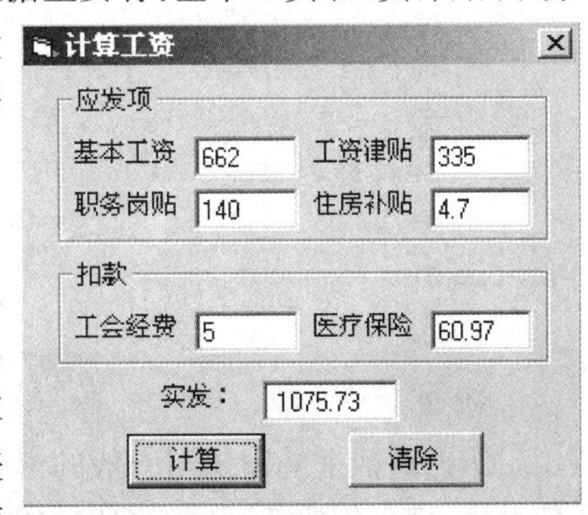

图 9.1 用户对话框设计

分析

自定义对话框是用户创建的含有控件的窗体。这些控件包括命令按钮、单选钮、复选框、文本框等,它们可以为应用程序接收信息。在本程序中,要求设计一个计算工资的自定义对话框,首先创建如表 9-1 所示的对象,并设置其属性。其中使用了文本框控件数组。

表 9-1 对象属性设置

对 象	属性 1	设置 1	属性 2	设置 2	属性 3	设置 3
窗体	Caption	计算工资	Name	Form1	BorderStyle	3
Label	Caption	基本工资	Name	Lable1		
……						
Label	Caption	实发:	Name	Lable7		
Frame	Caption	应发项	Name	Frame1		
Frame	Caption	扣款	Name	Frame2		
TextBox	Text		Name	Text1(0)		
……						
TextBox	Text		Name	Text1(6)		
CommandButton	Caption	计算	Name	CmdComputer		
CommandButton	Caption	清除	Name	CmdClear		

程序

```
Private Sub CmdComputer_Click()
  Dim Sum As Single
  Dim i As Integer
  Sum = 0
  For i = 0 To 3
    Sum = Sum + Val(Text1(i).Text)
  Next i
  For i = 4 To 5
    Sum = Sum - Val(Text1(i).Text)
  Next i
  Text1(6).Text = Str(Sum)
End Sub
Private Sub CmdClear_Click()
  Dim i As Integer
  For i = 0 To 6
    Text1(i).Text = ""
  Next i
End Sub
```

说明

作为对话框的窗体与一般的窗体在外观上是有所区别的。对话框没有控制菜单框及最大化、最小化按钮,不能改变它的大小,所以作为对话框的窗体应做如表 9-2 所示的属性设置。

表 9-2　对话框窗体属性设置

属性	值	说　明
BorderStyle	1	边框类型为固定的单个边框,防止对话框在运行时被改变尺寸
ControlBox	False	取消控制菜单框
MaxButton	False	取消最大化按钮,防止对话框在运行时被最大化
MinButton	False	取消最小化按钮,防止对话框在运行时被最小化

另外,由于对话框在打开后应位于窗口的最前面,只有在它关闭后才能进行其他操作,因此自定义的用户对话框应采用模态(Model)方式打开。设某自定义对话框使用的窗体名为 DialogBox,则打开它时使用以下代码较适合。

```
DialogBox.Show 1
```

9.2　通用对话框

【例 9-2】　设计一个应用程序,运行界面如图 9.2 所示。当选择“浏览图片”按钮时,弹出“打开文件”对话框,从中选择一个.bmp 位图文件并单击“确定”后,该图片显示在图片框中;当选择“保存图片”按钮时,弹出“另存为”对话框,将图片保存到指定位置;当选择“结束”按钮时,程序运行结束。

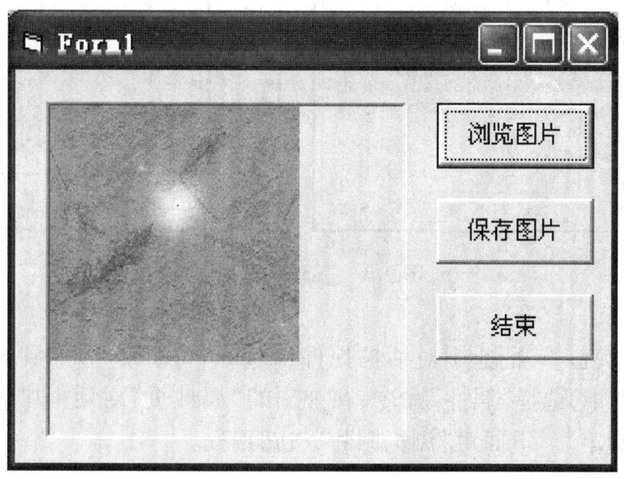

图 9.2　例 9-2 的运行界面

分析

设置界面,创建如表 9-3 所示的对象并设置其属性。

表 9-3　对象及属性设置

对　象	属性 1	设置 1	属性 2	设置 2	属性 3	设置 3
窗体	Name	Form1	Caption	Form1	BorderStyle	3
PictureBox	Name	Picture1				
CommandButton	Name	Command1	Caption	浏览图片		
CommandButton	Name	Command2	Caption	保存图片		
CommandButton	Name	Command3	Caption	结束		
CommonDialogbox	name	CommonDialog1				

其中通用对话框(CommonDialog)不是标准控件,需要先把通用对话框控件添加到工具箱。方法是选择“工程”菜单中的“部件”命令,系统弹出“部件”对话框,如图 9.3 所示,单击控件选项卡,从列表框选中“Microsoft Common Dialog Control 6.0”复选框。最后单击“确定”按钮,这样通用对话框控件就添加到了工具箱中。

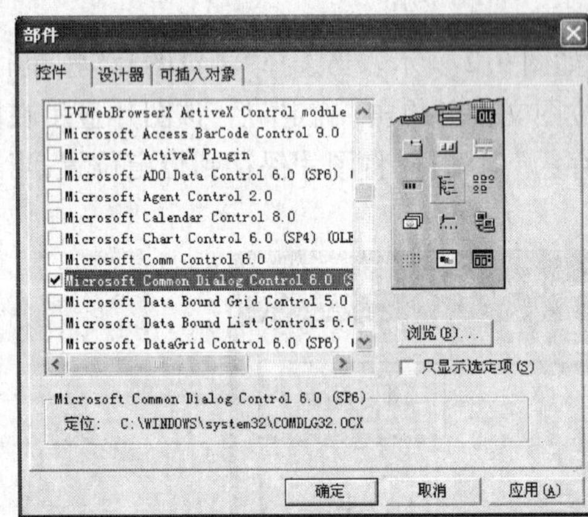

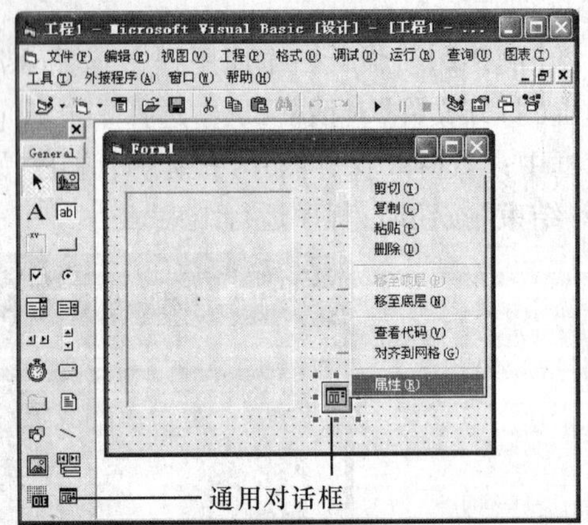

图 9.3　“部件”对话框

随后,在设计状态下,把通用对话框控件(CommonDialog)添加到窗体中。右击窗体中的通用对话框图标,选择“属性”命令,在弹出的“属性页”对话框中做如图 9.4 所示的属性设置,单击“确定”。下面对“浏览图片”按钮编程。

程序

```
Private Sub Command1_Click()
    CommonDialog1.ShowOpen
    Picture1.Picture = LoadPicture(CommonDialog1.FileName)
End Sub
```

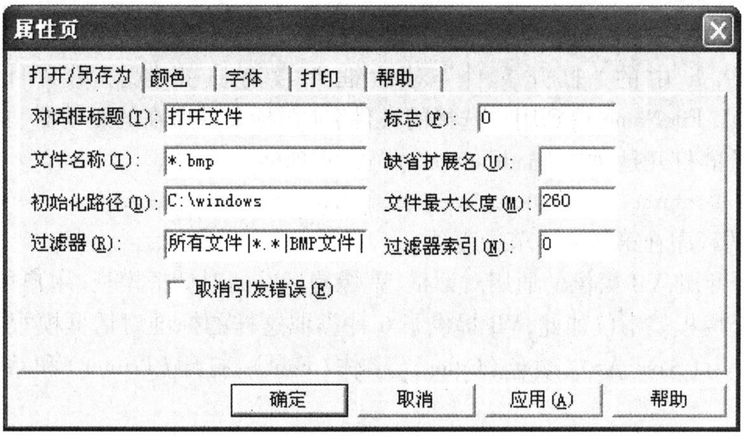

图 9.4 “属性页”对话框

启动程序运行，单击“浏览图片”按钮，弹出如图 9.5 所示的“打开文件”标准对话框。

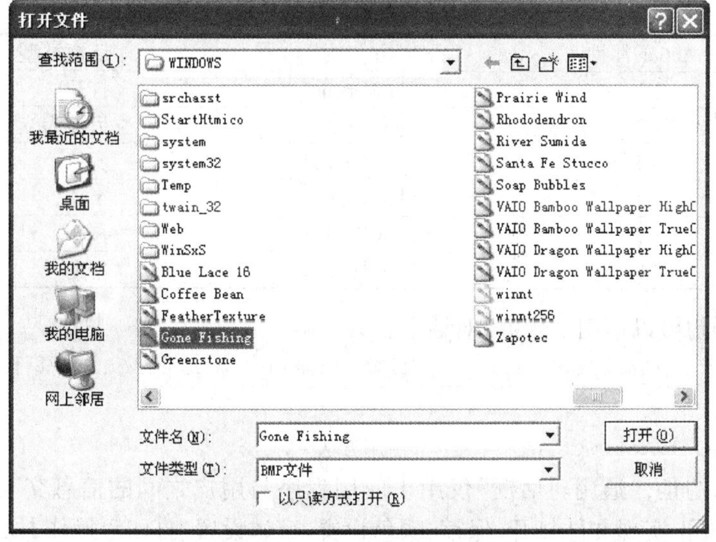

图 9.5 “打开文件”对话框

通用对话框控件的属性也可以在程序代码中进行设置，但是必须在显示对话框语句之前设置，否则没有效果。

```
Private Sub Command1_Click()
    CommonDialog1.DialogTitle = "打开文件"
    CommonDialog1.InitDir = "C:\WINDOWS"
    CommonDialog1.Filter = "所有文件|*.*|BMP 文件|*.bmp"
    CommonDialog1.FilterIndex = 2
    CommonDialog1.ShowOpen
    Picture1.Picture = LoadPicture(CommonDialog1.FileName)
End Sub
```

说明

通过图 9.5 中的“打开文件”对话框并没有真正地打开文件，只是通过 CommonDialog1. FileName 得到用户选择的文件名(包括文件所在的驱动器、文件夹和文件名)，图片文件的打开是通过 LoadPicture( )函数实现的：

```
Picture1.Picture = LoadPicture(CommonDialog1.FileName)
```

“保存图片”的程序在第 9.2.2 节中叙述。

从例 9-2 可知，VB 提供的通用对话框，就像是标准的对话框模板，用户可以用简单的命令套用这个模板。不仅如此，VB 提供了 6 种类似这样的标准对话框模板，分别为打开(Open)、另存为(Save As)、颜色(Color)、字体(Font)、打印(Printer)和帮助(Help)对话框。

像 Timer 控件一样，CommonDialog 控件在设计状态下显示成一个固定大小的图标，运行时不可见，需要在程序中用 Action 属性或 Show 方法激活所需的通用对话框。表 9-4 列出了具体的方法和属性。

表 9-4 方法显示的对话

Action 属性	方 法	对话框类型
1	ShowOpen	打开
2	ShowSave	另存为
3	ShowColor	颜色
4	ShowFont	字体
5	ShowPrinter	打印
6	ShowHelp	帮助

如以下语句可以调用“颜色”对话框：

```
CommonDialog1.Action =3          '设置 CommonDialog1 的 Action 属性
```

或

```
CommonDialog1.ShowColor          '使用方法
```

需要注意的是，“通用对话框”仅用于应用程序与用户之间的信息交互，是输入输出的界面，不能真正实现文件打开、保存、颜色设置、字体设置、打印等操作，如果想要实现这些功能必须通过编程解决。

9.2.1 使用“打开”对话框

打开文件是 Windows 应用程序中的常用操作。利用“打开”对话框选择需要打开的文件，由 FileName 属性得到文件所在的驱动器、文件夹和文件名。

使用“通用对话框”的 ShowOpen 方法或把 Action 属性设置为 1，弹出“打开”对话框。

“打开”对话框的主要属性如表 9-5 所示。

表 9-5　“打开”对话框的主要属性

属性	说　明
DialogTitle	对话框标题。用于设置对话框标题
FileName	文件名。用于设置对话框中“文件名”的初值。当对话框关闭时,可以使用该属性来返回选取的路径和文件名
FileTitle	文件名。返回用户所选择的文件名(不含路径名)
InitDir	初始化路径。设置对话框打开时的初始路径,默认路径为当前文件夹
Filter	过滤器。例如:CommonDialog1. Filter = "ALL Files(*. *) | *. * |文本文件| *.txt"
FilterIndex	过滤器索引。例如:如果希望文件列表框中只显示文本文件(*. txt),那么 FilterIndex 的值等于 2

9.2.2　使用“另存为”对话框

“另存为”对话框可以用来指定所要保存文件的驱动器、文件夹、文件名和文件扩展名,并可通过 FileName 属性获得。在程序中将通用对话框的 Action 属性设置为 2,或用 ShowSave 方法弹出“另存为”对话框,供用户选择或输入保存文件的相关信息。

除了对话框标题不同外,“另存为”对话框与“打开”对话框在形式上类似,涉及的主要属性也相同。

【例 9-3】 在例 9-2 中当单击“保存图片”按钮时,弹出“另存为”对话框,将图片保存到用户指定的位置。如图 9.6 所示。

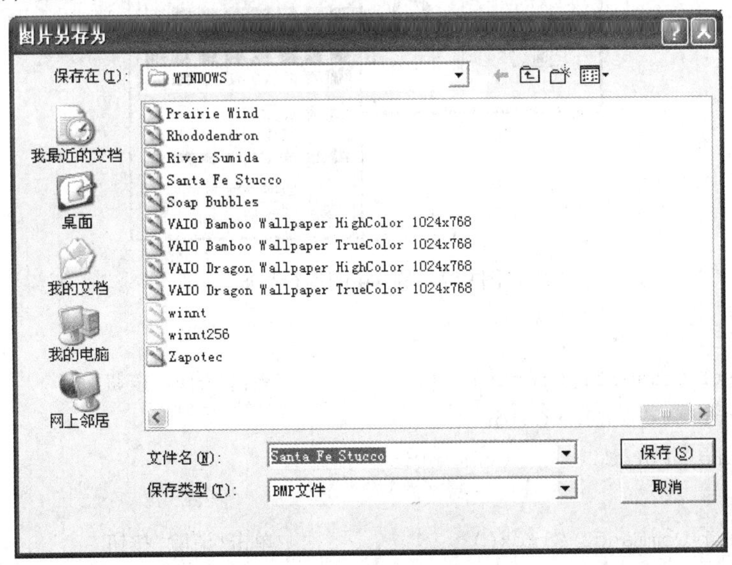

图 9.6　“另存为”对话框

程序

```
Private Sub Command2_Click()
  CommonDialog1.DialogTitle = "图片另存为"
  CommonDialog1.InitDir = "C:\WINDOWS"
  CommonDialog1.Filter = "所有文件|*.*|bmp 文件|*.bmp"
  CommonDialog1.FilterIndex = 2
  CommonDialog1.ShowSave
  SavePicture Picture1.Picture, CommonDialog1.FileName
End Sub
```

与"打开"对话框一样,"另存为"对话框不能提供真正的存储文件操作,文件的保存需要通过编程来实现,如程序中的 SavePicture Picture1. Picture, CommonDialog1. FileName。

9.2.3 使用"颜色"对话框

"颜色"对话框提供调色板用来选择颜色。在程序中将通用对话框的 Action 属性设置为 3,或用 ShowColor 方法,弹出"颜色"对话框。

当用户选定颜色并按"确定"按钮关闭对话框后,可以用 Color 属性得到所选的颜色。

【例 9-4】 设计一个简单的画图板程序,可以根据所选择的线形、颜色,用鼠标左键模拟画笔在绘图区随意绘图,程序运行效果如图 9.7 所示。

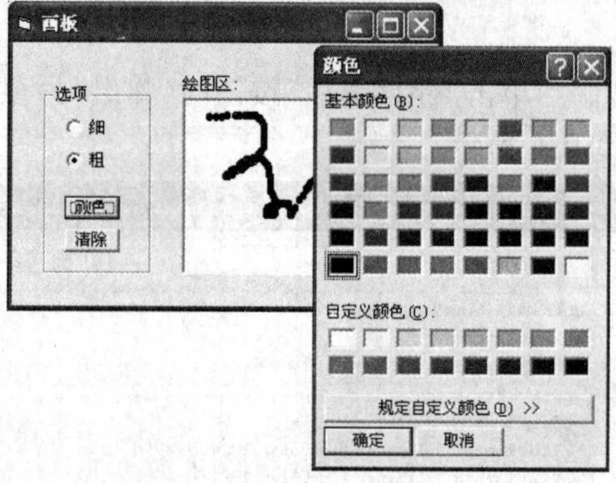

图 9.7 例 9-4 的运行界面

程序

```
Private Sub Command1_Click()                    '单击"确定"按钮
    CommonDialog1.ShowColor
    Picture1.ForeColor = CommonDialog1.Color
End Sub
Private Sub Command2_Click()                    '单击"清除"按钮
    Picture1.Cls
End Sub
Private Sub Option1_Click()                     '单击单选钮"细"
```

```
    Picture1.DrawWidth = 1
End Sub
Private Sub Option2_Click()                    '单击单选钮"粗"
Picture1.DrawWidth = 5
End Sub
Private Sub Picture1_MouseMove(Button As Integer, Shift As Integer, X As Single, Y As Single)
    If Button = 1 Then                         '在图片框中移动鼠标
        Picture1.PSet (X, Y)
    End If
End Sub
```

9.2.4 使用"字体"对话框

"字体"对话框用来设置并返回所选字体的名称、字形、大小、效果及颜色。在程序中将通用对话框的 Action 属性设置为 4,或用 ShowFont 方法,弹出如图 9.8 所示的"字体"对话框。

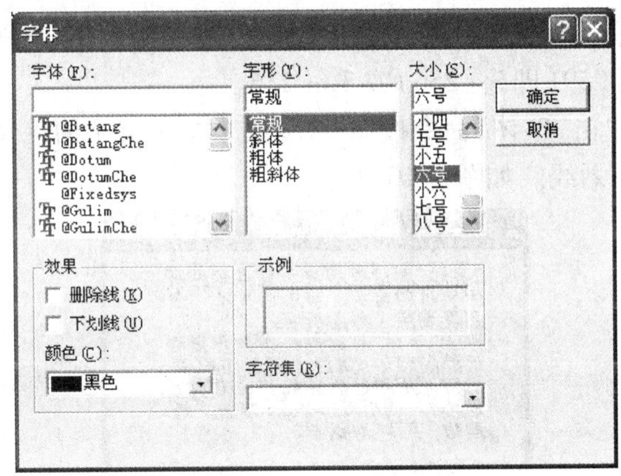

图 9.8 "字体"对话框

"字体"对话框主要属性如表 9-6 所示。

表 9-6 "字体"对话框中的常用属性

属 性	说 明
Flags	显示"字体"对话框之前必须设置 Flags 属性,否则会发生不存在字体的错误。Flags 属性值有很多,常用的取值如表 9-7 所示
FontName	选择的字体名称
FontSize	选择的字体大小
FontBold	是否粗体
FontItalic	是否斜体
FontStrikethru	是否具有删除线
FontUnderline	是否具有下划线
Max、Min	设置对话框中"大小"列表框的字号最大值和最小值

表 9-7 "字体"对话框中的 Flags 属性常用取值

符号常数	值	说明
cdlCFScreenFonts	1	使用屏幕字体
cdlCFPrinterFonts	2	使用打印机字体
cdlCFBoth	3	使用屏幕字体和打印机字体
cdlCFEffects	256	对话框中显示颜色、下划线和删除线效果

要使用屏幕字体,必须设置 Flags 的值,否则弹出如图 9.9 所示的错误提示。

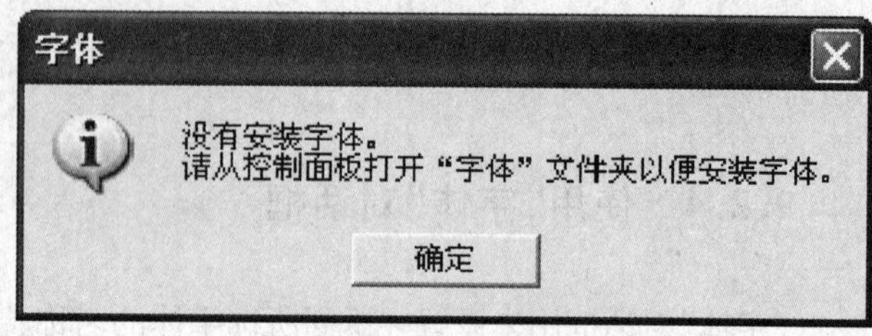

图 9.9 出错提示

要想使用颜色、下划线和删除线 3 个效果,Flags 的值必须设置为 256。

如果要同时使用 Flags 的多个属性值,可以把相应的值相加,或者用"or"连接。例如,要想使用屏幕字体和打印字体,又想使用颜色、下划线和删除线的效果,Flags 的值可以设置为 259(即 3+256)或 3 or 256。

【例 9-5】 通过单击"字体"命令按钮,改变文本框中文字的字体、字形、字号和颜色,还可以设置删除线、下划线。如图 9.10 所示。

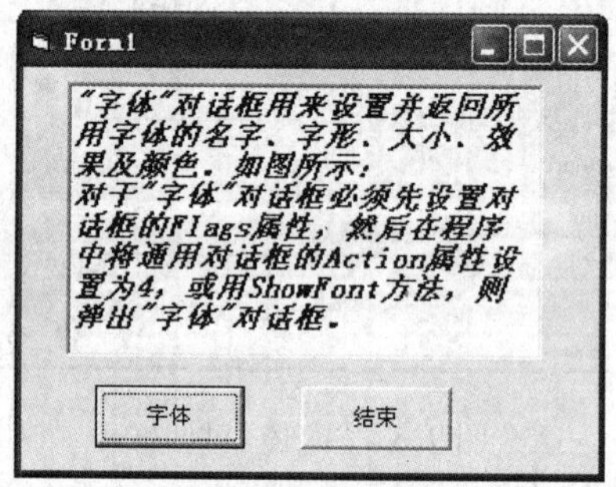

图 9.10 例 9-5 的运行效果

程序

```
Private Sub Command1_Click()                    '单击"字体"按钮
    CommonDialog1.Flags = 257
    CommonDialog1.Action = 4
    If CommonDialog1.FontName <> "" Then
        Text1.FontName = CommonDialog1.FontName
    End If                  '假如没有选择字体名称而不加判断会出错
    Text1.FontBold = CommonDialog1.FontBold
    Text1.FontItalic = CommonDialog1.FontItalic
    Text1.FontSize = CommonDialog1.FontSize
    Text1.FontStrikethru = CommonDialog1.FontStrikethru
    Text1.FontUnderline = CommonDialog1.FontUnderline
```

```
    Text1.ForeColor = CommonDialog1.Color
End Sub
```

Visual Basic 中除了包括以上介绍的 4 种通用对话框外，还提供了“打印”和“帮助”对话框。通过 ShowPrinter 和 ShowHelp 方法可以分别打开“打印”和“帮助”对话框。“打印”对话框可以设置打印输出的方法；“帮助”对话框调用 Windows 系统的帮助引擎。这两种对话框的使用方法与标准对话框类似，不再赘述，读者可以查阅 Visual Basic 相关资料。

9.3　菜单设计

菜单(Menu)是 Windows 应用程序的重要组成部分。菜单的最大特点是把程序的功能以菜单的形式列出，供用户需要的时候选择使用。每一个菜单项对应一段程序的执行，类似于一个命令的执行。

图 9.11 说明了菜单的组成元素。在窗体的标题栏下显示的是菜单栏，它包含一个或多个菜单标题。在程序运行时，用户选择某个菜单标题就会弹出一个下拉菜单，菜单中的菜单项可以是命令、选项、分隔条或子菜单标题。每个菜单项都是一个控件，与其他控件一样也有自己的属性和事件。菜单项的各个属性都能设置和查看，如 Name(名称)和 Caption(标题)属性等。每个菜单项只能响应一个事件，即 Click 事件。

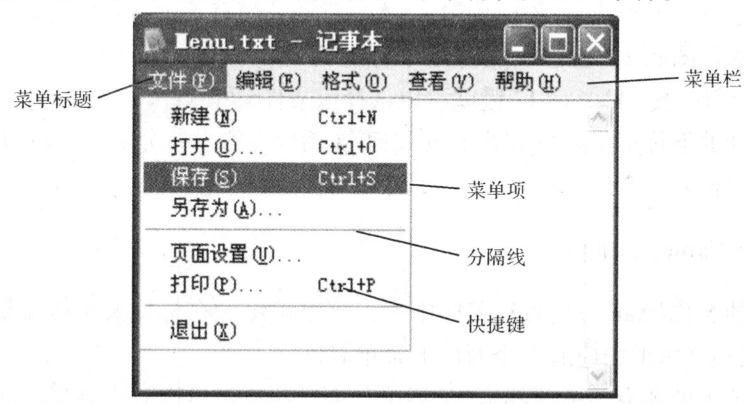

图 9.11　菜单的组成元素

9.3.1　用菜单编辑器创建菜单

Visual Basic 提供了设计菜单的工具。在设计状态，选择“工具”菜单下的“菜单编辑器”命令，弹出菜单编辑器，如图 9.12 所示。

从图 9.12 可见，“菜单编辑器”窗口分为上、中、下 3 个部分，上部为菜单控件属性，中部为菜单编辑区，下部为菜单控件列表框。每建立一个菜单项，该菜单项就被列在列表

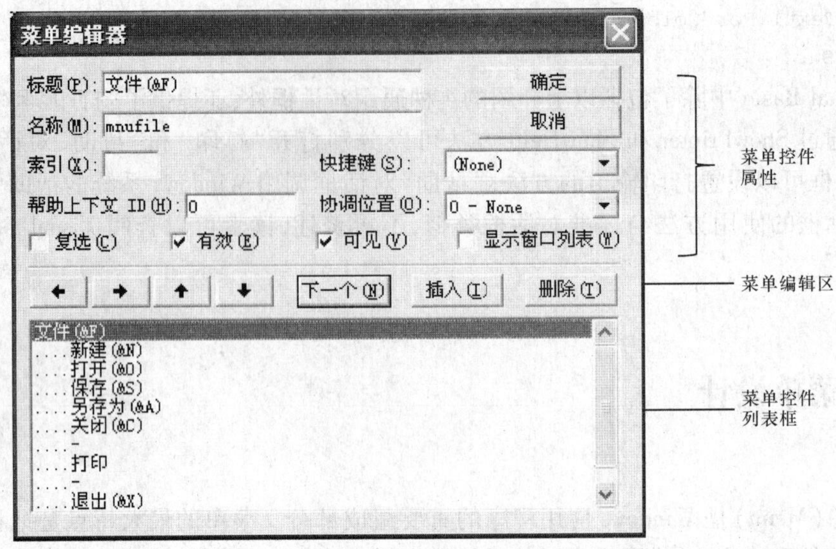

图 9.12　菜单编辑器

框中，菜单设计将通过这个窗口来完成。

1. 标题(Caption)文本框

指定菜单项要显示的标题文字，键入的内容会在菜单控件列表框中显示。如果输入时在菜单标题的某个字母前输入一个“&”符号，那么该字母就成了热键字母，在窗体上显示时该字母下有一下划线，操作时同时按〈Alt〉键和该带有下划线的字母就可选择这个菜单命令。例如在图 9.12 上输入文件菜单标题为“文件(&F)”，就看到显示菜单“文件(F)”，程序执行时按〈Alt〉+〈F〉键就可以选择该文件菜单了。

如果设计的下拉菜单要分成若干组，则需要用分界符进行分隔，只要在建立菜单时在标题文本框中输入一个连字符“ - ”，那么菜单显示时就形成一个分隔线。

2. 名称(Name)文本框

菜单项的名称(Name)用来在程序中标识该菜单项。在标题文本框中输入了一个菜单标题，在名称文本框中应有一个对应的菜单名称。

在主菜单下的各个菜单项都是“子菜单”，而子菜单也可以有子菜单。在 VB 中，允许每个菜单项最多可包含 5 级子菜单。创建子菜单的方法是：单击编辑区中向右箭头按钮 ➡，该项被缩进，表示该项为子菜单项；单击按钮 ⬅，内缩会减少，菜单级数会回退。

设计菜单的主要任务就是确定各个菜单项的名称以及要实现的内容，然后有条理地组织它们。应用程序设计时应当尽量保持 Windows 应用程序的风格，界面上保持一致。

9.3.2　菜单编程：菜单的 Click 事件

菜单控件只有一个事件，即 Click 事件。当用鼠标单击控件或用键盘选择该菜单控件时，将调用 Click 事件。

【例 9-6】 设计菜单，使它能通过选择改变文本框中文字的字体、颜色、大小。运行界面如图 9.13 所示。

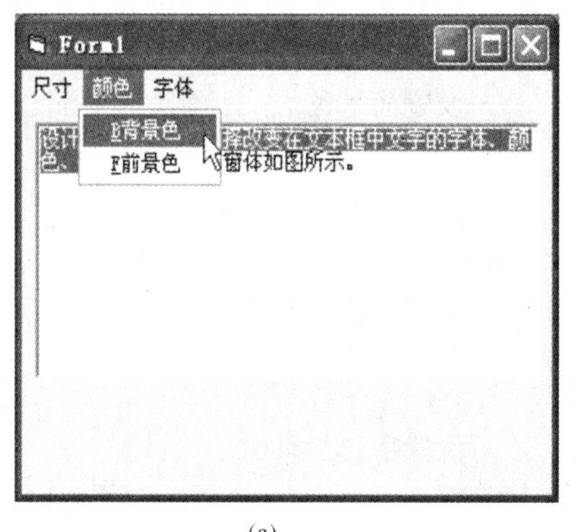

(a)

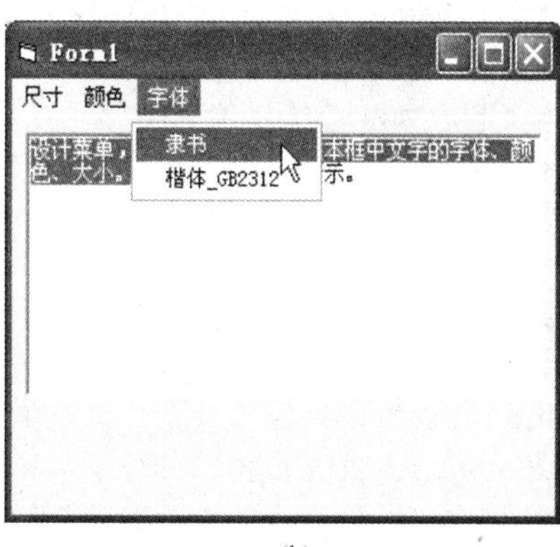

(b)

图 9.13 例 9-6 的运行界面

分析

从图 9.13 可以看出，该窗体有 3 个菜单：尺寸、颜色和字体，每个菜单又有若干个子菜单，设置对象的属性如表 9-8 所示。

在该窗体上再添加一个文本框 Text1（设置它的 MultiLine 属性为 True），和一个通用对话框 cdlColor。

当用户通过“菜单编辑器”建立菜单后，选择要编辑的菜单控件，即可进入代码编辑窗口编写相应的 Click 事件过程。

表 9-8 菜单项的属性及功能

菜单分类	菜单标题	菜单名称	功 能
主菜单 1	尺寸	mnuSize	
一级子菜单	大	mnuBig	设置字号为 18
一级子菜单	小	mnuSmall	设置字号为 10
主菜单 2	颜色	mnuColor	
一级子菜单	背景色(&B)	mnuBColor	设置文本框的背景色(使用通用对话框)
一级子菜单	前景色(&F)	mnuFColor	设置文本框的前景色(使用通用对话框)
主菜单 3	字体	mnuFont	
一级子菜单	隶书	mnuLishu	设置字体为隶书
一级子菜单	楷体_GB2312	mnuKaiti	设置字体为楷体

程序

```
Private Sub mnuBig_Click()                '设置字号
    Text1.FontSize = 18
End Sub
Private Sub mnuSmall_Click()              '设置字号
    Text1.FontSize = 10
```

```
End Sub
Private Sub mnuBColor_Click()            '设置背景色
    cdlColor.ShowColor
    Text1.BackColor = cdlColor.Color
End Sub
Private Sub mnuFColor_Click()            '设置前景色
    cdlColor.ShowColor
    Text1.ForeColor = cdlColor.Color
End Sub
Private Sub mnuKaiti_Click()             '设置字体为楷体
    Text1.FontName = mnuKaiti.Caption
End Sub
Private Sub mnuLishu_Click()             '设置字体为隶书
    Text1.FontName = mnuLishu.Caption
End Sub
```

9.3.3 设计弹出式菜单

弹出式菜单是用户在某个对象上单击右键所弹出的菜单。

设计弹出式菜单仍然使用 VB 提供的菜单编辑器,只要把某个菜单设置成隐藏(Visible属性为 False)就可以了。实际上,不管是在窗口顶部菜单条上显示的菜单,还是隐藏的菜单,在程序运行期间,都可以用 PopupMenu 方法把它们作为弹出式菜单显示出来。PopupMenu 方法的使用形式如下:

```
PopupMenu 菜单名称,x,y
```

其中 x,y 是弹出式菜单显示的位置。

例如为使例 9-6 设计的"颜色"菜单在程序运行时,作为弹出式菜单显示出来,步骤如下:

首先,按例 9-6 介绍的方法设计"颜色" 菜单,其 Visible 属性设置成 False,然后编写事件过程。因为弹出式菜单被定义为使用鼠标右键,因此使用 MouseDown 事件判断鼠标右键是否被按下,若是,就通过 PopupMenu 弹出菜单:

```
Private Sub Form_MouseDown(Button As Integer, Shift As Integer, X As Single, Y As Single)
      If Button = 2 Then PopupMenu mnuColor
End Sub
```

这里,Button = 2 表示单击鼠标右键,mnuColor 为颜色菜单名。对弹出式菜单的菜单项编程的方法和前述菜单过程的编程完全相同。

9.4 多窗体设计

迄今为止,本书介绍的应用程序都只有一个窗体。但是在实际应用中任何大型应用程序都不可能只有一个界面,否则就十分单调,而且不利于人机交互。因此,VB 提供了多重窗体(Multi-Form)程序设计。在多重窗体程序中,每一个窗体可以有自己的界面和程序代码,分别完成不同的功能。

1. 添加窗体

选择工具菜单中“添加窗体”命令,VB 将显示如图 9.14(a)所示的窗口,用户可以创建一个新的窗体或者把一个属于其他工程的窗体添加到当前工程中来。单击“打开”按钮,在资源管理器中会显示新增的窗体,如图 9.14(b)所示。

在添加一个已有的窗体到当前工程中时,有两个问题要注意:

(1)一个工程中所有窗体的名称(Name)属性都应该是不同的,即不能重名。所以要注意添加的已有窗体名称与工程中现有窗体名称是否冲突。

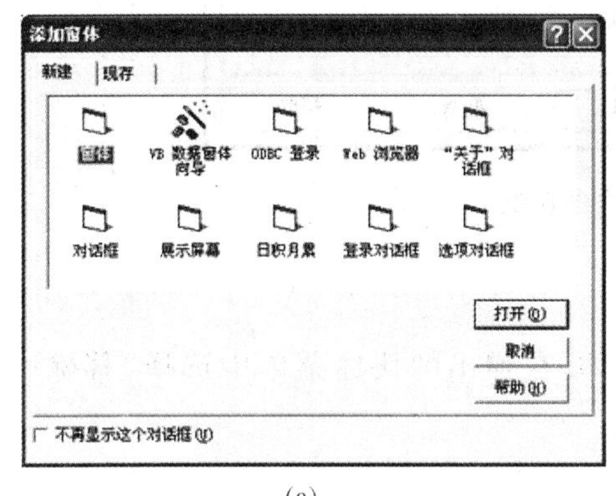

(a)

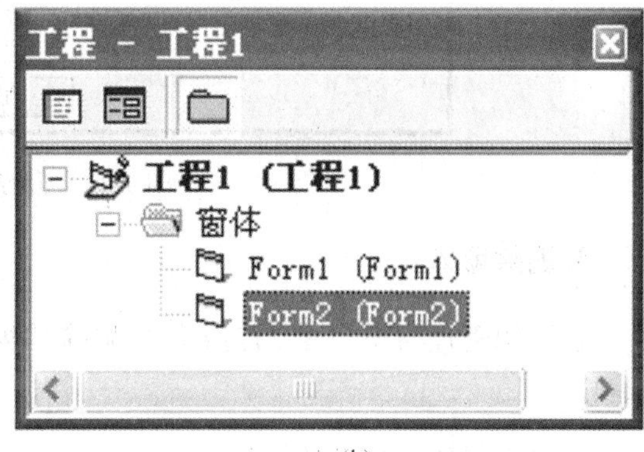

(b)

图 9.14 添加窗体

(2)添加的已有窗体实际上被多个工程所共享,因此对该窗体所做的改变会影响到该窗体共享的所有工程。

2. 设置启动对象

在拥有多个窗体的程序中,要有一个开始窗体。系统默认 Form1 窗体为开始窗体,也就是启动对象,但可以通过选择“工程”菜单的“工程 1”属性选项,在打开的对话框中设置启动对象,如图 9.15 所示。VB 的启动对象可以是任何一个窗体,也可以是一个用户定义的主过程 Sub Main,该过程必须写在标准模块中。如果启动对象是 Sub Main,则程序启动时不加载任何窗体,以后由该过程根据不同情况决定是否加载和加载哪一个窗体。

运行时载入窗体用 Load 方法,关闭窗体用 Unload 方法,如 Load Form2,Unload Form1。Show 方法兼有窗体载入和显示窗体的功能,与 Show 方法相对应的就是 Hide 方法,表示将窗体暂时隐藏起来,但不从内存中删除。

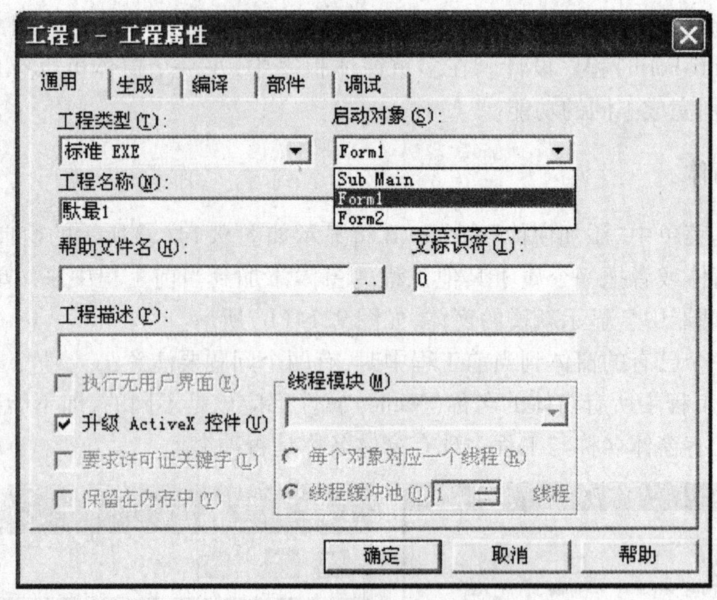

图 9.15 设置启动对象

3. 删除窗体

在资源管理器窗口中，右击需要删除的窗体，在弹出的快捷菜单中选择“移除…”选项。

4. 不同窗体间数据的访问

在多重窗体程序中，不同窗体之间及模块之间可以相互访问，如图 9.16 所示。

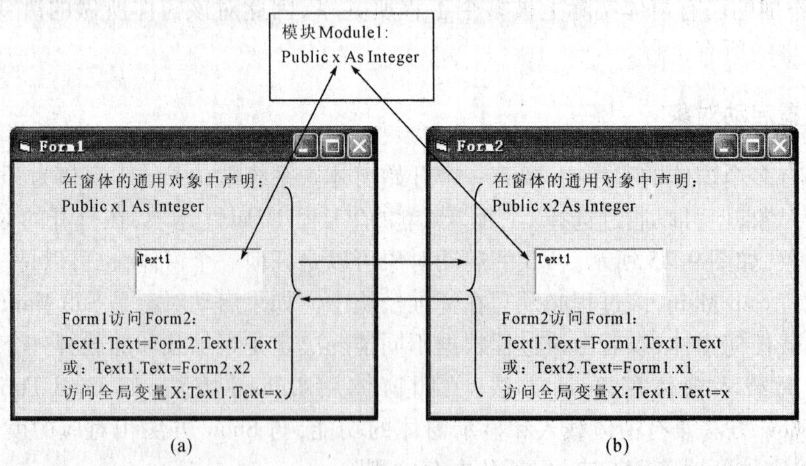

图 9.16 窗体间数据的访问

具体可分为以下 3 种情况。

（1）一个窗体直接访问另一个窗体上的数据。格式：

窗体名.控件名.属性

例如当前窗体为 Form1，将 Form2 窗体上 Text1 文本框中的数据直接赋值给 Form1 中的 Text1 文本框。实现方法是：

```
Text1.Text = Form2.Text1.Text
```

（2）一个窗体直接访问在另一个窗体中定义的全局变量。格式：

窗体名.全局变量名

例如设当前窗体为 Form1，在 Form2 窗体的通用对象申明中用 Public x As Integer 申明变量 x，将 x 赋值给 Form1 中的 Text1 文本框。实现方法是：

```
Text1.Text = Form2.x
```

（3）在模块文件的通用对象申明中定义公共变量，实现相互访问。例如添加模块 Module1，然后在通用对象申明中用 Public x As Integer 定义变量 x，则该变量在这个工程的任意模块中都可以访问。如将 x 赋值给 Form1 中的 Text1 文本框。实现方法是：

```
Text1.Text = x
```

【例 9-7】 多重窗体应用示例。输入学生 4 门课成绩，计算平均成绩和总分并显示。运行界面如图 9.17 所示。

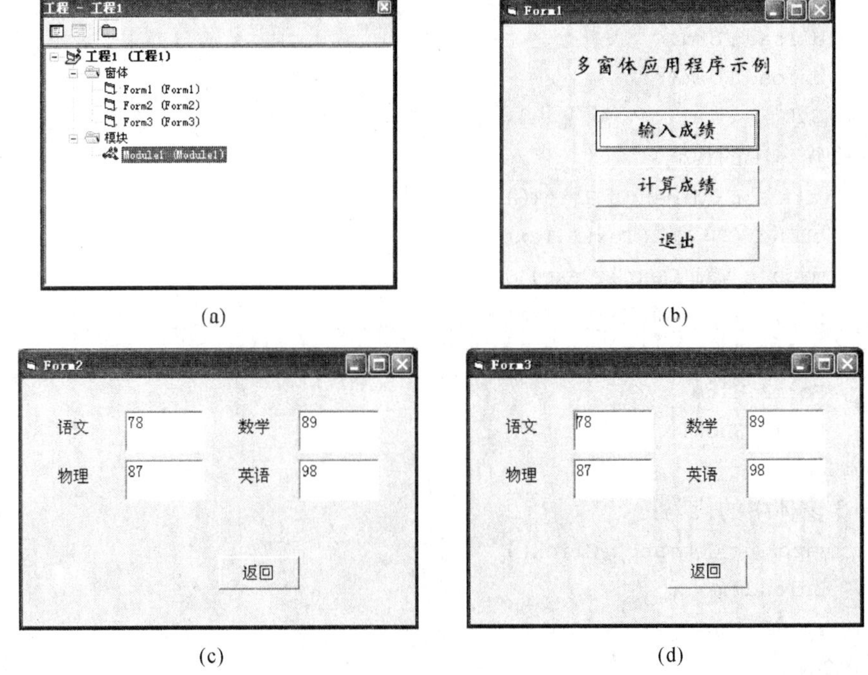

图 9.17 例 9-7 的运行界面

分析

本例有 3 个窗体 Form1、Form2、Form3，分别作为本应用程序的主窗体、成绩输入窗体和输出窗体，还有一个标准模块 Module1。3 个窗体上各控件按默认值命名。在标准模块 Module1 中声明多窗体间共用的全局变量。

程序代码根据窗体间访问方式不同，用下述两种方法完成。

程序

方法一:利用标准模块中声明的全局变量计算数据。

Module1 中的代码:

```
Public chinese As Single, math As Single, physics As Single, english As Single
```

Form1 窗体中的代码:

```
Private Sub Command1_Click()
   Form1.Hide
   Form2.Show
End Sub
Private Sub Command2_Click()
    Form1.Hide
    Form3.Show
End Sub
Private Sub Command3_Click()
    Unload Form1
    Unload Form2
    Unload Form3
End Sub
```

Form2 窗体中的代码:

```
Private Sub Command1_Click()
    chinese = Val(Text1.Text)
    math = Val(Text2.Text)
    physics = Val(Text3.Text)
    english = Val(Text4.Text)
    Form2.Hide
    Form1.Show
End Sub
```

Form3 窗体中的代码:

```
Private Sub Command1_Click()
    Unload Me
    Form1.Show
End Sub
Private Sub Form_Load()
    Dim sum As Single
    sum = chinese + math + physics + english
    Text1.Text = sum /4
    Text2.Text = sum
End Sub
```

方法二:直接访问其他窗体上的数据。下面 Form3 窗体的 Form3_Load()事件过程可以实现同样的效果。

修改上面 Form2 窗体中的代码：

```
Private Sub Command1_Click()
    Form2.Hide
    Form1.Show
End Sub
```

修改上面 Form3 窗体中的代码：

```
Private Sub Form_Load()
    Dim sum As Single
    sum = Val(Form2.Text1.Text) + Val(Form2.Text2.Text) +
      Val(Form2.Text3.Text) + Val(Form2.Text4.Text)
    Text1.Text = sum /4
    Text2.Text = sum
End Sub
Private Sub Command1_Click()
    Unload Me
    Form1.Show
End Sub
```

9.5 鼠标事件和键盘事件

近年来，尽管语音输入、手写识别等技术发展迅速，但鼠标和键盘仍然是用户和计算机进行交互的主要工具，因此对鼠标事件和键盘事件进行编程是程序设计人员必须掌握的基本技术之一。

9.5.1 鼠标事件

所谓鼠标事件是由用户操作鼠标而引发的能被各种对象识别的事件。除了 Click 和 DblClick 之外，还有下列 3 个重要的鼠标事件：

(1) MouseDown 事件：按下任意一个鼠标按钮时被触发。

(2) MouseUp 事件：释放任意一个鼠标按钮时被触发。

(3) MouseMove 事件：移动鼠标时被触发。

在程序设计时，需要特别注意这些事件被什么对象识别，即事件发生在什么对象上。当鼠标指针位于窗体中没有控件的区域时，窗体将识别鼠标事件。当鼠标指针位于某个控件上方时，则该控件将识别鼠标事件。

下面就以窗体对象为例，讨论与上述 3 个鼠标事件相对应的鼠标事件过程。这 3 个事件的事件名如下：

```
Private Sub Form_MouseDown(Button As Integer, Shift As Integer, X As Single, Y As Single)
Private Sub Form_MouseUp(Button As Integer, Shift As Integer, X As Single, Y As Single)
Private Sub Form_MouseMove(Button As Integer, Shift As Integer, X As Single, Y As Single)
```

其中：

①Button 参数指示用户按下或释放了哪个鼠标按钮，其取值的意义如表 9-9 所示。

表 9-9 Button 参数的取值及其意义

值	VB 常量	含 义
1	VbLeftButton	按下或释放了鼠标左键
2	VbRightButton	按下或释放了鼠标右键
3	VbMiddleButton	按下或释放了鼠标中键

例如：当参数 Button = 2 或 Button = VbRightButton 时，表示用户按下或释放了鼠标右键。

②Shift 参数包含了〈Shift〉、〈Ctrl〉和〈Alt〉键的状态信息，如表 9-10 所示。

表 9-10 Shift 参数的取值及其意义

值	VB 常量	含 义
0		〈Shift〉、〈Ctrl〉和〈Alt〉键都没有被按下
1	VbShiftMask	只有〈Shift〉键被按下
2	VbCtrlMask	只有〈Ctrl〉键被按下
3	VbShiftMask + VbCtrlMask	〈Shift〉和〈Ctrl〉键同时被按下
4	VbAltMask	只有〈Alt〉键被按下
5	VbShiftMask + VbAltMask	〈Shift〉和〈Alt〉键同时被按下
6	VbCtrlMask + VbAltMask	〈Ctrl〉和〈Alt〉键同时被按下
7	VbShiftMask + VbCtrlMask + VbAltMask	〈Shift〉、〈Ctrl〉和〈Alt〉键同时被按下

例如，Shift 参数值为 2 表示用户仅仅按下了〈Ctrl〉键，Shift 参数值为 6 表示用户同时按下了〈Ctrl〉键和〈Alt〉键。

③X，Y 表示当前鼠标的位置。例如，如果按住〈Ctrl〉键，然后在坐标为(2000,3000)的地方单击鼠标右键，则立即调用过程 Form_MouseDown()；释放鼠标右键时，调用过程 Form_MouseUp()。调用这两个过程时，4 个参数 Button、Shift、X 、Y 的值分别为 VbRightButton、VbCtrlMask、2000 和 3000。

【例 9-8】 设计一个简单的画图程序，程序运行时，按住鼠标左键移动画线，按住鼠标右键移动画圆，其中鼠标右键按下时为圆心，鼠标释放时到圆心的距离为半径。如图 9.18 所示。

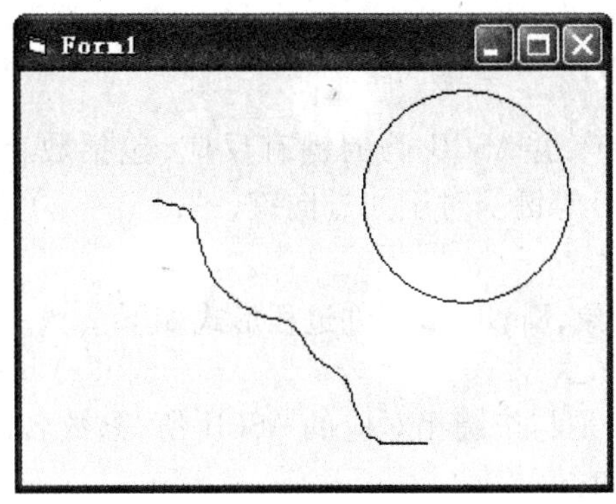

图 9.18　例 9-8 的运行界面

程序

```
Dim prex As Single                        '保存横坐标
Dim prey As Single                        '保存纵坐标
Private Sub Form_MouseDown(Button As Integer, Shift As Integer, X As Single, Y As Single)
    prex = X    'prex 和 prey 保存的可以是线条的起点,也可以是圆心坐标
    prey = Y
End Sub
Private Sub Form_MouseMove(Button As Integer, Shift As Integer, X As Single, Y As Single)
    If Button = 1 Then                    '当按住鼠标左键移动时,开始画线
        Line (prex, prey) - (X, Y)   '用 Line 方法在(prex, prey) - (X, Y)之间画一条线
        prex = X
        prey = Y
    End If
End Sub
Private Sub Form_MouseUp(Button As Integer, Shift As Integer, X As Single, Y As Single)
    If Button = 2 Then                    '当鼠标右键释放时,开始画圆
        r = Sqr((X - prex) ^2 + (Y - prey) ^2)  '以释放点到圆心点的距离为半径 r
        Circle (prex, prey), r            '用 Circle 方法画圆
    End If
End Sub
```

9.5.2　键盘事件

在很多情况下,用户只需使用鼠标就可以操作 Windows 应用程序,但有时也需要用键盘进行操作,尤其是对于接受文本输入的控件。在 VB 中,重要的键盘事件有下列三个:

(1) KeyPress 事件:用户按下并且释放一个会产生 ASCII 码的键时被触发。

(2) KeyDown 事件:用户按下键盘上任意一个键时被触发。

(3) KeyUp 事件:用户释放键盘上任意一个键时被触发。

1. KeyPress 事件

KeyPress 事件只对会产生 ASCII 码的键有反应，包括数字、大小写字母、〈Enter〉、〈Backspace〉、〈Esc〉、〈Tab〉等键。对于如方向键(←、↑、→、↓)这样不会产生 ASCII 码的键，KeyPress 事件不会发生。

若以文本框为事件对象，KeyPress 事件过程形式如下：

```
Private Sub Text1_KeyPress(KeyAscii As Integer)
```

其中的参数 KeyAscii 是与按键相对应的 ASCII 值，参数名称可以用默认的 KeyAscii 也可以由用户自己定义，如：

```
Private Sub Text1_KeyPress(K As Integer)
```

例如要求文本框在接受用户输入时，只能接受数字键，不能接受其他按键，程序为：

```
Private Sub Text1_KeyPress(KeyAscii As Integer)
    If KeyAscii < Asc("0") Or KeyAscii > Asc("9") Then KeyAscii = 0
End Sub
```

因为 KeyAscii 为 0 代表返回空符号。

2. KeyDown 和 KeyUp 事件

当控制焦点在某个对象上，同时用户按下键盘上的任一键时，便会引发该对象的 KeyDown 事件；释放按键，便触发 KeyUp 事件。

若以窗体为事件对象，KeyDown 和 KeyUp 事件过程形式如下：

```
Private Sub Form_KeyDown(KeyCode As Integer, Shift As Integer)
Private Sub Form_KeyUp(KeyCode As Integer, Shift As Integer)
```

其中参数的含义是：

(1) KeyCode 参数是用户所按键的扫描代码，它告诉事件过程用户所操作的物理键。例如，不管所按键是大写"A"还是小写"a"，KeyCode 参数值都是 41H。

(2) Shift 参数是一个整数，与鼠标事件过程中的 Shift 参数意义相同，见表 9-10。

默认情况下，当用户对当前具有控制焦点的控件进行键盘操作时，控件的键盘事件被触发，但是窗体的 KeyPress、KeyDown 和 KeyUp 事件不会被触发。为了使窗体首先截获这 3 个事件，必须将窗体的 KeyPreview 属性设为 True。

【例 9-9】 编写一个程序，当按下〈Alt〉+〈F5〉组合键时终止程序的运行。

先把窗体的 KeyPreview 设置为 True，再编写如下的程序：

```
Private Sub Form_KeyDown(KeyCode As Integer, Shift As Integer)
    If (KeyCode = vbKeyF5) And (Shift = vbAltMask) Then End
End Sub
```

习　题

一、单选题

1. 通过设置菜单项的________属性值为 False，可使该菜单项失效。

A. Enabled　　B. Visible　　C. Hide　　D. Checked

2. 在 Form2 中引用 Form1 中的全局变量 x,写作________。

A. x　　B. Form1. x　　C. Form2. x　　D. Form1_Public. x

3. 下列选项中不属于事件的是________。

A. Dblclick　　B. Load　　C. Hide　　D. KeyUp

4. 通用对话框可以通过对________属性的设定来过滤文件类型。

A. Action　　B. FilterIndex　　C. Font　　D. Filter

5. 在窗体 Forml 中,弹出快捷菜单 menu1 的语句是________。

A. menu1.Click　　B. Form1.PopupMenu menu1

C. Form.PopupMenu menu1　　D. menu1.PopupMenu

6. 将通用对话框 CommonDialog1 的类型设置成另存为对话框,可调用该控件的________方法。

A. ShowFont　　B. ShowSave　　C. ShowColor　　D. ShowOpen

7. 菜单项显示分隔线是通过设置________属性来实现的。

A. Caption　　B. Visible　　C. Checked　　D. Enabled

二、程序填空题

1. 在窗体内设置一个弹出式菜单,分别对文本框进行"显示时间"、"显示日期"、"颜色"、"字体"和"清空"操作。代码中设 m1 为不可见菜单项,m11 为其子菜单(共 5 项,均同名,索引值依次为 0,1,2,3,4)。请填入适当的内容,将程序补充完整。

```
Private Sub Form_Load()
    Timer1.Enabled = False                          '锁定定时器
    Timer1.Interval = 100                           '时间间隔已设置为 0.1 秒
    ________                                        '设 m1 为不可见菜单项
End Sub
Private Sub m11_Click(Index As Integer)
    Select Case Index
      Case 0
        Timer1.Enabled = True
      Case 1
        Timer1.Enabled = ________: Text1.Text = "日期:" + Date$
      Case 2
        CommonDialog1.Action = 3: Text1.ForeColor = ________
      Case 3
        CommonDialog1.Flags = 257                   '字体范围,否则出现运行错误
        CommonDialog1.Action = 4                    '打开"字体"对话框
        Text1.FontBold = CommonDialog1.FontBold     '用修改后的属性设置
        Text1.FontItalic = ________                 '文本框相应属性
        Text1.FontName = CommonDialog1.FontName
        Text1.FontSize = CommonDialog1.FontSize
      Case 4
        Text1.Text = ""
```

```
    End Select
End Sub
Private Sub Timer1_Timer()
    Text1.Text = "时间:" + Time$
End Sub
Private Sub Form_MouseDown(Button As Integer, Shift As Integer, X As Single, Y As Single)
    If Button = 2 Then ________
End Sub
```

2. 窗体上用鼠标左键随机单击多个离散点(10 个以内),单击右键时把所有点互连。请填入适当的内容,将程序补充完整。

```
Dim pointx(10) As Single
Dim pointy(10) As Single
Private Sub Form_MouseDown(Button As Integer, Shift As Integer,
     x As Single, Y As Single)
    ________ As Integer
    If ________ Then
      i = i + 1
      pointx(i) = x
      pointy(i) = Y
    Else
     For j = 1 To i - 1
      For k = ________
        Line (pointx(j), pointy(j)) - (pointx(k), pointy(k))
      Next k
     Next j
    End If
End Sub
```

三、程序设计题

1. 编制 Command1_Click 事件过程:调用“打开文件”对话框(通用控件 CommonDialog1)选择文件,将所选的文件名追加到列表框控件 list1 中。

2. 已知两个坐标点 p1(x_1,y_1)和 p2(x_2,y_2),编制一函数返回 p1 和 p2 两点之间的距离。求两点之间距离的公式为:

$$d = \sqrt{(x_1 - x_2)^2 + (y_1 - y_2)^2}$$

3. 编制事件过程 Pic1_MouseUp,使得在图片框控件 Pic1 上按鼠标左键拖动后,绘制出一个圆形。鼠标左键按下为圆形的中心点,鼠标抬起的位置到中心点为圆形的半径(利用第 2 题的求两点之间距离的函数来求得半径),圆形内部填充色为红色。当按下鼠标右键时,清除图片框上的图形。

4. 编制事件过程 Pic1_MouseMove,使得当鼠标在图片框控件 Pic1 上移动时的坐标值能够适时通过标签控件 Label1、Label2 显示。

提示:事件过程 Pic1_MouseMove 的首句如下:

```
Private Sub Picl_MouseMove(Button As Integer, Shift As Integer,X As Single, Y
As Single)
```

5. 设计一个如图 9.19 所示的程序。单击 Form1 窗体菜单"随机产生 10 个数",把所产生的数据加入到右侧列表框中,并对数据具有删除最大数/最小数、添加数据、统计数据的功能。统计结果显示在 Form2 窗口中。

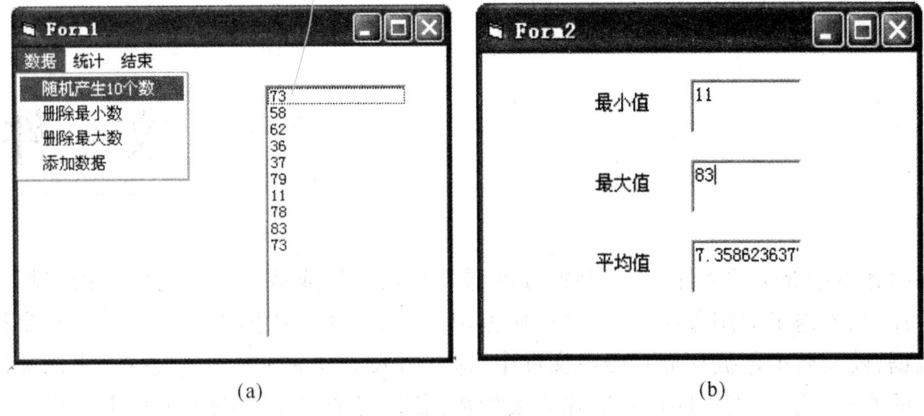

(a) (b)

图 9.19 程序运行窗口

第 10 章 文件

前面各章中介绍的程序、所处理的数据都存储在变量或数组中。这些数据被临时存放在内存中,当退出应用程序时,将释放所占用的存储空间,数据也就丢失了。若要长期保存数据,就需要把数据存储在磁盘文件中,这就引入了本章内容——文件。引入文件有两方面的作用:第一,当程序运行需输入大量数据时,可通过文本编辑工具事先建立原始数据文件,程序运行时将不再从键盘输入,而从指定的文件读入,从而实现数据一次输入多次使用。第二,当有大量数据输出时,可以将其输出到指定文件,不受屏幕大小限制,并且任何时候都可以查看结果,而且一个程序的运算结果还可以作为另一程序的输入,做进一步的加工。

本章讲述文件操作和与文件操作相关的语句和控件。

10.1 与文件操作有关的控件

与文件操作有关的控件主要有 3 种,即驱动器列表框(DriveListBox)、目录路径列表框(DirListBox)和文件列表框(FileListBox)。它们在工具条上显示如图 10.1(a)所示的图标。利用这 3 种控件,可以建立类似图 10.1(b)所示的文件管理目录窗口。

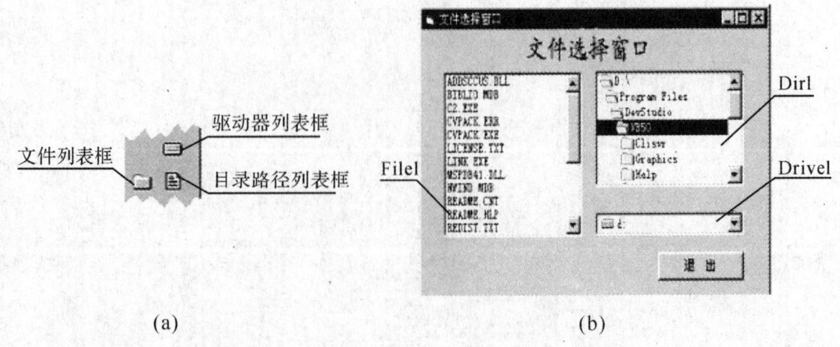

图 10.1 驱动器、目录路径和文件列表框

10.1.1 驱动器列表框

驱动器列表框 DriveListBox 是一种下拉式列表框,用户可通过单击右边的向下箭头来任意选择一个有效的驱动器。该控件除了具有下拉式列表框的属性外,还有它专用的属性和方法。

1. Drive 属性

该属性的值为字符串型,程序运行时返回当前选中的驱动器符,或由代码设置当前盘驱动器。此属性只能在程序中被引用或设置,不能在属性窗口中设置。它的语法形式为:

```
对象名.Drive[ =cexp]
```

如语句 Drive1. Drive = "E:",设置当前盘驱动器为 E 盘。

2. Change 事件

它是驱动器列表框的最常用事件。当用户在程序运行时选择了另一个驱动器,或程序运行中改变了 Drive 属性的值,将激发此事件。

10.1.2 目录路径列表框

在程序运行中,目录路径列表框 DirListBox 将以树形展开方式显示某个盘或文件夹内的各个子文件夹名,并用最后一级打开的文件夹图标来表示选定的目录,又称当前目录。该控件除了具有列表框的属性外,还有它专用的属性和方法。

1. Path 属性

该属性用来设置当前文件夹名或返回所选择的文件夹名。如果选中的是 C 盘的根目录,则 Path 属性为"C:\";如果选中的是 C 盘的某一个子文件夹"abc",则 Path 属性为"C:\abc",可以通过字符串函数 Right(控件名. Path,1) 是否等于"\"来判断当前选中的文件夹是否为根目录。此属性只能在程序中被引用或设置,不能在属性窗口中设置。它的语法形式为:

```
对象名.Path[ =cexp]
```

如 Dir1. Path = "C:\Windows"语句,设置当前文件夹为 C:\Windows。

改变该属性的值后,系统自动激发控件的 Change 事件。

2. Change 事件

当鼠标双击新文件夹或改变 Path 属性时,触发 Change 事件;反言之,Change 事件发生后,改变了文件列表框的 Path 属性,即改变了当前文件夹。

10.1.3 文件列表框

程序运行中,文件列表框 FileListBox 将列出当前路径下的文件,以供用户选择。它有专用的属性和方法。

1. Path 属性

该属性同目录路径列表框的 Path 属性一样,用以设置当前文件列表框内所显示文件的路径。此属性仅在运行时读写,不能在属性窗口中设置。

文件列表框总是显示 Path 所指示的文件夹中的文件,若在 Form_Load( )事件中写入语句 File1. path = "C:\Windows",则窗体载入后 File1 显示文件夹 C:\Windows 中的文件列表。

2. Pattern 属性

该属性用以设置文件列表框中文件的显示模式,缺省值为"*.*",表示显示所有类型的文件。此属性可以在属性窗口中设置,也可以在程序中通过赋值设置。例如,在 Form_Load( )事件中写入语句 File1. Pattern = " *. exe",使 File1 列表框中只显示所有扩展名为. exe 的文件。

3. FileName 属性

用于返回或设置一个被选中的文件名。该属性不能在属性窗口中设置。运行时,若在文件列表框中选择文件将自动设置 FileName 属性值。注意文件名中不包含路径信息,要获得所选文件的全名 fs,必须:

```
If Right(File1.Path, 1) = "\" Then
  fs = File1.Path + File1.FileName
Else
  fs = File1.Path + "\" + File1.FileName
End If
```

因为若当前文件夹为 C:\,选中的文件是 abc. txt,那么只要直接用"+"把两字符串连接,就是 C:\abc. txt。若当前文件夹为 C:\Windows 呢? 直接用"+"把两字符串连接,不就成了 C:\windowsabc. txt,显然错了,应是 C:\Windows\abc. txt,中间要强制加入一个符号"\"。

在第 9 章中介绍通用对话框控件时也有同名的 FileName 属性,它返回一个完整的文件名,也就是包含了文件的路径信息,要注意两者的区别。

4. Click 事件

此事件是当单击了文件控件中的某一文件名后触发的,此时改变了控件的 FileName 属性,并可在程序过程中利用该属性。

5. DblClick 事件

此事件是当双击了文件控件中的某一文件名后触发的，此时也改变了控件的 FileName 属性。如在文件“打开”对话框中，往往在双击文件后，打开所选的文件并关闭对话框，这些操作可在 DblClick 事件中完成。

在实际应用中驱动器列表框 Drive1、目录列表框 Dir1 和文件列表框 File1 有着紧密的联系，改变驱动器列表框中的驱动器名后，目录列表框中的目录也要随之改变，而文件列表框也要随着目录列表框的变化而变化。在程序中创建 3 个控件 Drive1、Dir1、File1，并编制下列事件过程，使这 3 个控件紧密地联系起来。

```
Private Sub Dir1_Change()
    File1.Path = Dir1.Path
End Sub
Private Sub Drive1_Change()
    Dir1.Path = Drive1.Drive
End Sub
```

程序运行时对这些列表框所作选择可以起到类似通用对话框中“打开”文件的作用。

【例 10-1】 设计一个文件管理程序，将指定驱动器的指定目录下的一图形文件显示在相应的图片框中。界面如图 10.2 所示。

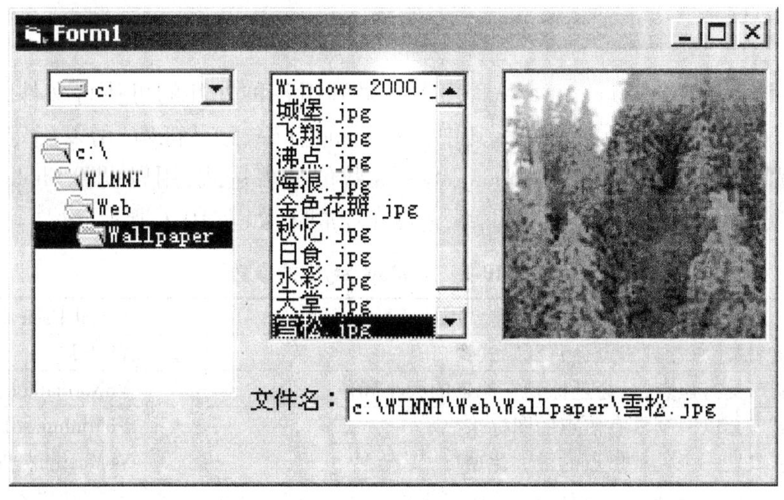

图 10.2 例 10-1 的运行界面

程序

```
Private Sub Dir1_Change()
    File1.Path = Dir1.Path
End Sub
Private Sub Drive1_Change()
    Dir1.Path = Drive1.Drive
End Sub
Private Sub File1_Click()
```

```
    If Right(File1.Path, 1) = "\" Then
      fs = File1.Path + File1.FileName
    Else
      fs = File1.Path + "\" + File1.FileName
    End If
    Picture1.Picture = LoadPicture(fs)
    Text1.Text = fs
End Sub
```

10.2 与文件操作有关的语句

VB 提供了许多与文件操作有关的语句和函数,使用户可以在应用程序中很方便地对文件和文件夹进行删除、复制等操作,这里简单介绍常用的几个语句。

1. Shell 方法(函数)

格式:`Shell Command_File[,window_style]`

或

```
call Shell(Command_File[,window_style])
```

功能:该方法可在 Visual Basic 程序中直接调用各种外部的可执行文件,如调用扩展名为.exe,.com,.bat,.pif 的文件。其中,Command_File 为字符串,用以确定要执行的外部文件的目录路径和文件名。window_style 为数值型表达式,用以设置 Shell 窗口的初始状态值。该值也可使用 Visual Basic 系统的符号常量,如表 10-1 所示。

表 10-1 window_style 的参数

数 值	作 用	Visual Basic 符号常量
0	窗口被隐藏,且焦点会移到隐式窗口	VbHide
1	窗口具有焦点,且会还原到它原来的大小和位置	VbNormalFocus
2	窗口会以一个具有焦点的图标来显示	VbMinimizedFocus
3	窗口是一个具有焦点的最大化窗口	VbMaximizedFocus
4	窗口会被还原到最近使用的大小和位置,而当前活动的窗口仍然保持活动	VbNormalNoFocus
6	窗口会以一个图标来显示。而当前活动的的窗口仍然保持活动	VbMinimizedNoFocus

例如,为了使用窗体中名为 Command1 的命令按钮来调用 Windows 系统下的计算器 Calc.exe(假设在 C:\Winnt\System32 文件夹下),则可在此按钮的 Click 事件中加入如下代码:

```
Private Sub Command1_Click()
    Shell "C:\Winnt\System32\Calc.exe", vbNormalFocus
End Sub
```

【例 10-2】 一个简单的 Word 测试系统中,利用 Shell 方法,启动 Word 程序并打开对应的文档,窗体界面如图 10.3所示。

假定 Word 程序 Winword. exe 在目录路径为 C:\Program Files\Microsoft Office\Office 的文件夹中,Word 文档 ex1. doc 在 E:\Exam 文件夹中。则命令按钮 Command1 的 Click 事件代码为:

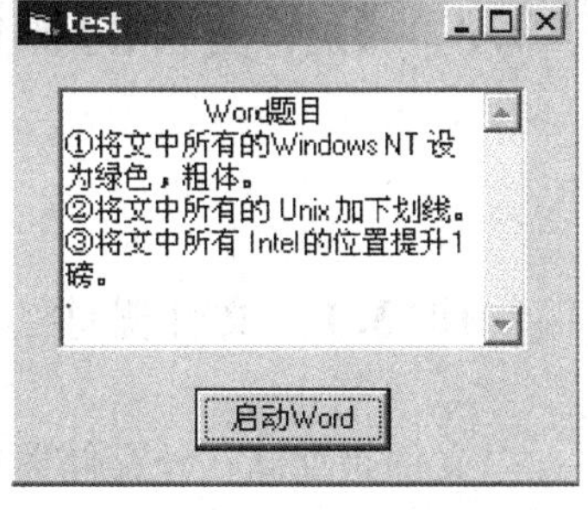

图 10.3 调用外部程序

```
Private Sub Command1_Click()
    Shell "C:\Program Files\Microsoft Office\Office\Winword.exe E:\Exam\ex1.doc", 1
End Sub
```

2. FileCopy 语句

格式:`FileCopy source,destination`

功能:复制一个指定源文件到目标位置。源文件名和目标文件名中包括文件的存储路径,若路径缺省则表示当前文件夹。不能复制一个已经打开的文件。

例:由用户在名为 S_File 和 D_File 的两个文本框内分别输入源文件名和目标文件名,然后进行文件的复制,实现该功能的程序代码为:

```
If S_File.Text <> D_File.Text Then
    FileCopy S_File.Text, D_File.Text
Else
    nTmp = MsgBox("文件" + S_File.Text + "不能自己复制到自己", 48, "提示")
    D_File.Text = ""
End If
```

3. Name 语句

格式:`Name old_name As new_name`

功能:重新命名一个文件或文件夹。Name 语句还具有移动文件的功能,即在重新命名时将其移动到一个不同的文件夹,但不能重新命名一个已经打开的文件。

改名示例:`Name "C:\tmp\a1.txt" As "b1.txt"`

移动示例:`Name "C:\tmp\a1.txt" As "E:\tmp\b1.txt"`

4. Kill 语句

格式:`Kill file`

功能:删除指定的文件。必要时应指明它的存储路径。为了删除一类文件,可使用文件通配符。如:`Kill "C:\tmp*.txt"`

10.3 数据文件的操作

10.3.1 文件概述

文件是存储在外存储器(如磁盘)上的用文件名标识的数据的集合。通常情况下,计算机处理的大量数据是以文件的形式组织存放的,操作系统也以文件为单位对数据进行处理。所有文件都有文件名,文件名是处理文件的依据。如果想读取存放在外存储器上的数据,必须先按文件名找到指定的文件,然后再从该文件中读取数据;要向外存储器写入数据也必须先建立一个文件(以文件名标识)才能向它输出数据。

10.3.2 文件分类

在计算机系统中,文件种类繁多,处理方法和用途也各不相同。文件的分类标准主要有下列 3 种:

(1)按文件的内容分类,有程序文件和数据文件。如 VB 中的窗体文件(.frm)就是程序文件,文本文件(.txt)就是数据文件。

(2)按存储信息的形式分类,有 ASCII 文件和二进制文件。ASCII 文件存放数据的 ASCII 代码,而二进制文件存放数据的二进制代码,前者可用记事本打开,后者不能。如整数 123,若以 ASCII 形式存储,存储的是这 3 个字符的 ASCII 代码,需要 3 个字节;若以二进制代码存储,123 转换为十六进制就是 7B,用两个字节表示。如图 10.4 所示。

31h	32h	33h

(a)整数 123 的 ASCII 存储形式

00H	7BH

(b)整数 123 的二进制存储形式

图 10.4 ASCII 文件和二进制文件的数据存储形式

(3)按访问模式分类,可分为以下 3 种类型:

①顺序文件:要求按顺序进行访问,也就是文件必须按从头到尾的顺序读,写入时也一样。顺序文件的优点是结构简单,访问模式简单,用它处理文本文件比较方便;缺点是必须按顺序访问,因此不能同时进行读、写两种操作。

在 VB 中,顺序文件其实就是文本文件,因为所有类型的数据写入顺序文件前都被转换为 ASCII 字符。

②随机文件:在随机文件中,文件内容以记录的形式存储,每条记录的长度都是相同的。用户只要给出记录号,就可以直接访问某一特定记录。优点是存取速度快。

③二进制文件:由一系列字节所组成,没有固定的格式,要求以字节为单位定位数据位置。

由于用户可以直接识别顺序文件,并可以用编辑器编辑文件中的数据,使用较为普遍,而对文本文件的顺序访问更是方便,因此下面介绍文本文件的顺序访问。

10.3.3 顺序文件

在 VB 中,顺序文件是最常用的一种文本类型,它有以下 3 个特点:

(1)顺序文件的访问规则最简单,就是按顺序从头到尾进行访问。当从文件中读取某一数据时,只有读完它前面的数据后,才能读到它。

(2)读顺序文件时,可以按原来的数据类型读,原来是什么类型,读出来仍然是什么类型。读文件时可以一行一行地读,也可以一个字符一个字符地读。

(3)写顺序文件时,各种类型的数据自动转换成字符串后写入文件。因此,从本质上来说,顺序文件就是 ASCII 文件,可以用记事本打开。

对文本文件顺序访问的基本步骤是:打开文件、读/写文件、关闭文件。

打开文件时文件在内存中开辟了一个专门的数据存储区域,称为文件缓冲区。每一个文件缓冲区都有一个编号,称为文件号。文件号就代表文件,对文件的所有操作都是通过文件号进行的。文件号可由程序员在程序中指定,也可以使用函数(FreeFile)自动获得。对文件的操作主要有两类:一是读操作,也称为输入,即将数据从文件(存放在外存上)读入到内存的变量中供程序使用;二是写操作,也称为输出,即将数据从变量(内存)写入文件(外存)。文件读/写示意如图 10.5 所示。

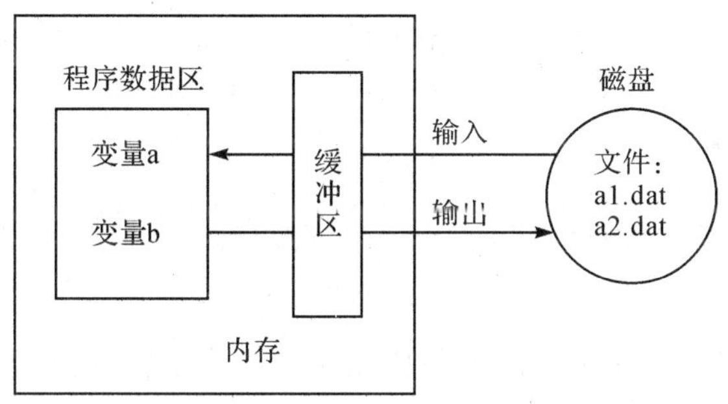

图 10.5 文件读/写示意图

1. 顺序文件的读/写

【例 10-3】 编写两段程序:

(1) 将两个学生的学号、姓名及三门课成绩写入文件 D:\scores. dat。

(2)从文件 D:\scores. dat 中读出数据,计算每个学生的总分并显示在窗体上。

分析

①将两个学生的学号、姓名及三门课成绩写入文件 D:\scores. dat。

代码如下:

```
Open "D:\scores.dat" For Output As #1
    '打开文件 D:\scores.dat 用于写入数据,文件号为 1
    Write #1, "070501", "李文化", 72, 85, 89          '写入第一个学生的数据
```

```
  Write #1, "070503", "王海文", 92, 65, 84        '写入第二个学生的数据
  Close #1                                        '关闭 1 号文件
```

②用记事本打开“D:\scores. dat”,如图 10.6 所示,从图中可以发现:一个 Write #语句就在文件中写入一行数据;两个 Write #语句,文件中就有两行数据。Write #语句用紧凑格式将数据写入文件,即在数据项之间插入“,”,并给字符串加上双引号。学生成绩是整型数据,在写入文件时被转换成 ASCII 字符。

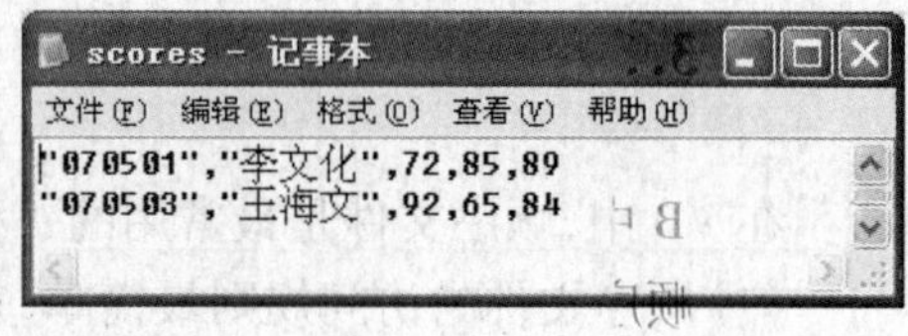

图 10.6 文件 scores. dat 中的内容

③从文件 D:\scores. dat 中读出数据,计算每个学生的总分并显示在窗体上。

代码如下:

```
Dim no As String, name As String, score1 As Integer, score2 As Integer, score3 As Integer
'定义 5 个变量,用于存放读出的数据
Dim sum As Integer
'变量 sum 用于存放每位学生的总分
Open "D:\scores.dat" For Input As #1
'打开文件 D:\scores.dat 用于读出数据,文件号为 1
Do While Not EOF(1)
'判断 1 号文件是否结束,若没结束则继续循环
  Input #1, no, name, score1, score2, score3
'从 1 号文件中读出一个学生的数据(一行数据)
  sum = score1 + score2 + score3          '计算总成绩
  Print no, name, sum
Loop
Close #1
```

说明

①不管是将数据写入顺序文件还是从顺序文件读出数据,打开文件都是使用 Open 语句,只是模式不同。

②为了将文件中的数据按原有数据类型读出,定义了 5 个变量,每一行的 5 个数据读出后送入相应的变量。

③读\写文件结束后,要使用 Close 语句将文件关闭,否则可能会发生数据丢失现象。

2. 常用语句和函数

(1) 打开文件:在对文件进行操作之前,必须先打开文件,同时通知操作系统对文件所进行的操作是读出数据还是写入数据。打开文件的语句是 Open,常用格式如下:

```
Open 文件名 For 模式 As [#] 文件号
```

其中:

①文件名表示被操作的文件的标识符。

②模式为下列 3 种操作方式之一:

- Input:对文件进行读操作,即从外存的文件读数据到内存的变量中。

● Output：对文件进行写操作，即把位于内存数据区中的数据写入位于外存的文件中。若文件已存在，则文件中的原内容将被清除，否则将创建一个新文件。

● Append：数据追加。在保留原文件内容的基础上，将新写入的数据追加到文件末尾。若该文件不存在则将创建一个新文件。

③文件号是一个介于 1 ~511 之间的整数。当打开一个文件并为它指定一个文件号后，该文件号就代表文件，直至文件被关闭，此文件号才可以被其他文件使用。

例：两个有效的 Open 语句。

以读文件的操作模式，打开在 C：\TMP 路径下的名为 ABC. dat 的数据文件。

```
Open "C:\TMP\ABC.dat" For Input As #1
```

以写文件的操作模式创建一个新文件，文件名及存储路径由变量 cFileName 的值决定，通道号由变量 nFileNumb 的值决定。

```
nFileNumb = FreeFile()
Open cFileName For Output As nFileNumb
```

（2）写文件：将数据写入顺序文件所用的命令是 Write #或 Print #命令。其形式如下：

①Write # 文件号，[输出列表]

[输出列表]是指用“，”分隔的数值或字符串表达式，Write #以紧凑格式存放数据，即在数据项之间插入“，”，并给字符串加上双引号，数值数据没有双引号。

例如：语句 `Write #1,"hello","Beijing",2008`

则数据在文件中的输出效果为：

```
"hello","Beijing",2008
```

②Print # 文件号，[输出列表]

Print # 语句是一种格式化的文件输出语句。它与 Write # 语句的区别在于：Print # 语句完全按程序代码中设定的格式输出数据，也就是[输出列表]之间用分号分隔表示紧凑格式，用逗号分隔表示标准格式，其含义与 Print 语句格式一致。其次，用 Print #语句输出的字符串不加双引号，数据之间没有“，”。

例如：语句 `Print #1,"hello","Beijing",2008`

则数据在文件中的输出效果为：

```
hello         Beijing        2008
```

在实际应用中，经常要把文本框中的内容以文件的形式保存在磁盘上，方法是：

```
Open "D:\test.dat" For Output As #1 '设文本框名称为 Text1,文件名为 test.dat
Print #1, Text1.Text
Close #1
```

【例 10-4】 利用 Print #和 Write #语句把数据写入文件。

程序

```
Private Sub Form_Click()
    Open "D:\scores.dat" For Output As #1
    Write #1, "070501", "李文", 72, 85, 89
    Write #1, "070502", "王海", 92, 65, 84
    Write #1, "070503", "陈平", 76, 65, 81
```

```
    Write #1, "070504", "张小强", 82, 69, 86
    Print #1, "070505", "罗浩", 77, 65, 83
    Print #1, "070506", "丁超", 95, 75, 84
    Close #1
End Sub
```

运行结果

运行结果如图 10.7 所示。

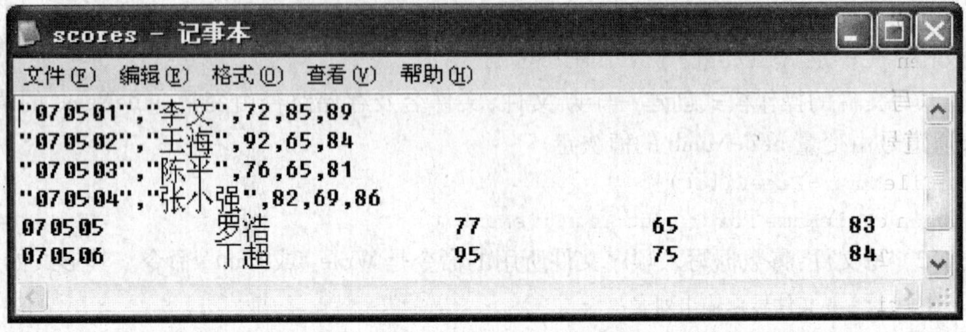

图 10.7 例 10-4 的运行结果

(3)读文件:读顺序文件时常用的语句和函数有以下 4 个。

①EOF(文件号)

在顺序文件中,数据项的个数是预先不知道的,因而读文件时要用 EOF 函数测试是否已到了文件末尾(即已读完了文件中的所有数据)。避免因试图在文件结尾处进行读操作而产生错误。

如果指定的文件已经读到了文件末,则 EOF 函数返回 True,否则返回 False。

下面的代码是利用 EOF 函数统计某个已打开的文件中的数据个数,文件号为 1,统计结果显示在 Text1 文本框内。

```
numb = 0
While Not EOF(1)
  Input #1, ntt
  numb = numb + 1
Wend
Text1.Text = numb
```

②Input # 文件号,变量列表

当需要从顺序文件中按原来的数据类型读出数据时,应使用 Input #语句。它从文件中读出数据并将读出的数据分别赋值给指定的变量。

为了能够用 Input #语句将文件中的数据正确地读出,在将数据写入文件时,要使用 Write #语句而不是使用 Print #语句。因为 Write #语句能够将各个数据项正确地区分开。

例如,执行语句"Write #1, "070501", "李文", 72, 85, 89"后,文件中增加了如下一行内容:

```
"070501","李文",72,85,89
```

再执行以下的读语句,则上述 5 个数据将被正确读入 5 个变量中。

```
Dim no As String, name As String, score1 As Integer, score2 As Integer, score3 As Integer
Input #1, no, name, score1, score2, score3
```

实际应用中,需要读者注意两点:一是读出时变量的数据类型要与写入时的数据类型一致;二是若用 Print #写入,则很难正确地按原来数据类型读出。

③Line Input # 文件号,字符串变量

Line Input # 语句仅以回车换行符(vbCrLf)作为界限,从文件中读出一整行的字符,并赋给相应的字符串型变量。读出的字符串中不包含回车换行符。

例如,将文本文件"D:\test.txt"中的内容读入文本框 Text1,可以使用下列代码:

```
Text1.Text = ""
Open "D:\test.txt" For Input As #1                 '打开文件
Do While Not EOF(1)                                '判断文件是否结束
  Line Input #1, st                                '读一行数据送入变量 st
  Text1.Text = Text1.Text + st + vbCrLf            '将读出的一行数据添加到文本框末尾
                                                   'vbCrLf 是回车换行符
Loop
Close #1                                           '关闭文件
```

原文件及读入到文本框后的内容如图 10.8 所示,注意设文本框 Multiline 属性为 True。

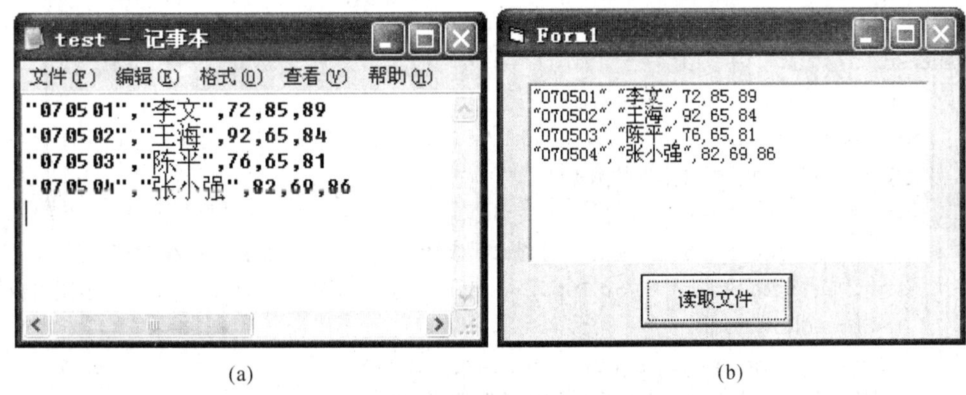

(a)　　(b)

图 10.8　原文件及读入到文本框后的内容

(4)关闭文件语句:当结束各种读写操作以后,必须及时将文件关闭,否则可能会造成数据丢失等现象。关闭文件用 Close 语句:

Close [[#]文件号[,[#]文件号]...]

该语句关闭由文件号所指定的文件,若缺省此语句中的文件号,则表示关闭所有用 Open 语句已打开的文件。例如:Close #1,#2,#3 或 Close。

3. 应用举例

【例 10-5】　编写如图 10.9 所示的顺序文件读写程序。若单击"添加数据"按钮,则将一个学生的学号、姓名和 3 门课成绩添加到 scores.dat 文件中;若单击"读取数据"按钮,则从文件读取数据并计算总分,再送入文本框中。

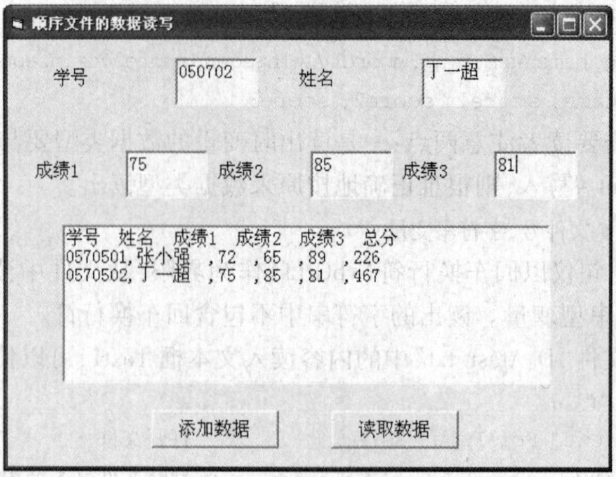

图 10.9 例 10-5 的运行界面

程序

```
Private Sub Command1_Click()
    Open "D:\scores.dat" For Append As #1
    Write #1, txtno.text, txtname.text, Val(txtscore1.text), Val(txtscore2.
          text), Val(txtscore3.text)
    Close #1
End Sub
Private Sub Command2_Click()
  Dim no As String, name As String, score1 As Integer, score2 As Integer, score3 As Integer
  '定义 5 个变量,用于存放读出的数据
    Dim sum As Integer
    txtinfo.Text = "学号   姓名   成绩 1   成绩 2   成绩 3   总分" + vbCrLf
    Open "D:\scores.dat" For Input As #1     '打开文件 D:\scores.dat 用于读出数据
    Do While Not EOF(1)
      Input #1, no, name, score1, score2, score3
      '从 1 号文件中读出一个学生的相关数据(一行数据)
      sum = sum + score1 + score2 + score3     '计算总分
      txtinfo.Text = txtinfo.Text & no & "," & name & "," & score1 & "," & score2 & "," & score3 & "," & sum & vbCrLf
    Loop
    Close #1
End Sub
```

说明

从 1 号文件中读出一个学生的相关数据,用 Input #1, no, name, score1, score2, score3。在此不适合用 Line Input #1,st$ 语句读,因为以行方式读入的数据是字符串,对后续的计算总分带来麻烦。

【例 10-6】 在名为 students.dat 的顺序文件中,按总分从高到低的次序存入了若干个学生的姓名(字符型)和总分(数值型),现需要在文件中再插入某人的姓名与总分而次序不变,此人的姓名和总分由窗体内的 txtName 和 txtScore 文本框输入。

分析

编写此程序的基本思路是先将数据从文件 A 中逐个读出,每读出一条记录进行总分比较,若其比文本框中的值大,则将该记录写入另一个文件 B,继续读文件操作;否则将文本框中的数据写入文件 B,然后将已作比较的这条记录写入文件 B,再将文件 A 中剩余的数据写入文件 B。最后关闭文件,删除文件 A,并将文件 B 改名为文件 A。

程序

```
Private Sub Command1_Click()
    Open "D:\feng\students.dat" For Input As 1
    Open "D:\feng\new_stu.dat" For Output As 2
    Dim ctt As String, ntt As Integer
    Do While Not EOF(1)
      Input #1, ctt, ntt                     '从文件中读取学生信息
      If ntt < Val(txtScore.Text) Then       '是否找到插入位置
        Exit Do
      End If
      Write #2, ctt, ntt                     '写入另一个文件中
    Loop
    If ntt < Val(txtScore.Text) Then '若找到一个比文本框中的成绩更低的,则插在前面
      Write #2, txtName.Text, Val(txtScore.Text)
      Write #2, ctt, ntt                     '再把刚才读出的用于比较的数据写入文件
      While Not EOF(1)                       '把其余人的信息写入 new_stu 文件中
        Input #1, ctt, ntt
        Write #2, ctt, ntt
      Wend
    Else                                     '已到达文件末尾且文本框数据为最小
      Write #2, txtName.Text, Val(txtScore.Text)      '添在文件最后
    End If
    Close
    Kill "D:\feng\students.dat"                        '删除原文件
    Name "D:\feng\new_stu.dat" As "D:\feng\students.dat"        '文件改名
End Sub
```

习 题

一、单选题

1. 下列代码中,________能使驱动器列表框 Drive1 在盘符改变时,文件夹列表框 Dir1 随之作相应改变。

A. Private Sub Drive1_Change()
    Dir1.Path = Drive1.Path

B. Priveate Sub Drive1_Change()
    Dir1.Path = Drive1.Drive

```
    End Sub                                 End Sub
```

C.
```
Private Sub Dir1_Change()
    Dir1.Path = Drive1.Drive
End Sub
```

D.
```
Private Sub Dir1_Change()
    Drive1.Drive = Dir1.Path
End Sub
```

2. ________方式打开的文件只能读不能写。

A. Append　　B. Random　　C. Output　　D. Input

3. 如果希望文件列表框只显示可执行文件,应该修改________属性

A. Pattern　　B. Filter　　C. Path　　D. FileName

4. 下列________方法或函数可以调用外部的可执行文件。

A. Show　　B. Shell　　C. Input　　D. Open

5. 语句"Open C:\score. dat For Output"用于打开一个顺序文件,该语句的一个重要错误是没有________。

A. 指定打开的文件　　B. 指定文件号

C. 指定文件名　　D. 指定打开的文件类型

二、程序阅读题

1. 写出程序运行时单击窗体后,myfile. dat 文件中的数据结果。

```
Private Sub Form_Click()
    Dim i As Integer, f1 As Integer, f2 As Integer, f3 As Integer
    Open "G:\myfile.dat" For Output As 1
    f1 = 3: f2 = 4
    Print #1, "NO"; 1, f1
    Print #1, "NO"; 2, f2
    For i = 3 To 5
      f3 = f1 + f2
      Print #1, "NO"; i, f3
      f1 = f2: f2 = f3
    Next i
    Close #1
End Sub
```

三、程序填空题

1. 在"E:\aaa. txt"文件中存放有一些正整数,下列过程在载入窗体时,清空列表框控件 List1 中所有表项,并顺序、逐个读入文件"E:\aaa. txt"中的数据,将其中的素数显示在 List1 中。请填入适当的内容,将程序补充完整。

```
Private Sub Form_Load()
    Dim n As Integer
    Open "E:\aaa.txt" For Input As #1
    ________
    Do While Not EOF(1)
      ________
    If prime(n) Then List1.AddItem n
```

```
    Loop
    Close #1
End Sub
Public Function ___________
    Dim i As Integer
    For i = 2 To Int( Sqr (m) )
        If m Mod i = 0 Then Exit For
    Next i
    If i > Int( Sqr (m) ) Then prime = True Else prime = False
End Function
```

2. 通过公共对话框显示扩展名为.txt 的文本文件，选中某个文本文件，打开该文件，在 Text1 显示文件内容。请填入适当的内容，将程序补充完整。

```
Private Sub Command1_Click()
    Dim fn as String
    CommonDialog1.___________
    CommonDialog1.Action =1
    Open CommonDialog1.FileName For Input As #2
    Do while ___________
      Line Input #2, fn
      Text1 =Text1 + fn
      Loop
    Close #2
End Sub
```

四、程序设计题

1. 编写事件过程 Command1_Click()，执行该过程时随机产生 30 个两位正整数并写入文件"D:\Mydata. txt"中；编制事件过程 Command2_Click()，执行该过程从文件"D:\Mydata. txt"中读入数据，按从大至小的顺序且去掉重复数后放入 List1 列表框控件。

2. 文本文件"G:\myfile1. txt"中存放了若干数据。请编写相应事件过程，完成以下功能：在加载窗体时读入文件中数据并在列表框控件 List1 的列表部分显示；在运行时按"数据处理"按钮(Command1)，删除列表框中大于 100 和小于 0 的数据；按"保存"按钮(Command2)，把列表框中的数据写入"G:\myfile2. txt"中。

提示：分别编写 Form_Load()，Command1_Click()，Command2_Click()事件过程。

3. 在 D:\test\ aaa. dat 文件中，顺序存放着若干个学生的姓名(字符串型)和成绩(整数型)数据，内容如下：

```
"张三",94,78,89
"李四",88,89,67
  .....
"王五",68,77,88
```

请编程实现：

(1)单击命令按钮"显示数据"(Command1)在窗体上输出学生的姓名和成绩，并输出总分和平均分；

(2)单击命令按钮“保存数据”(Command2)把总分和平均分添加保存到 D:\test\bbb.dat 文件中。

保存后的内容如下：

```
"张三",94,78,89,261,85.4
"李四",88,89,67,244,80.3
  …
"王五",68,77,88,233,77.8
```

附录 A　ASCII 字符集

ASCII码	十六进制值	字符	ASCII码	十六进制值	字符	ASCII码	十六进制值	字符	ASCII码	十六进制值	字符
000	00H	?	032	20H	空格	064	40H	@	096	60H	`
001	01H	?	033	21H	!	065	41H	A	097	61H	a
002	02H	?	034	22H	"	066	42H	B	098	62H	b
003	03H	?	035	23H	#	067	43H	C	099	63H	c
004	04H	?	036	24H	$	068	44H	D	100	64H	d
005	05H	?	037	25H	%	069	45H	E	101	65H	e
006	06H	?	038	26H	&	070	46H	F	102	66H	f
007	07H	?	039	27H	'	071	47H	G	103	67H	g
008	08H	* *	040	28H	(	072	48H	H	104	68H	h
009	09H	* *	041	29H	)	073	49H	I	105	69H	i
010	0AH	* *	042	2AH	*	074	4AH	J	106	6AH	j
011	0BH	?	043	2BH	+	075	4BH	K	107	6BH	k
012	0CH	?	044	2CH	,	076	4CH	L	108	6CH	l
013	0DH	* *	045	2DH	-	077	4DH	M	109	6DH	m
014	0EH	?	046	2EH	.	078	4EH	N	110	6EH	n
015	0FH	?	047	2FH	/	079	4FH	O	111	6FH	o
016	10H	?	048	30H	0	080	50H	P	112	70H	p
017	11H	?	049	31H	1	081	51H	Q	113	71H	q
018	12H	?	050	32H	2	082	52H	R	114	72H	r
019	13H	?	051	33H	3	083	53H	S	115	73H	s
020	14H	?	052	34H	4	084	54H	T	116	74H	t
021	15H	?	053	35H	5	085	55H	U	117	75H	u
022	16H	?	054	36H	6	086	56H	V	118	76H	v
023	17H	?	055	37H	7	087	57H	W	119	77H	w
024	18H	?	056	38H	8	088	58H	X	120	78H	x
025	19H	?	057	39H	9	089	59H	Y	121	79H	y
026	1AH	?	058	3AH	:	090	5AH	Z	122	7AH	z
027	1BH	?	059	3BH	;	091	5BH	[	123	7BH	{
028	1CH	?	060	3CH	<	092	5CH	\	124	7CH	|
029	1DH	?	061	3DH	=	093	5DH	]	125	7DH	}
030	1EH	?	062	3EH	>	094	5EH	^	126	7EH	~
031	1FH	?	063	3FH	?	095	5FH	_	127		

注意：? 表示 Windows 不支持这些字符。* * ASCII 代码 8、9、10 和 13 分别转换为“退行”符、“制表”符、换行和回车，它们的使用对文本的显示产生影响。

附录 B　Visual Basic 常用属性

属　性	说　明
AbsolutePosition	返回 RecordSet 对象中的当前记录的记录号
Action	返回或设置将要被显示的 CommomDialog(通用对话框)控件的类型
ActiveControl	返回具有焦点的那个控件
ActiveForm	返回当前活动窗体
Align	返回或设置一个数值,用来决定某个对象是否能够在窗体中的任何位置以任何尺寸显示,或者决定某个对象是否能够自动调整尺寸以适应窗体的宽度变化
Alignment	返回或设置单选钮或复选框的对齐方式,或者文本在某个控件中的对齐方式等
AutoRedraw	控制对象是否刷新或重画
AutoSize	控制对象是否自动调整大小以适应所包含的内容
BackColor	设置或返回指定对象的背景颜色
BackStytle	设置或返回指定对象的背景模式
BorderStytle	设置或返回指定对象的边框模式
BOF	当记录指针指向文件开头,即第一条记录的前面时,值为 True,否则值为 False
BOFAction	当记录指针移到 BOF(文件开头)处时,再发送向前移动记录指针的命令,程序如何处理。有两种值,0:记录指针回到第一条记录处;1:记录指针停留在 BOF 处
BorderWidth	返回或设置指定对象的边界宽度
Cancel	返回或设置一个值,确定窗体中的某个命令按钮是否为取消按钮
Caption	返回或设置指定对象的标题
Checked	返回或设置一个值,确定指定菜单项目的后面是否有一个用户选定标记
ClipControls	当发生 Paint 事件时是否重绘整个窗口的内容
Color	返回或设置指定对象的颜色
Columns	返回或设置一个值,决定某个列表框控件中是否能水平或垂直卷动,同时决定各列中的项目以何种方式显示
ControlBox	返回或设置一个值,决定指定窗体上的控制菜单框是否在程序运行期间显示出来
Copies	返回或设置打印副本的数量
Connect	设置数据控件要访问的数据库类型。缺省值是 Access
Count(个数)	返回指定集合中对象的数目
CurrentX(x 坐标)	返回或设置下一次显示方法或绘制方法的 X 坐标
CurrentY(y 坐标)	返回或设置下一次显示方法或绘制方法的 Y 坐标
Database	返回一个对 Data 控件中数据库的引用值
DatabaseName	返回或设置指定 Data 控件中数据源的名称和路径
DataChanged	返回或设置一个数值,用来确定某个绑定控件中的数据是否已经改变
DataField	返回或设置一个值,用来将某个控件与当前记录中的某个字段绑定
DataSource	指定一个将当前控件与数据库绑定的 Data 控件
Default(缺省)	返回或设置一个数值,决定窗体中的某个命令按钮是否为缺省的命令按钮
DialogTitle	返回或设置在某个对话框标题条中显示的字符串
DragMode(拖拉方式)	设置拖拉方式

续表

属　性	说　　明
DrawMode（画图方式）	返回或设置绘图时图形线条的产生方式及线形控件和形状控件的外观
DragIcon（拖拉图标）	返回或设置用户在执行拖放操作时的鼠标指针图标
DrawStytle	返回或设置画线的线型
DrawWidth	设置画线的宽度
Drive	在程序运行期间返回或设置选定的驱动器
Enabled	返回或设置指定对象是否可用
EOF	当记录指针指向文件结尾，即最后一条记录的后面时，值为 True，否则值为 False
EOFAction	当记录指针移到 EOF(文件结尾)处时，再往后移动记录指针，程序如何处理。有 3 种值，0：记录指针回到最后一条记录处；1：记录指针停留在 EOF 处；2：记录指针在 EOF 处，且运行 AddNew 方法，添加一条新的记录
FileName	返回或设置选定文件的路径和名称
FileNumber	指定文件号
FillColor	返回或设置填充的颜色
FillStyle	返回或设置某个几何控件的图案或式样
Filter	返回或设置指定对话框中类型列表框的过滤表达式
FilterIndex	返回或设置打开或存储对话框的缺省过滤表达式
Flags	返回或设置指定对话框的选项
FontBold	返回或设置指定对象的粗体字体式样
FontCount	返回可用字体种类
FontItalic	返回或设置字体为斜体式样
FontName	返回或设置字体名称
Font	返回或设置字体
FontSize	返回或设置字体大小
FontStrikethru	返回或设置字体是否加中划线
FontTransparent	返回或设置字体与背景是否叠加
FontUnderline	返回或设置指定对象中的字体加下划线否
ForeColor	返回或设置对象的前景颜色
Height	返回或设置对象的高度
HelpContextID	返回或设置与对象相关的帮助上下文识别代码
HelpFile	在应用程序中调用 Help 文件
Hidden	返回或设置文件列表框中是否显示 Hidden 文件(隐含文件)
HideSelection	当控制转移到其他控件时，文本框中选中的文本是否仍高亮度显示
Icon	窗体最小化后显示的图标
Image	窗体或图片框的图形句柄
Index	返回或设置控件数组中控件的下标
Interval	设置定时器操作的时间间隔，单位毫秒
ItemData	用于列表框或组合框中的某个具体项目，与 List 属性有关
KeyPreview	窗体先收到键盘事件还是控件先收到键盘事件
LargeChange	滚动框在滚动条内变化的最大值
Left	返回或设置某对象的左边界与其容器对象的左边界之间的距离

续表

属　性	说　明
LinkItem	返回或设置在某次 DDE(动态数据交换)对话期间传递给目标控件的数据
LinkMode	返回或设置 DDE(动态数据交换)链接的类型
LinkTopic	用来设置将要进行 DDE(动态数据交换)链接的应用程序名
List	返回或设置列表框和组合框中的项目
ListCount	返回列表框和组合框中项目的个数
ListIndex	返回或设置某个控件中当前选择项的序号
Max	返回或设置滚动条的最大值(水平滚动条的滚动框位于最右侧,垂直滚动条的滚动框位于最下侧)
MaxButton	表示某窗体是否具有最大化按钮
MaxLength	指定文本框所能接受的最多字符数量
MDIChild	确定一个窗体是否子窗体
Min	返回或设置滚动条的最小值(水平滚动条的滚动框位于最左侧,垂直滚动条的滚动框位于最上侧)
MinButton	表示某窗体是否具有最小化按钮
MousePointer	设置鼠标指针的形状
Multiline	指定文本框能否接受并显示多行文本
MultiSelect	设置文件列表框或列表框为多项选择
Name	返回对象名称
NegotiateMenus	设置窗体和窗体上的控件是否共享一个菜单条(True:窗体上的控件被激活后将其菜单显示到窗体的菜单条上,False:不共享一个菜单条)
NewIndex	列表框或组合框最近一次加入的项目的下标
NoMatch	用 Find 查询方法在表中查询满足某一条件的记录时,如果未找到符合条件的记录,则该属性值为 True,否则值为 False
Normal	返回或设置文件列表框是否含有 Normal 文件(普通文件)
Page	指定打印机当前页号
Parent	返回控件所在的窗体
PasswordChar	返回或设置文本框是否用于输入密码
Path	返回或设置当前路径
Pattern	返回或设置文件列表框中将要显示的文件类型
Picture	返回或设置指定的控件中显示的图形文件
ReadOnly	设置文本框、文件列表框和数据控件是否能被编辑(True:不能编辑,False:可以编辑)
RecordCount	返回 RecordSet 对象的记录个数
RecordSet	返回或设置数据控件的 RecordSet 对象
RecordSetType	返回或设置数据控件要创建的 Recordset 对象的类型。有三种值,0:一个表类型 Recordset;1 :一个 Dynaset 类型 Recordset,缺省值; 2:一个快照类型 Recordset,代表一组记录的静态拷贝,可以用来查找数据或产生报表。但不能修改记录
RecordSource	设置数据控件的数据源
ScaleHeight	自定义的坐标系的纵坐标轴(垂直方向的高度)
SclaeLeft	自定义的坐标系起点的横坐标

续表

属　性	说　　明
ScaleMode	自定义的坐标系的单位
ScaleWidth	自定义的坐标系的横坐标轴（水平方向的宽度）
ScaleTop	自定义的坐标系起点的纵坐标
ScrollBars	设置某对象是否具有水平或垂直滚动条
Selected	设置或返回文件列表框或列表框内项目的选择状态
SelLength	设置或返回所选文本的长度
SelStart	设置或返回所选文本的起点
SelText	设置或返回所选的文本字符串
Shape	设置或返回某形状控件的外观
Shortcut	设置菜单项热键
SmallChange	设置滚动条最小变化值
Sorted	设置列表框或组合框中各列表项在程序运行时是否自动排序，（True：自动排序，False：不排序）
Stretch	返回或设置某图形是否能改变尺寸以适应图像框的大小
Style	返回或设置组合框的类型或一些对象的显示方式
System	设置文件列表框是否显示系统文件
TabIndex	返回或设置控件的选取顺序
TabStop	用 Tab 键移动光标时是否对某个控件轮空
Tag	设置控件的别名
Text	返回或设置将在文本框中显示的内容，或组合框中作为输入区接受用户输入的内容，或列表框中列表框部分的选定项目
Title	标题属性
Top	控件与其容器对象的顶部边界的距离
TopIndex	设置或返回显示在列表框或文件列表框顶部的项目
TwipsPerPixelX	返回某对象中每个像素的水平 Twip 值
TwipsPerPixelY	返回某对象中每个像素的垂直 Twip 值
Value	返回或设置滚动条的滚动框当前所在的位置，或单选钮和复选钮控件的状态等
Visible	返回或设置某对象是否可见
Width	返回或设置对象的宽度
WindowState	表示窗体在运行阶段的显示状态
WordWarp	标签框中显示的内容是否自动折行
X1	返回或设置直线控件所绘制的直线或矩形的起点水平坐标
Y1	返回或设置直线控件所绘制的直线或矩形的起点垂直坐标
X2	返回或设置直线控件所绘制的直线或矩形的终点水平坐标
Y2	返回或设置直线控件所绘制的直线或矩形的终点垂直坐标

附录 C　Visual Basic 常用事件

事件名称	功　能
Activate	在某个对象变为活动窗口时发生
Change	在某个控件的内容被用户或程序代码改变时发生
Click	当用户用鼠标单击某个对象时发生
DblClick	当用户用鼠标双击某个对象时发生
Deactivate	在某个对象不再成为活动窗口时发生
DragDrop	在某次鼠标拖放操作完成时或使用 Drag 方法并将 Action 参数设置为 2 时发生
DragOver	在某次鼠标拖放操作的进行过程中发生
DragDown	当某个组合框控件的列表部分正要被放下时发生(当 Style 属性为 1 时此事件不会发生)
GotFocus	在某个对象获得焦点时发生
KeyDown	在某个对象具有焦点的情况下,键盘上按下一个键时发生
KeyPress	在键盘上按下并随即释放一个键时发生
KeyUp	在某个对象具有焦点的情况下,当用户释放一个键时发生
Load	当窗体被加载时发生
LostFocus	在对象失去焦点时发生
MouseDown	当用户按下鼠标按钮时发生
MouseMove	在移动鼠标时发生
MouseUp	当用户释放鼠标按钮时发生
Paint	当窗口的内容被重绘时发生
PathChange	当用户指定新的 FileName 属性或 Path 属性从而改变路径时发生
PatternChange	当用户指定新的 FileName 属性或 Pattern 属性从而改变当前文件类型时发生
QueryUnload	在某个窗体关闭或应用程序结束之前发生
Resize	在某个对象第一次显示或某个对象的窗口大小被改变时发生
Reposition	将记录指针从 X 记录移到 Y 记录时,引发该事件。引发此事件时,当前记录是 Y 记录
Scroll	当用户用鼠标在滚动条内拖动滚动块时发生
Timer	在计时器控件中用 Interval 属性所规定的时间间隔经过时发生
Unload	当某个窗体被关闭或用 Unload 命令卸载时发生
Validate	记录指针从 X 记录移到 Y 记录时,引发该事件。引发该事件时,当前记录仍为 X 记录

附录 D Visual Basic 常用方法

方法名称	功　　能
AddItem	将一个项目添加到列表框或组合框中
Addnew	在一个数据表添加一条新的空白记录
Circle	在窗体或图片框等对象上绘制圆、椭圆或圆弧
Clear	清除列表框、组合框或系统剪贴板上的内容
Cls	清除窗体或图片框上由 Print 方法及绘图方法所显示的文本信息和图形
Delete	删除当前记录
Drag	开始、结束或取消某个控件的拖拉操作
Edit	将当前记录的内容调到缓冲区供用户修改
EndDoc	结束文件打印
GetData	从剪贴板对象中拷贝一幅图形
GetText	从剪贴板对象中返回一个文本字符串
Hide	隐藏指定的对象,但并不卸载
Line	在窗体或图片框等对象上绘制直线或矩形
Move	移动窗体或控件并可改变其大小
NewPage	结束当前页的打印,命令打印机输纸并进入新的一页
Point	以长整数的形式返回窗体或图片框中某点的红、绿、蓝三色的组合值
Print	在窗体、图片框、打印机或调试窗口上输出文本信息
PrintForm	将窗体上的内容送往打印机打印
Pset	以指定的颜色在指定的对象上绘制一个点
Refresh	重新显示某个窗体或组件的整体
Remove	从集合中删除一个项目
RemoveItem	从列表框或组合框中移去一个项目
Scale	定义一个坐标系统
SetData	按指定的格式把一幅图放到剪贴板上
SetFocus	将焦点移动到指定的对象上
SetText	按指定的格式把文本字符串放到剪贴板上
Show	显示指定的窗体或其他对象
ShowColor	显示 CommonDialog 控件的颜色对话框
ShowFont	显示 CommonDialog 控件的字体对话框
ShowOpen	显示 CommonDialog 控件的打开文件对话框
ShowPrinter	显示 CommonDialog 控件的打印对话框
ShowSave	显示 CommonDialog 控件的存储文件对话框
TextHeight	返回某个对象中以当前字体显示的文本字符串的高度
TextWidth	返回某个对象中以当前字体显示的文本字符串的宽度
Update	将所作的修改更新到数据库中

附录 E Visual Basic 常用系统函数

函数名称	功　能
Abs	以相同的数据类型返回一个数字的绝对值
Asc	返回指定字符串中第一个字符的 ASCII 码值
Atn	返回指定数字的反正切值
Chr	返回指定的 ASCII 代码所对应的字符
Cos	以双精度浮点数的形式返回一个角度的余弦值
Date	返回当前系统日期
DataValue	返回一个变体类型的日期
Day	返回一个 1 到 31 之间的整数,用来表示一月中的某一天
DoEvents	将控制权转移给 Windows 操作系统,以便操作系统能够处理其他事件
Eof	在顺序文件或随机文件中,当文件指针到文件尾部时,返回真,否则返回假
Error	返回指定的错误代码所对应的错误信息
Exp	以双精度浮点数的形式返回以 e(自然对数的底)为底的指数
FileAttr	以长整数的形式返回用 Open 命令打开的文件的模式
FileDataTime	返回指定文件初次建立或最后一次修改的日期和时间
FileLen	返回指定文件的长度(字节数)
Fix	返回一个数字的整数部分
Format	根据函数中格式表达式的要求,以变体字符串的形式返回经过格式化的表达式
FreeFile	返回 Open 命令使用的下一个有效的文件号码
Hex	以字符串的形式返回一个数字的十六进制值
Hour	返回一个 0 到 23 之间的整数,用来代表一天中的某个小时
IIf	根据指定条件表达式的值,返回两部分中的一个
Input	从已打开的指定文件中返回一个或多个字符
InputBox	输入对话框函数。在对话框中显示一行提示信息,等待用户输入文本,以字符串的形式返回文本框中的内容
Int	返回一个数字的整数部分
IsEmpty	返回一个布尔值,用来确定指定变量是否已经初始化
LBound	返回一个数组中指定维的最小可用下标
LCase	将指定字符串中的全部大写字母转成对应的小写字母,而其余字符不变,并返回该值
Left	返回指定字符串中最左边的若干字符
Len	返回指定字符串的字符个数或返回存储某个变量所需要的字节数
LoadPicture	将指定的图形加载
Loc	以长整数的形式返回某个已打开文件中文件指针的当前读写位置
LOF	以长整数的形式返回用 Open 命令打开的指定文件的字节数
Log	以双精度浮点数的形式返回一个数字的自然对数
LTrim	删除指定字符串的首部空格,并返回该字符串
Mid	返回指定字符串中指定位置开始指定数目的若干字符
Minute	返回一个 0 到 59 之间的整数,用来代表一小时中的某一分钟
Mouth	返回一个 1 到 12 之间的整数,用来代表一年中的某个月份

续表

函数名称	功　　能
MsgBox	消息函数。在一个对话框中显示一行提示信息,等待用户用鼠标单击某个按钮,以短整数的形式返回用户选定的按钮的代码
Now	返回当前系统的日期和时间
Oct	以字符串的形式返回一个数字的八进制值
QBColor	返回指定的颜色代码
RGB	返回一个红、绿、蓝三色(RGB)的组合值
Right	返回指定字符串中最右边指定数目的若干字符
Rnd	以单精度浮点数的形式返回一个随机数
RTrim	删除指定字符串的尾部空格,并返回该字符串
Second	返回秒数(0 ~ 59 之间)
Seek	返回文件指针的当前读写位置
Sgn	返回 1、-1 或 0,分别代表正数、负数或零
Shell	执行一个程序,如果执行成功,返回该程序的任务识别代码,否则返回 0
Sin	以双精度浮点数的形式返回一个角度的正弦值
Space	返回指定数目的空格
Spc	在 Print#命令或 Print 方法中插入空格,以确定数据输出位置
Sqr	以双精度浮点数的形式返回一个数(不小于 0)的平方根
Str	将一个数字转换成对应的数字字符串,并返回该字符串
String	返回由若干个同一个字符组成的字符串
Tab	在 Print#命令或 Print 方法中插入制表符或空格,以确定数据输出位置
Tan	返回一个角度的正切值
Time	返回当前的系统时间
Timer	返回自午夜以来所经过的秒数
TimeValue	以变体的形式返回一个时间
Trim	删除指定字符串的首部和尾部空格,并返回该字符串
UBound	返回一个数组指定维的上界
UCase	将指定字符串中的全部小写字母换成对应的大写字母,而其余字符不变,并返回该值
Val	将一个字符串中第一个连续可表示成数值的子字符串转化成对应的数值并返回
VarType	返回指定变量的数据类型值
Weekday	返回一个用来表示一星期中某一天的整数
Year	返回一个用来表示年份的整数

附录 F Visual Basic 常见错误信息

错误代码	含　义
1	编译/运行错误
5	无效函数调用
6	溢出
7	内存不够
9	下标超出范围
10	重复定义
11	除数为零
13	类型不匹配
17	无法继续运行
28	堆栈空间不足
35	没有定义函数
51	内部错误
52	文件名或文件号错误
53	文件未发现
54	文件模式(Mode)不符
55	文件已打开
57	设备 I/O 错误
58	文件已经存在
59	文件记录长度不对
61	磁盘已满
62	输入超过文件尾
63	文件记录号不对
64	文件名有错
67	文件太多
68	设备未准备好
70	拒绝请求
71	磁盘驱动器未准备好
74	驱动器不能改名或重复使用
75	路径/文件名错误
76	没找到指定路径
91	对象变量未设置
93	无效的模式串
290	错误的数据格式
320	在此文件名中无法使用字符设备名
321	无效文件格式
340	控件数组中该元素不存在
342	没有足够空间分配给该控件数组
360	对象已加载
361	无法装入或删除此对象
362	无法删除在设计阶段建立的控件

续表

错误代码	含　　义
363	找不到自定义控件
364	对象已删除
365	在这个环境下无法删除
366	无 MDI 窗体可供装入
380	无效属性值
381	无效属性数组索引
382	运行阶段无法设置该属性
383	属性只读
384	在窗体最大化或最小化的情况下无法修改该属性
385	使用属性数组时,必须指定下标
386	运行阶段无法使用该属性
387	该属性不能在这控件上设置
388	不能从父菜单设置 Visible 属性
389	无效的按钮
390	没有定义的值
391	无法使用的名称
392	MDI 的子窗口无法隐藏
393	该属性只能写入
395	不能用分隔条作为菜单项名称
400	窗体已经显示;无法以“模态”模式显示
401	以“模态”模式显示时,无法以“非模态”模式显示
402	必须先关闭或隐藏最上层的“模态”窗口
403	MDI 不能以“模态”模式显示
404	MDI 子窗体不能以“模态”模式显示
420	无效的对象引用
421	该对象无此方法
422	属性找不到
423	属性或控件找不到
424	必须是对象
425	使用无效的对象
426	只能有一个 MDI 窗体
427	无效的对象类型,只能是菜单控件
428	弹出式菜单至少要有一个子菜单
460	无效的剪贴板格式
461	指定的格式与数据格式不匹配
480	无法建立 AutoRedraw 图像
481	无效的图片
482	打印机错误
520	不能清除剪切板
521	无法打开剪切板

续表

错误代码	含　义
607	欲存取尚未打开的数据库
630	属性只读
643	属性找不到
647	删除方法需要名称参数
2420	数字语法错误
2421	日期语法错误
2422	字符串语法错误
2423	非法使用“,”,“!”,“()”
2424	非法名称
2425	非法函数名
2426	函数在表达式中不可用
2428	在函数作用域内非法使用的参数
2431	语法错误
2437	非法使用垂直滚动条
2439	函数的参数个数不对
2440	IIF 函数缺“()”
2442	非法使用括号
2443	非法使用 IS 操作符
2445	表达式太复杂
2446	运算时内存溢出
2450	非法引用窗体
2452	非法引用父属性
2453	非法引用控件
2454	非法引用“!”
2455	非法引用属性
2459	在设计阶段不能引用父属性
2467	表达式中所指的对象不存在
2474	没有激活的控件
2475	没有激活的窗体

附录G 对象能响应的常用事件

下表列出的是部分对象所能响应的事件

对象 事件	窗体	标签框	文本框	命令钮	复选框	单选钮	框架	滚动条	列表框	组合框	驱动器列表框图	目录列表框	文件列表框	计时器	图片框	图像框	菜单
Activate	●																
Change		●	●					●		●	●	●			●		
Click	●	●	●	●	●	●	●		●	●		●	●		●	●	●
DblClick	●	●	●			●	●		●	●			●		●	●	
Deactivate	●																
DragDrop	●	●	●	●	●	●	●	●	●				●		●	●	
DragOver	●	●	●	●	●	●	●	●	●	●	●	●	●		●	●	
DragDown										●							
GotFocus	●		●	●	●	●		●	●	●	●	●	●		●		
KeyDown	●		●	●	●	●		●	●	●	●	●	●		●		
KeyPress	●		●	●	●	●		●	●	●	●	●	●		●		
KeyUp	●		●	●	●	●		●	●	●	●	●	●		●		
Load	●																
LostFocus	●		●	●	●	●		●	●	●	●	●	●		●		
MouseDown	●	●	●	●	●	●	●		●			●	●		●	●	
MouseMove	●	●	●	●	●	●	●		●			●	●		●	●	
MouseUp	●	●	●	●	●	●	●		●			●	●		●	●	
Paint	●														●		
PathChange													●				
PatternChange													●				
QueryUnload	●																
Resize	●														●		
Scroll								●									
Timer														●			
Unload	●																

附录 H 部分对象能使用的常用方法

对象 方法	窗体	标签框	文本框	命令钮	复选框	单选钮	框架	滚动条	列表框	组合框	驱动器列表框	目录列表框	文件列表框	直线	形状	图片框	图像框	打印机
AddItem									●	●								
Circle	●															●		●
Clear									●	●								
Cls	●															●		
Drag		●	●	●	●	●	●	●	●	●	●	●	●			●	●	
EndDoc																		●
Hide	●																	
Line	●															●		●
Move	●	●	●	●	●	●	●	●	●	●	●	●	●		●	●	●	
NewPage																		●
Point	●															●		
Print	●															●		●
PrintForm	●																	
Pset	●															●		●
Refresh	●	●	●	●	●	●	●	●	●	●	●	●	●	●	●	●	●	
RemoveItem									●	●								
Scale	●															●		●
SetFocus	●		●	●	●	●		●	●	●	●	●	●			●		
Show	●																	
TextHeight	●															●		●
TextWidth	●															●		●